Systemic Construction Approach of
Multi-function River and Its Application

多功能河流系统性
治理方法及应用

许士国　刘玉玉　石瑞花　李文义　编著

中国水利水电出版社
www.waterpub.com.cn
·北京·

内 容 提 要

  河流是所在地区自然景观和社会经济的重要元素之一，相互之间具有持久广泛的支撑作用。现代河道治理已进入兼顾多种功能需求进行系统性治理的阶段。本书将多功能河流系统性治理的立意、规划、设计、施工和维护结合在一起，构建了相辅相成的"五阶一体"技术体系；重点论述了以人与自然和谐为核心的治河理念，治理模式与综合功能区划相吻合的相容性治理规划，辅以河流功能区划的自然社会双准则约束分区方法；在治理工程设计方面，提出了河道结构与功能需求相耦合的适应性设计方法，以解决河道结构稳定性与河流功能持续性的问题。

  本书可供从事河流治理及管理工作的技术人员及有关人士参考，也可供相关专业高校师生阅读。

图书在版编目（CIP）数据

  多功能河流系统性治理方法及应用 / 许士国等编著
. -- 北京 ： 中国水利水电出版社，2023.9
  ISBN 978-7-5226-1183-9

  Ⅰ．①多… Ⅱ．①许… Ⅲ．①河道整治 Ⅳ.
①TV85

  中国版本图书馆CIP数据核字(2022)第252071号

书　　名	多功能河流系统性治理方法及应用 DUOGONGNENG HELIU XITONGXING ZHILI FANGFA JI YINGYONG
作　　者	许士国　刘玉玉　石瑞花　李文义　编著
出版发行	中国水利水电出版社 （北京市海淀区玉渊潭南路1号D座　100038） 网址：www.waterpub.com.cn E-mail：sales@mwr.gov.cn 电话：（010）68545888（营销中心）
经　　售	北京科水图书销售有限公司 电话：（010）68545874、63202643 全国各地新华书店和相关出版物销售网点
排　　版	中国水利水电出版社微机排版中心
印　　刷	天津嘉恒印务有限公司
规　　格	184mm×260mm　16开本　17.5印张　426千字
版　　次	2023年9月第1版　2023年9月第1次印刷
印　　数	001—600册
定　　价	**98.00元**

阅读《多功能河流系统性治理方法及应用》一书，同频共振的感觉颇深。作为整个职业生涯都投入到黄河治理工作中的技术人员，非常希望有更多论述透彻、理论联系实际的好作品供业内人士参考，这部专著起到了这个作用。在当代社会经济高速发展的过程中，江河治理事业也在经历着更新模式、提高质量的技术蜕变过程，具有前瞻性和引导性的江河治理思想、理论和技术探索是非常有意义的。本书作者团队在多年理论研究和工程实践的基础上，以本行业发展为背景，花费大量精力，将发表的百余篇文献资料整理成书，供业内同仁参考，其心可鉴，其情可嘉。通过阅读书稿，分享以下几点体会。

江河治理事业历史悠久，技术水平不断发展。大约公元前 2000 年的大禹治水，亦称鲧禹治水，揭示了当时已经创造出应对水流的"堵截"和"疏导"两大类技术，它们对后世解决水问题的技术发展具有重要指导意义。以问题为导向、需求为动力、创新为突破，是江河治理技术发展的基本模式。现代社会对河流的需求越来越丰富，除了最基本的排泄洪水、防洪减灾之外，沿河水源利用、船舶运输、环境改善、生态修复、文化培育等需求也在不断提升，适应并满足多功能河流建设成为普遍要求，在内容和质量上也在不断更新。防洪为主的河段治理，也要考虑非洪水期的其他目标；城市河流在休闲景观、滨河文化等方面的需求强劲，则应注重文化培育的治理模式。本书提出从实际出发、由下而上、追求实效的治河思想，契合了现代江河治理需求；以多功能河流系统性治理为目标，研究提出了系统完整的技术体系，适应行业发展趋势，具有较好的参考价值。

强调多功能河流系统性治理是一个自然合理的策略。河流具有自然和社会两方面的属性，相应的指标载体支撑起了河流的多功能作用。具体来说，河流的形态由河道、水流、环境、生态、文化等属性构成，对应的功能作用则有行洪及航运的通道、取水供水的源地、净化水质的滤池、生物栖息的家园、文化传承的载体等。多功能河流的理想状态应该具有满足各种需求的功能，而当某一个功能存在不足或者需要强化时，治理模式需适应河段在自然区位中的社会作用。本书把河流治理规划设计、工程施工以及维护管理结合起来，制定河流治理总策略，是实现河流多功能目标的有效途径。

做好规划设计仍然是现代江河治理的关键。书中用大量篇幅论述了河流治理的工程背景、基本条件、理念目标和技术方案，以及贯通它们之间内在联系的技术手段。这些内容基本上属于江河治理工程中的规划设计工作。从当前的工程实践来看，抓住这个重点就找对了问题的关键。影响某一江河区段治理效果的因素一般包括资金投入、规划设计、工程材料、施工技术等。江河治理工程的结构并不十分复杂，在现阶段社会经济条件下，资金、材料和技术都有很大的选择余地，几乎可以满足各种需要。问题的难点在于如何将江河治理工程中涉及的气象水文、地质构造、社会安全、人文景观、历史发展等多种需求有机协调和完美展现。要做到这一点，规划设计是关键，没有好的规划设计，其他优质资源发挥不出应有的作用，也达不到理想效果，有时反而会有表面光亮缺乏内涵的败笔之嫌。然而，好的规划设计方案，往往需要花费更多的精力和投入，在这一点上适当增加工作深度和付出，是值得行业内共同理解的立脚点之一。

工程背景千差万别，江河治理任重道远。本书涉及的工程背景多是北方中小河流，水文过程及生态环境状态的季节性变化较大，山形地势河床形态等结构性特征变化较小。对于南方湿润地区水量充盈、河网纵横的河流，山区峰高谷深、落差大、水流急的河流，超大流域、上中下游河段基本属性差别巨大的河流，文化历史积淀厚实、人水关系密切的河流等，各有不同的自然和社会需求及特点，需要具体问题具体分析，提出因地制宜的对策。我国幅员辽阔、河流众多，自然不能要求一本专著解决所有问题，而明晰差异找到不足，更有利于工作的深化，进而丰富江河治理技术体系。这也正是江河治理事业需求多样、内容丰富、与时俱进、推陈出新的魅力所在。纵横几万里、延绵数千年的江河治理事业，仍然需要水利人持续不断地努力和探索。

以上把本人初读专著的体会记述下来，与本书的读者特别是治河行业的同仁们交流，让合适的人读合适的书，节省宝贵时间，提高工作效率，促进多功能河流治理事业的发展。如此乐人乐己之事，何乐而不为呢。是为序。

李希宁

2023 年 6 月

江河治理是水利事业的重要组成部分，历史悠久，内容丰富。江河治理模式与社会经济发展状况密切相关。经过长期的自然作用和人工改造，河流会有相应的结构形式稳定性、生态系统多样性和社会功能有效性的特质。每条河流都有多要素构成的自身结构，既可以看到严寒酷暑洪涝干涸的痕迹，也可以历数泄流减灾供养众生的恩泽。为了解决实际面临的问题，人们通过工程改造和自然修复达到利用河流兴利除害、改善环境等目的。河流包含着河道、水流、环境、生态、文化等下层结构和属性，与行洪安全有关的河道设计及改造是河流治理的重要内容。近代社会经历了高速发展阶段，经济能力和技术水平达到了前所未有的新高度，河流治理能力也得到相应的提高。保证行洪安全、遏制生态退化、创造水边景观、协调多功能平衡等成为现代河流治理中需要协调的多重目标。

本书将河流系统性治理的立意、规划、设计、施工和维护五个阶段的思想和方法结合在一起，构建起了相辅相成的技术体系，主要有以下五个方面的内容：①基于人与自然和谐相处的治河理念，系统论述了现代河流治理的目标和基点；②讨论了治理模式与河流功能区划相吻合的相容性规划方法，建立了河流功能区划的自然社会双准则约束分区技术，解决了河流开发利用与生态保护等指标难以协调的问题；③讨论了河道结构与河流功能需求相耦合的适应性设计方法，有效解决了河道结构稳定性与河流功能维持连续性的问题；④讨论了人工改造与生态环境保护相结合的协调性施工方法，以解决工程施工偏重于效率安全，而忽视生态环境维护的问题；⑤讨论了结构功能实现与生境自然演变相结合的可持续性维护技术，克服了工程建成后河流结构模式单调、生境恢复速度缓慢等问题。上述技术和方法，在松花江、大凌河及浑河等河流的典型河段，应用到了十多个工程的规划设计及工程建设工作中，收到了多功能协调发展的良好效果。

本书是作者团队多年来对河道治理理论探索和工程实践的总结。以2006年编写出版的《现代河道规划设计与治理——建设人与自然相和谐的水边环境》为起点，紧跟现代河流治理领域的发展趋势和深刻变化，抓住河道治理重在规划设计的关键问题，进行了积极探索（详见"基础文献"）。在整合本团队 20 年来期刊文献、研究生学位论文和工程报告等成果的基础上，参考本行业先进思想，吸纳前沿技术，把握发展趋势，构建起了初步的技术体系并分享给大家，以适应与时俱进的河流治理技术的交流需要。

本书由许士国提出总体思路和框架设计，刘玉玉、石瑞花、李文义结合自己的研究成果和工程实践，撰写了相关内容，刘玉玉完成了统稿工作。胡素端和付永斐等研究生在不同章节中承担了文献搜集、图表制作、文字录入等工作。本书的成稿引用了大量科技文献和工程案例，得到许多专家学者的鼎力支持；合著者所在工作单位大连理工大学、济南大学、中水东北勘测设计研究有限责任公司、山东黄河河务局提供了工作条件；在此一并致以衷心的感谢。

河流系统性治理与生态修复是一个交叉学科，内容广泛，实践性强，本书研究提出的有关理论方法和技术措施仅仅起到抛砖引玉的作用，希望能够促进该领域的持续发展。受作者能力所限，不当之处在所难免，敬请读者不吝指正。

作者

2023 年 5 月

目录

第 1 章

绪　　论

1.1　我国水利发展历程

水利在我国有着重要地位和悠久历史。历代有为的统治者，都把兴修水利作为治国安邦的大计。据传说，早在公元前 21 世纪，大禹主持治水，平治水土，疏导江河，三过家门而不入，为后人所崇敬。至春秋战国时期，中国已先后建成一些具相当规模的水利工程，如淮河的芍陂和期思陂等蓄水灌溉工程，华北的引漳十二渠灌溉工程，沟通江淮和黄淮的邗沟和鸿沟运河工程，以及赵、魏、齐等国修建的黄河堤防工程等。

战国末期，秦国国力殷实，重视水利。秦统一中国后，生产力更有较大发展。四川的都江堰、关中的郑国渠（郑白渠）和沟通长江与珠江水系的灵渠，被誉为秦王朝三大杰出水利工程。国家的昌盛，使秦汉时期出现了兴修水利的高潮。汉武帝瓠子堵口，东汉王景治河等都是历史上的重大事件。在甘肃的河西走廊和宁夏、内蒙古的黄河河套，也都兴建了引水灌溉工程。

隋唐北宋五百余年间，是中国水利的鼎盛时期。社会稳定、经济繁荣，水利建设遍及全国各地，技术水平也有提高。隋朝投入巨大人力，建成了沟通长江流域和黄河流域的大运河，把南北地区通过水运联系起来，对政治、经济、文化的发展产生了深远影响。唐代除了大力维护运河的畅通、保证粮食的北运外，还在北方和南方大兴农田水利共 250 多处，其中包括关中的三白渠、浙江的它山堰等较大的工程。唐末以后，北方屡遭战乱，人口大量南移，南方的农田水利得到迅速发展，例如，太湖地区的圩田河网、滨海地区的海塘和御咸蓄淡工程以及利用水力的碾、水碓等都有较大的发展，并且水利法规、技术规范已经出现，如唐《水部式》、宋《河防通议》等。

从元明到清中期，中国水利又经历了 600 年的发展。元代建都北京，开通了京杭运河。黄河自南宋时期夺淮改道以来，河患频繁。明代大力治黄，采用"束水攻沙"，固定黄河流路，修建高家堰，形成洪泽湖水库，"蓄清御黄"保证漕运。这些措施对明清的社会安定和经济发展都起到了很大作用，但也为淮河水系留下了严重后患。在长江中游，强化荆江大堤，并发展洞庭湖的圩垸，促进了两湖地区的农业生产。珠江流域及东南沿海的水利建设也有很大发展。但整体上，自 16 世纪下半叶起，中国水利事业的发展已趋缓慢。

清末民初，内忧外患频繁，国家无力兴修水利，以致河防失修、灌区萎缩、京杭运河中断，水利处于衰落时期。但是海禁渐开后，西方的科学技术传入，继而成立了河海工程专门学校等水利院校，培养水利技术人才。各地开始设立雨量站、水文站、水工试验所等；并且研究编制了《导淮工程计划》《永定河治本计划》等河流规划；修建了一些工程，如1912年在云南建成了石龙坝水电站，19世纪20年代修建了珠江的芦苞闸，30年代修建了永定河屈家店闸、苏北运河船闸和陕西的关中八惠灌溉工程等。但在全国范围内，水旱灾害日益严重，治理江河、兴修水利已成为广大人民的迫切要求。1949年中华人民共和国成立后，水利飞跃式发展，经过多年的努力，取得了远远超越前代的成就，开始全面治理黄河、淮河、海河、辽河等江河。

截至2000年年底，全国整修加固堤防约27万km，修建了大、中、小型水库共8万多座。此阶段河流治理的重点主要是河流的防汛行洪方面，江河的防洪能力得到普遍提高，初步解除了大部分江河的常遇水害，并形成了超过5600亿m^3的年供水能力。农田水利方面，建成了5300余处万亩以上的灌区，全国灌溉面积由1949年的1600万hm^2猛增到21世纪初的5400万hm^2，居世界首位。在不足全国耕地一半的灌溉土地上，生产出占全国产量2/3的粮食和占全国产量60%的经济作物。中国以占世界7%的耕地，基本解决了占世界22%的人口的温饱问题。全国内河航运里程已发展到11万km，年货运量达6.6亿t。与此同时，中国水利建设的科技水平也有很大提高，在修建高坝大库、大型灌区、治理多沙河流、农田旱涝盐碱综合治理和小水电开发等方面已接近或达到世界先进水平。

我国在水环境治理方面起步较晚。20世纪70年代初期，我国有些地方河流的污染已影响生活质量，如苏州的鱼体煤油味很重，松花江的水含甲基汞等。20世纪80年代以来，我国主要江河流域和重点区域编制或修订了水资源保护规划，各地也普遍加强了环境水利的管理研究工作，以流域为单元作为一个生态系统，进行流域系统的环境水利管理，开展了以下工作和研究：①统一考虑全流域经济、社会和环境的全面情况以及上下游、左右岸、干支流的关系，综合考虑经济目标、社会目标、环境目标的优选方案；②地表水、地下水统筹安排，水量和水质并重；③考虑经济社会发展用水和自然环境用水，以促进人类社会和生态系统的和谐统一、协调发展；④水质预测与水量供需预测相结合；⑤开源节流与污水资源化相结合；⑥科学合理利用水环境容量；⑦对水体功能进行分区，拟定水质目标。

随着全国水功能区划方案的实施，河道治理也要对区划方案起到保障作用。基于此，辽宁省科技厅于2005年资助了辽宁省自然科学基金项目"河流功能区划与河道治理模式的研究"。2006年由笔者编写、中国水利水电出版社出版的《现代河道规划设计与治理——建设人与自然相和谐的水边环境》，被中国水利水电科学研究院的刘树坤教授称为"国内第一部系统反映现代治河理论的参考书"。该书基于当时河道治理存在的问题，引入了适应我国现状的现代河道治理的新理念和新技术。之后，河流生态修复（river ecological restoration）工程建设研究逐步发展丰富起来。

水利是经济社会发展的重要基础保障，事关人民生命财产安全、粮食安全、经济安全、社会安全、生态安全，在保障国家安全中具有重要地位。党的十八大以来，习近平总书记关于治水的重要论述，以"节水优先、空间均衡、系统治理、两手发力"治水思路为核心，形成了科学严谨、系统完备的理论体系，深刻回答了新时代治水的重大理论和实践问题。坚持人口经济与资源环境相均衡原则，把水资源作为刚性约束，促进经济社会全面绿色发展。坚持山水林田湖草沙一体化保护和系统治理，从生态系统整体性出发，促进生态各要素和谐共生。指出"让河流恢复生命"，实施"一河一策""一湖一策"，加强河湖生态治理修复。"十四五"时期，我国将完善流域防洪减灾体系作为重点，实施大江大河大湖干流堤防建设和河道整治，加强主要支流和中小河流治理，提高河道泄洪能力。

综上，河流治理经历了防洪、引水灌溉、水环境及水生态几个阶段，实现了人类对河流水量、水质以及水生态的需求与转变。目前，对河流的治理开发也已经进入一个新的时期，即：在确保河流排洪、蓄水功能实现的同时，让河流具有更大的环境自净能力、回归自然的特色景观，是河流治理工作必须充分考虑的问题，把河流治理成一个兼具行洪排涝、蓄水航运、休闲旅游、生态景观等功能的多功能河流是河流治理的新目标。

1.2　传统治河与现代治河

随着社会经济的快速发展，人类对自然的改造能力越来越强，同时对生态环境的需求和期望也越来越高。河流不仅在水利方面起到防洪减灾、供水兴利的作用，并且在社会和生态环境方面是沿河地区人群与生物集结的场所及人文历史发展的载体，影响着整个区域的发展和进步。

1.2.1　不同阶段治河内容

水利建设和治河内容的变化受社会经济发展的推动，在社会经济发展的不同阶段，水利建设和治河的重点内容也有所不同。

（1）在经济发展的初期，社会要求有一个基本的安全发展空间，保持社会的稳定，首先要求防洪安全建设。水利建设的初期，多以大型防洪工程建设为主。经济的发展过程中用水需求的增加导致供水紧张，河道引水、水库等供水工程的建设是社会经济发展初期的主要要求。

（2）在防洪安全、供水问题基本解决后，社会经济会有较快的发展，同时污染物的排放量大幅度增加，水系污染问题突出，在社会经济发展的中期对河流水环境的保护问题是社会关注的焦点。

（3）当社会经济实力较强时，水系的污染问题可以得到解决，人们生活质量提高、工作时间缩短，休闲旅游成为一个基本的生活内容，旅游业的发展要求水系周边有优美、舒适的休闲娱乐空间，以水边景观建设为主的水域周边空间管理是社会经济比较发达阶段的水利工作重点。

（4）在社会经济实力很强、并稳步发展时，人们不再满足水清、景美，而要求有更丰富多样的生态系统。对水系的生态修复是社会经济和文化进入稳步发展和趋于成熟的重要标志。

（5）随着河流各项单一功能实现后，人们对河流的传统功能、景观及生态作用等都有了新的综合要求，能够在维护和增强河流的防汛行洪等传统功能的同时，重视和改善河流的生态景观功能。把河流治理成多功能于一体的现代河流，是社会经济进入发达阶段的表现。

1.2.2　现代治河理念

现代治河不仅是防洪抗旱，为了治河而治河，而且是通过流域的综合治理与管理，使水系的资源功能、环境功能、生态功能都得到充分发挥，使全流域的安全性、舒适性（包括对生物而言的舒适性）都不断改善，并实现可持续发展，以建设多功能河流为治河的新目标。现代河流治理要提倡人与自然和谐相处、可持续发展和保护特色的理念，做到呵护河流，顺应自然，延续历史。

（1）人与自然和谐相处的理念。人是社会生活的主人，应该在创造美好生活的基础上充分享受生活；人又是自然之子，不能离开自然。在以往的河道治理中，常常以牺牲环境来保证经济发展，片面地强调防洪、排水等功能，忽略了河道的其他功能，致使河道在治理的过程中越建越窄、越挖越深、越修越直，河流的自然形态和生态体系发生了很大变化。不恰当的河道治理模式给河流功能的发挥带来了负面影响。人们开始认识到只有尊重自然、尊重自然界的发展规律才是明智之举，对治河有了更深刻的认识。目前，应该在满足防洪排水安全的目标下，充分保护河流的自然景观和生态系统，创造人与自然和谐相处、功能丰富的河流空间。

（2）可持续发展的理念。可持续发展实质上要处理好人口、资源、环境与发展之间的关系，并使之可持续发展下去，以保障当代人和后代人永远健康的生存和发展。可持续发展把人类赖以生存的地球或局部区域看作是由自然、社会、经济、文化等多种因素组成的复合系统，它们之间既相互联系，又相互制约，任何一方面功能的削弱都会影响其他部分，甚至中断可持续发展的进程。水，作为一种不可替代的宝贵自然资源，在可持续发展中的作用就如同血液对人体生命一样重要。

（3）保护特色的理念。鉴于人与河流的密切关系，每条河流除了长期形成的自然特征之外，还有丰富的历史文化内涵。保护和发扬河流的标记性特色，具有深远的意义。美是人类生活的永恒追求，随着社会文明的进步，人们对环境美的要求越来越高。因此，规划和建设者们必须强化美的意识，提高美学修养，用美的构思、美的设计、美的实践建设城市美容工程，从而营建起一个方便舒适、整洁有序、和谐优美和生态健全的生活环境。突破以水说水、就河论河的传统束缚，努力创造水与城、水与景、水与文化的和谐统一。人类与水的斗争历史悠久，规模宏大，影响深远，留下了丰富的精神文化、社会活动及实物遗产。不同河流的历史沉淀构成了各自的特色，具有重要价值，在保护继承的同时还需要发扬光大，并不断创新。

1.3　多功能河流概述

1.3.1　多功能河流的内涵

河流功能是河流系统与其环境相互作用过程中所表现出来的能力与效用，主要表现为河流系统发挥的有利作用。世界各地人民都把当地的主要河流称为他们的母亲河，这是因为：人类不仅傍河而生，而且利用和开发河流，谋求社会经济的发展。河流是城市生存和发展必不可少的要素，研究城市河道的建设，对城市经济与环境的协调发展，乃至人类文明的持续进步都是十分必要的。河流的传统功能可以用"兴利"和"除害"两大内容概括：兴利是以水资源的开发和利用为主要内容，如水力发电、城市用水、农业灌溉、航运等；除害是以防洪除涝为主要内容，如修堤筑坝、疏通河道、挖河导流等。随着社会的发展和进步，当今社会随着城市化和城市现代化步伐的加快，水域污染日益加重，生态环境急剧恶化，因此社会对于改善水域环境的要求日益高涨，河流的环境功能和生态功能得到了重视，河流的多功能日益显现。河流的多功能指河流的功能不仅仅局限于兴利除害等传统功能，还表现在资源功能、环境功能、生态功能等多个方面。要改变传统观念、创新思维，努力实现建设多功能河流（multifunctional river）的目标，即积极建成有防洪、生态、景观、旅游等多功能的新型河流，充分利用独特的山、水、林、泉等自然优势，营造"水清可嬉、岸绿可赏"的河流生态景观体系，建成集多种功能于一体的现代河道，实现从传统河流向现代河流、可持续发展河流的跨越。河流的多功能主要表现在水利功能、资源功能、环境功能和生态功能等方面。

（1）水利功能。河流的水利功能主要表现为防洪除涝等传统功能，这是河流最原始、最主要的功能。城市河流中的河道、沟渠是排洪系统的干渠，能把城市生活污水以及暴雨后的地表径流迅速排出城外，防止城市发生内涝。城市河流有一定的调蓄洪水的能力，这对暴雨或久雨后防止洪涝之灾是有作用的。为了防范洪水灾害，人们采用了各种防洪工程措施和非工程措施对河流进行治理，然而这些措施都忽略了对河流生态系统可能造成的影响，缺乏对河流本身防洪能力的利用。因此，在多功能河流的治理过程中，应注重对河流本身防洪能力的开发和利用。

（2）资源功能。河流的资源功能表现在交通运输、水产养殖、发电供水等利于人们生产生活的多个方面。河流一直都起着重要的交通运输作用，水运是古代主要的交通形式，时至今日，在公路铁路已很发达的情况下，水运仍起重要作用，苏州常年水运占总水运量的 70%，而湖州 1982 年水运货运量占对外货运量的 96.5%，由此可见水乡古城的水系在交通运输上的重要地位。我国是农业大国，农业生产离不开水，历史上城市河流担当着灌溉农业的重要任务。除灌溉外，城市水体还可以种植菱荷茭蒲，养殖鱼虾，有一定的经济效益，并丰富居民的物质生活。当前社会，农业在我国占据重要地位，农业用水比例仍然很大；由于城市人口集中，每天生产生活都消耗大量的水。河流供水具有方便、快捷的优势，因此河流的规划与设计要充分考虑地形、坡降、流向等因素，使其有足够的流量和流速来满足各类生产、生活用水需求。另外，河流一般发源于高山峻岭，具有很大的落差，蕴藏着丰富的水电资源，通过水能的开发与利用，可以为人类提供能源服务。

（3）环境功能。河流的环境功能主要指水维持自然生态过程与区域生态环境条件的功能，包括泥沙的推移、营养物质的运输、环境净化、景观亲水、休闲娱乐及场所形象等方面，这些功能在河流的城市段显得尤为重要。水具有流动性，能冲刷河床上的泥沙，起到疏通河道的作用。水对营养物质的运输是全球生物地球化学循环的重要环节，也是海洋生态系统营养物质的主要来源，对维系近海生态系统较高的生产力起着关键的作用。水也为污染物质提供和维持了良好的物理化学代谢环境，提高了区域环境的净化能力。开阔的水面在城市景观系统占有重要的作用和地位，既能作为城市生活展示的空间和场所，也能承载多种元素，展示城市的独特风貌。河流蜿蜒流淌的形态，天然就具有美学基础特征，符合人们的审美要求；沿岸的观赏性植物和文化建筑物，在景观空间上能达到整体视觉观赏和小区域休闲功能的良好结合。

（4）生态功能。河流的生态功能指河流为动植物繁衍提供了栖息地、通道、屏障及食物的来源，维持自然生态系统的结构与过程，以及其他人工生态系统的功能。自然形成的河流具有河湾、沼泽、湿地、急流、浅滩、深潭等丰富多样的生境，因而造成了河流水深和流速的多样性变化。在这样丰富的生境中，可以形成丰富多样的生物群落（biotic community），昆虫、水禽、两栖动物、鸟类和哺乳动物都可以找到适宜的栖息地。另外，水对维持区域森林、草地、湿地、湖泊、河流等自然生态系统的结构与过程及其他人工生态系统具有不可替代的作用，其生态服务功能主要包括涵养水源、调节气候、补给地下水、提供生境、教育、美学和欣赏功能。

河流的功能及其载体见表1.3-1。

表 1.3-1　　　　　　　　　　　　河流的功能及其载体

一级功能	二级功能	功能载体
水利功能	防洪除涝	堤防、护岸、湿地、湖泊、沼泽、闸坝等
资源功能	发电、航运、养殖、工农业及居民生活用水等	水库、拦水闸、坝及其他水利设施
环境功能	自净、输沙、景观娱乐、场所及形象功能	河流、水体、滨水公园等
生态功能	栖息地、气候调节、吸收噪声、空气及水的净化	水体、水面、岸边植被等

1.3.2　多功能河流治理原则

传统的水利工程多侧重于防洪抗旱，为了治河而治河，使河两岸混凝土化、自然水体形态水池化或渠道化，加上大量点源和面源污染物不达标排入河流，导致一系列生态环境问题。随着对河流的认识的转变、对多功能河流的深入研究以及居民对更高的生活水平的需求，人们开始有意识地对退化的河流进行修复治理，对河流进行综合治理，但是很多时候没有明确的目标，单纯地营造河道景观，不仅没有注重建设多功能河流，还将河流系统的结构与功能割裂开来。因此，多功能河流的治理必须遵循以下几个原则：

（1）明确河流功能定位。对多功能河流的治理应明确各条河流、项目区域每个治理段的主要功能。河道工程的主要功能可以分为行洪、排涝、蓄水、输水、航运、养殖和生态景观等，每条河流都应当有明确的功能定位，河流主要功能的选择以及综合利用功能的有机结合等对工程施工技术起到重要的决定作用。在开展河道工程建设之前，应当研究各条河流、工程区域每个河段的自然特征和保护对象，搞清楚为什么要采取工程措施、主要解决什么问题、能起到什么作用，然后再去考虑有哪些技术手段。例如，位于河流上游的河道坡陡流急，洪水历时短、水位变幅大而冲击力强，工程应以保护农田和村庄道路为主，防冲毁是最重要的，同时也要重视区域的生态环境保护；位于中下游的河道，汇流面积和保护范围都逐步增大，河床宽度和堤防高度也相应加大，河底和岸墙的防渗抗滑问题是最重要的。

（2）深化加强主要功能。河流最主要的功能就是防汛，在大江大河险要河段，防洪是第一要务，河道治理的目标首先要满足行洪要求。在规划多功能河道治理时，应强调和加强河流的防汛功能。随着城市化进程的发展，洪涝灾害所带来的危害和损失也越发严重，灾害的间接损失占比逐渐加大，灾害影响的范围远远超出受淹范围，因此在多功能河道的治理过程中要加强对主要功能的规划设计和质量管理，要正确处理除害与兴利、上下游左右岸、整体与局部、近情与远景等关系；护岸工程也要以防洪保护为目的，充分利用已有的护岸工程，从控制主流摆动、稳定中小河床出发确定治导线，作为控制河道平面位置的长期目标。

（3）注重发展生态环境功能。河流的生态环境功能是多功能河流治理的重点和核心。随着时代发展，人们对水环境的要求越来越高，渴望见到水清天蓝、绿树垂岸、鱼虾畅游的生态河道，因此从城市河道生态发展的趋势出发，一些传统的观念开始受到冲击，建设生态型河道已成为河流治理的趋势。原来裁弯取直的河道改造和利用钢筋、混凝土等现代材料砌筑的做法，逐步被利用木桩、竹笼、卵石等天然材料修建岸墙和护坡的做法所替代，同时，河岸线自然、富于变化，河道断面有宽有窄、坡度有缓有急，在不同河段要有与之相适应的植物、动物的生存。另外，以景观建设带动滨河开发也是发展河流环境功能的重点，加快集水资源综合调度、生态景观、旅游休闲等多功能为一体的景观水系建设，进而带动多功能河流治理和加快沿岸绿化景观建设，实现"水清、岸绿、景美、游畅"的目标。

（4）强化工程建设管理。河流的地域属性、尺度大小以及水文特征等均存在不同的差异，即使是同一条河流的上中下游也不尽相同，故而不能生搬硬套其他河流的修复设计。在实施治河工程前，必须详细勘察，科学评估河流受损状况，制定合理修复方案，明晰治河规划中的每个环节，加强工程建设管理。在多功能现代河道的建设管理工作中，要全面实施项目法人责任制、招标投标制、建设监理制、合同管理制及工程质量与安全领导责任制等，严格按照要求及时办理工程质量监督手续，建立健全"项目法人负责、监理单位控制、施工单位保证和政府监督相结合"的质量管理体制。根据有关水利工程招投标法律法规进行招标，严格规范项目上报和审批管理工作，及时申请和组织符合验收条件的工程验收和审计，实现工程项目建设全过程的管理、监督、协调、服务。

1.4 河流系统性治理研究存在的问题

近年来，河流生态健康与综合治理问题受到越来越多专家和学者的关注，相关研究取得了较大进展。但是，河流系统性治理研究仍存在许多尚未解决的问题，主要表现为以下几个方面：

（1）河流治理修复的系统性问题。在河流修复和治理过程中，人们越来越认识到河流系统的形态、过程复杂，同时，河流系统的功能并不是独立的，而是相互有关联的。因此，各种修复理论和措施也由单一功能的修复向综合管理转变。河流治理的系统性要考虑以下几个方面：①河流本身的系统性，从源头到河口是一个大的流域系统、每一支流或一段河流均有其自己的生态系统、廊道结构甚至孔隙都具备其自身的小系统；②广义上河流系统又可以分为河流生态子系统、社会经济子系统、自然环境子系统等；③对于每一个河流系统，均有其自身结构和服务功能；④河流治理工作的系统性，既要提升河流防洪减灾能力，也要处理好环境保护、水资源开发利用之间的关系。因此，从系统论观点看，河流治理是一项复杂的系统工程，不但受系统外社会、环境和上下游边界条件约束，还受系统内各组成要素关系的强力制约。如何兼顾系统性，以保障河流治理与修复的效果，值得深入研究和探讨。

（2）河流综合治理规划重要性问题。影响河流治理工程实施效果的因素有很多，如规划、可研、设计、施工机械、技术人员、资金以及土地等。河流治理发展到现阶段，规划的制约作用最为突出，要建设适应长期发展、可以持续、生态友好、共同受益的水利工程，规划是关键。目前，很多河流治理工程和项目对前期的规划不重视，甚至没有近期和长期的设想和布局，忽略规划而直接进行治理，在工程结束若干年后，往往达不到预期，甚至产生不良后果。

（3）河流治理修复中的评估量化问题。如何科学、有效地修复和维持一个良好的河流系统已经引起水利、生态以及环保等相关学者和研究人员的广泛关注。该问题的解决，首先需要对河流系统基本结构与功能的缺损状态进行准确诊断与评定，然后针对某项缺损及缺损程度进行治理修复。因此，对河流系统基本结构与功能进行评价是做好河流生态保护与修复的前提和基础。已有大量实例研究涉及河流健康评定、河流服务功能分析、河流生态修复探讨等方向，但河流健康等评价的目的性不足，无法运用到后期修复工作中来。国内从系统角度针对河流系统结构与功能的研究中，董哲仁（2008）提出并建立了河流生态系统结构功能整体性概念模型，概括了河流生态系统结构功能的整体特征。国外相关的研究相对较早、较丰富，近年来多集中于通过某种生物群落的特征、演变及与周围生态环境的正负反馈调节来衡量河流系统结构与功能的健康状态。随着河流生态修复理论研究和工程实践的积累，有必要对河流系统基本结构与功能进行全面、定量、综合的评价。

（4）河流治理的适用性问题。在实践中，国外许多研究采用还河流以空间，恢复河漫滩、湿地、植被以及生物栖息地等来实现河流系统的治理。然而，我国幅员辽阔，气候条件、水资源分布状况、城市化程度以及经济发展水平等不仅与国外大不相同，全国各个地区之间也存在差异，例如，我国北方河流流量年内与年际变化与雨量丰沛的南方相比要大得多，因此河流治理的指导思想与理论方法切忌生搬硬套，如何借鉴国外的一些方法和经验，实现中国河流的"现代水利"，是河流治理研究的难点。

（5）河流治理后续性问题。河流治理是很复杂的，没有简单的解决方案来重建和恢复河流生态环境，特别是基于长期可持续性的发展。在不同的内地和沿海地区已经有许多河流湿地恢复活动实施，如改善潮湿的栖息地环境以获得更好的生态地位和可持续农业活动。此外，如何评估河流恢复的效率并定义其成功，一直是一个争论的焦点。科学评估河流系统的修复效益，可以为恢复、保护和有效地利用河流系统提供指导和借鉴。河流治理恢复的历时较长，每项河流治理工程的结束，并不意味着对于河流治理任务的完成，还要加强后期的管理评价工作，并对其恢复状况进行综合监测评估。目前，在这方面的研究成果有限，有待深入研究。

另外，维护河流系统的健康，推进河流综合治理不仅需要工程技术的支持，更需要相关水利政策、管理、体制和机制的改革以及强有力的法律支撑，采取更加灵活的适应性管理措施（李原园等，2019），才能使河流治理顺利实施，这也是河流生态环境长效保护的需要。

如何解决上述河流治理工作中遇到的问题是河流治理的关注点，本书对这些问题经过详细的思考，结合多年来河流治理实践工作经验的总结，提出一些具有针对性的观点与方法，以期推进我国河流综合治理的发展。

1.5　本书的主要内容

本书共9章：

第1章为绪论。介绍了我国水利发展历程，治河理念及多功能河流治理的相关概念。

第2章为河流水生态环境的影响因素。在阐述河流的生态体系、水量、洪水的脉冲效应、水沙过程、地学因素和水质等影响的基础上，介绍了河流调查的相关内容，为河流系统性治理提供理论支撑。

第3章为河流开发、治理与保护的协调共赢。分析人类对河流开发利用（涉及大坝、水库、梯级枢纽、引调水工程及水系连通）产生的影响，阐述堰坝、堤防与护岸等治河工程，总结我国水利工程建设在生态保护方面的要求。

第4章为基于河流功能的开发治理模式研究。研究现代条件下河流功能的扩展及分类体系，建立河流功能综合评估方法；形成河流功能区划的目标、原则、分类体系、区划方法及区划程序；研究不同分区特点，针对各分区特征，研究制定相容性的分区治理模式及规划。以修复河流系统结构与功能为出发点，分析研究河流生态恢复方法和技术。以浑河中上游、济南玉符河和黄河下游为例，探讨河流功能区划与综合治理。

第5章为河流系统性治理的理论体系与方法。基于河流连续体理论、河流廊道理论以及孔隙理论，阐述河流系统性治理的基础，并以松花江哈尔滨城区段百里生态长廊总体规划、嫩江下游河流廊道治理修复和多孔栖息单元式生态护岸为案例进行研究和探讨，为河流系统性治理提供依据和支持。

第6章为河流系统性治理的工程技术措施。分析常用的河流系统性治理的手段和方法，包括生态护岸、植被缓冲带、人工湿地、人工岛/生态浮床、鱼道以及人工鱼礁等，提出河流悬浮物治理技术、河道截潜抬水条件改善技术、河道行洪区水质净化能力提升技术等多种修复方法，形成系统性复合技术体系，并以老虎山河、凉水河、复州河、小凌河等多段河流治理为例，为河流系统性治理工程措施和技术方案提供基础支撑。

第7章为河源区与河口区的治理。分析我国主要河源区与河口区的概况，归纳现阶段河源区与河口区存在的主要问题，明确河源区水生态保护修复的方向，阐述进行河流入海口治理修复所运用的主要方法与技术手段，为我国河源区和河口区系统治理提出合理的建议，并以顾洞河河口与俭汤河入库消落区为例进行治理修复设计。

第8章为河流治理施工过程中的生态保护措施。分析研究考虑河流生态系统保全的施工原则，提出了不同的治理修复的生态施工方法，并将其应用于项目所涉及的工程中。

第9章为河流治理效果的监测与评估。建立完备的水生态系统、生物指标和人为干扰的一体化监测系统，对河流的重要组成部分——生物栖息地进行量化研究，建立基于工程实施前后水环境质量、生物栖息地、河流生态景观量化对比评估体系，为河流系统性治理工程的后期维护及改善提供参考。

第 2 章

河流水生态环境的影响因素

社会经济发展过程显示，人们对水生态环境质量的要求大幅度提高。为适应这种客观要求，河流治理也从以往只重视防洪兴利的治理模式，向丰富的自然化（naturalization）河流、培育地区文化的河流、还原本来面貌的模式转变，需要建设人与自然和谐的河流水生态环境。

基于此，本章从河流的生态体系出发，阐述了水量、洪水的脉冲效应与洪水资源、河流水沙过程、地学因素以及水质对河流水生态环境的影响，并介绍了河流生态调查的相关内容。

2.1 河流的生态体系

河流是自然生态体系的一部分，同时河流及其周围的环境也构成了一个相对独立的生态体系。河流生态体系包括生物和非生物及其相互作用过程，表现出相应的生态功能。所有的生态体系都会与其周边环境发生能量和物质的交换，河流的生态体系则更加开放，显示出高度的纵向、横向和垂向连通性。

2.1.1 物质和能量来源

物质和能量是河流生态体系内各个环节不断运作的动力支撑，如果没有物质和能量来源，整个河流生态体系将会走向衰落。因此充足的物质和能量来源对整个河流生态体系的正常运作至关重要。

河流生态体系的物质主要来源于河流上游或周边的消落区，主要取决于滨水带植被及其与洪泛区的连通性。在林区河源和大型洪泛区河流中，大部分能量为外生能源，由外源输入；而草原河流的多砂石底质吸附有大量泥炭和藻类，故大部分能源是内生能源。而一般的河流中既有内生能源也有外生能源。

一般食物网（food web）中的能量都是来源于初级生产者，河流食物网也不例外。河流食物网中的初级生产者包括浮游植物及其他自养微生物，它们分布在木头、石块和其他基质的表面，在适宜的条件（光照、营养盐等）下能够迅速生长繁殖。同时，枯枝落叶、动植物残骸等来自消落区的有机物质会进入河流，这也是河流中重要的能量来源。细菌和真菌等初级消费者也会将有机物分解利用，为次级消费者提供物质和能量。图 2.1-1 所示为河流水生生物（river aquatic organisms）的生态系统及其物质和能量的流动。

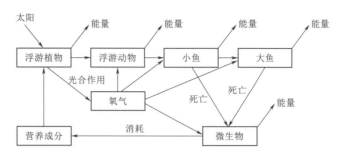

图 2.1-1　河流水生生物的生态系统及其物质和能量的流动示意图

2.1.2　食物链和食物网

在一个生态系统中，食物链（food chain）关系往往很复杂，各种食物链互相交错，形成食物网。能量的流动、物质的迁移和转化，就是通过食物链和食物网进行的。

图 2.1-2 所示为河流生态系统组成。在这个生态系统中，浮游植物利用太阳，借助细胞内的叶绿素将水体和空气中的二氧化碳转变为有机物质，同时将产生的氧气释放到水和空气中。作为生产者，它在生物圈中有非常重要的功能：为自身准备需用能源，为生物呼吸提供必需的氧气，并为较高级营养层次（如浮游动物、小鱼、大鱼等）供应食物。鱼类死后，水里的微生物将它分解转变为基本元素和化合物，作为浮游植物的营养成分；此时所消耗的水中的氧气则可由浮游植物光合作用产生的氧气来补充。各营养层次的生物在呼吸过程中将摄取的有机物质氧化而获得热量，供各种生命活动和合成生物量（bio-mass）；同时将产生的二氧化碳送回空气中。这样，从浮游植物到浮游动物，再到小鱼，最终到大鱼，构成了一条食物链；其中除了浮游植物是生产者外，其余都是消费者。浮游动物是一级消费者，属于食草动物；小鱼和大鱼分别是二级消费者和三级消费者，都属于食肉动物。

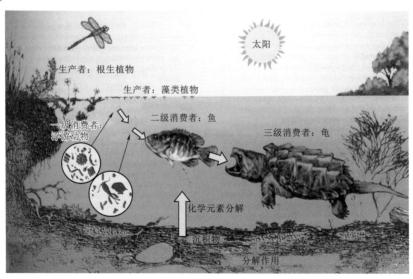

图 2.1-2　河流生态系统组成示意图

食物网中的营养等级也同样复杂，包括食藻动物、食腐动物、杂食动物、食虫动物和食鱼动物。藻类是许多鱼类和两栖类动物的主要食物来源，特别是热带地区的河流。食腐动物主要捕食各种腐烂的动植物残骸。杂食动物的杂食性表现为可取食植物（或碎屑）、动物和鱼类，杂食动物幼年期主要取食无脊椎动物，其中很多种类的捕食范围较广。

2.1.3　河道生态环境

河流的基本元素是水和泥沙，这两个元素是河岸和河道内各种生物生存的基础。例如，萤火虫是生长在河道附近的昆虫，成虫在岸边草丛中产卵，卵孵化以后幼虫要在水中生活，经过一段时间的生长后爬到岸上，在岸边泥土中蜕变成蛹，最后由蛹蜕化成萤火虫成虫，从而形成了萤火虫一个完整的生命周期，如图 2.1-3 所示。河道断面的硬质化和水环境的恶化几乎使萤火虫生命周期各个阶段的生息环境都受到威胁，这也是目前大多数河道中萤火虫这种环境指示生物（indicator organism）消失的根本原因，说明河道生态环境已经遭到很大程度的破坏。

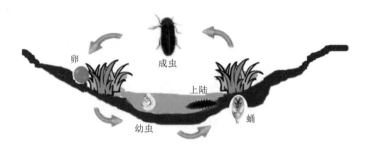

图 2.1-3　萤火虫的完整生命周期

为了人与自然协调发展，恢复河流活跃、多样的生态结构，使人们有一个健康舒适的生活环境，实现经济、社会、生态环境持续发展的目标，在治理河道时应把河道生态环境的保持和恢复考虑在内。

2.2　水量影响

2.2.1　生态需水量

2.2.1.1　概念

生态需水（ecological water demand）又被称为环境用水或生态环境用水。从广义来讲，维持全球生态系统水分平衡所需用的水，包括水热平衡、水沙平衡、水盐平衡等所需要的水，都是生态环境用水。

（1）水面蒸发生态需水量。当水面蒸发量高于降水量时，为维持河流系统的正常生态功能，必须从流域河道水面系统以外的水体来弥补。根据水面面积、降水量、水面蒸发量，可求得相应各月的蒸发生态需水量。

（2）维持河流水沙平衡的需水量。对于多泥沙河流，为了输沙排沙，维持冲刷与侵蚀的动态平衡，需要一定的生态水量与之匹配。在一定输沙总量要求下，输沙水量直接取决于水流含沙量的大小。对于北方河流系统而言，汛期的输沙量约占全年输沙总量的80%以上，因此，可忽略非汛期较小的输沙水量。

（3）维持河流水盐平衡的生态需水量。对于沿海地区河流，一方面枯水期海水透过海堤渗入地下水层，另一方面地表径流汇集了农田来水，使得河流中盐分浓度较高，可能不能满足灌溉用水水质要求，甚至影响到水生生物的生存。因此，必须通过水资源的合理配置补充一定的淡水资源，以保证河流中具有一定的基流量或水体来维持水盐平衡。

狭义的生态环境用水是指为维护生态环境不再恶化并逐渐改善所需要消耗的水资源总量，如保护水生生物栖息地的生态需水量。河流中的各类生物，特别是稀有物种和濒危物种是河流中的珍贵资源，保护这些水生生物健康栖息条件的生态需水量是至关重要的。需要根据代表性鱼类或水生植物的水量要求，确定一个上包线，设定不同时期不同河段的生态需水量。

2.2.1.2　生态需水量计算

对于水生生态系统生态需水量的确定，不能只考虑所需水量的多少，同时还应考虑在此水量下的水质好坏，如维持水体自净能力的需水量。河流水体被污染，将使河流的生态环境功能遭受直接的破坏，因此河道内必须留有一定的水量来维持水体的自净功能。生态需水量的确定，首先要满足水生生态系统对水量的需求；其次，在此水量的基础上，确保水质能保证水生生态系统处于健康状态。生态需水量是一个临界值，当水生生态系统的水量和水质处于这一临界值时，生态系统维持现状，生态系统基本稳定健康；当水生生态系统的水量大于这一临界值，水质好于这一临界值时，生态系统则向更稳定的方向演替，使水生生态系统处于良性循环的状态；当低于这一临界值时，水生生态系统将走向衰败，最后干涸，导致沙漠化。

生态用水量计算方法有水文指标法（hydrological index method）、水力学法（hydraulic method）、整体分析法（holistic method）和栖息地法（habitat method）等。

1. 水文指标法

水文指标法也称历史流量法，是生态需水评价中最简单的、需要数据最少的方法，它依据历史水文数据确定需水量。最常用的方法有 Tennant 法或蒙大拿（Montana）法、水生物基流法（aquatic base flow method，ABF）、可变范围法（range of variability approach，RVA）、$7Q_{10}$ 法、得克萨斯（Texas）法、流量持续时间曲线分析法、年最小流量法和水力变化指标法（IHA）等。

（1）Tennant 法。Tennant 法是由 Tennant 于 1976 年首次提出的一种方法，开始应用于美国中西部。通过 12 个栖息地河道流量与栖息地质量关系的研究，经多次改进，现被美国 16 个州采用。Tennant 法确定的河道内最小生态流量是以测站年平均天然流量的百分率来表示，如以天然流量的 10% 为标准确定的生态流量，表示可以维持河道生物栖息地生存，30% 表示能维持适宜的栖息地生态系统（加拿大临近大西洋的各省采用 25% 的比例），60%～100% 表示原始天然河流的生态系统（Tennant，1976）。根据鱼类等的生长条件，分两个时段，即 10 月至次年 3 月、4—9 月分别设定了不同的标准，见表 2.2-1。

表 2.2 - 1 保护水生生态等有关环境资源的河川流量标准 %

时 间	河 川 流 量 标 准							
	最大	最佳范围	极好	非常好	好	中或差	差或最小	极差
10 月至次年 3 月	200	60~100	40	30	20	10	10	0~10
4—9 月	200	60~100	60	50	40	30	10	0~10

Tennant 法是建立在干旱半干旱地区永久性河流的基础上，判别栖息地环境优劣的推荐基流标准在平均流量的 10%~200% 范围内设定。这种方法未考虑河流的几何形态对流量的影响，未考虑流量变化大的河流及季节性河流，在实际应用时，应根据本地区的情况对基流标准进行适当改进。该方法计算结果的精度还与对栖息地重要性的认知程度有关。

Tennant 法主要优点是使用简单，操作方便，一旦建立了流量与水生生态系统之间的关系，需要的数据就相对少，也不需要进行大量的野外工作，可以在生态资料缺乏的地区使用。但由于对河流的实际情况进行了简化处理，没有直接考虑生物的需求和生物间的相互影响，只能在优先度不高的河段使用，或作为一种粗略方法来检验其他计算方法的计算结果。

Tennant 法的主要不足之处是仅描述了最小生态需水，不能表征河道生态需水的天然变化过程，需要把实测的流量还原到没有受人类影响的天然状态的流量，不适合干旱地区的季节性河流（有零流量），在实际工作中要建立流量与水生生态系统之间的关系一般需要有 30 年以上的径流还原资料，较为困难。

（2）水生物基流（ABF）法。ABF 法属标准设定法，是由美国鱼类和野生动物保护部门在研究了 48 条流域面积在 50mile²❶ 以上、有 25 年以上观测资料、没有修建对环境影响较大的大坝或调水工程的河流后创立的方法。它设定某一特定时段月平均流量最小值的月份，其流量满足鱼类生存条件。该方法一年分 3 个时段考虑，夏季主要考虑满足最低流量，设定流量为一年中 3 个时段最低，以 8 月的月平均流量表示；秋季和冬季时段要考虑水生物的产卵和孵化，设定的流量为中等流量，以 2 月的月平均流量表示；春季也主要考虑水生物的产卵和孵化，所需流量在 3 个时段中为最大流量，以 4 月或 5 月的月平均流量表示。

这种方法的优点是考虑了流量的季节变化，适用于小河流。较大河流由于受人为影响因素大，需要有长期的河流取水统计资料去获得还原后的径流量；另外，对某些月份，河流的径流量达不到设定流量的要求。此法不适合季节性河流。

（3）可变范围法（RVA）。RVA 法是最常用的水文指标法，其目的是提供河流系统与流量相关的生态综合统计特征，识别水文变化在维护生态系统中的重要作用。RVA 法主要用于确定保护天然生态系统和生物多样性的河道天然流量的目标流量。RVA 法描述的流量过程线的可变范围是指天然生态系统可以承受的变化范围，并可提供影响环境变化的流量分级指标。RVA 法可以反映取水和其他人为改变径流量的方式对河流的影响情况，表征维持湿地、漫滩以及其他生态系统的价值和作用的水文系统。在 RVA 流量过程线中，当其流量为最大与最小流量差值的 1/4 时，该数值为所求的生态需水流量。

RVA 法至少需要有 20 年的流量数据资料。如果数据不足，就要延长观测，或利用水

---

❶ 1mile（英里）=1609.344m。

文模拟模型模拟。RVA 法的应用在河流管理与现代水生生态理论之间构筑了一条通道。

（4）$7Q_{10}$ 法。$7Q_{10}$ 法采用近 10 年中每年最枯连续 7 天的平均水量作为河流最小流量的设计值。该方法最初是由美国提出，用于保证污水处理厂排放的废水在干旱季节符合水质标准，不代表河道内生态需水量。

$7Q_{10}$ 法的应用在我国演变为采用近 10 年最小月平均流量或 90% 保证率最小月平均流量。该法主要是为了防止河流水体污染而设定的，在许多大型水利工程建设的环境影响评价中得到应用。基于水文学参数的 $7Q_{10}$ 法，没有考虑水生物、水量的季节变化，其计算的生态流量一般比其他方法计算出的流量要小，只可维持低水平的栖息地。

（5）Texas 法。Texas 法采用某一保证率的月平均流量表示所需的生态流量，月流量保证率的设定考虑了区域内典型动物群（鱼类总量和已知的水生物）的生存状态对水量的需求。Texas 法首次考虑了不同的生物特性（如产卵期或孵化期）和区域水文特征（月流量变化大）条件下的月需水量，优于现有的一些同类规划方法。

上述水文指标法的优点是：使用相对简单，在流域层面上，适合于对需水量计算精度要求较低的评估，要求现场实测数据较少，在多数情况下仅要求有历史流量记录数据，不需要使用昂贵的设备进行野外工作；缺点是：虽然对资源现场调查的数据资料精度要求较低，但需要进行大量的野外工作，以满足设定不同标准和获取必要的参数，仅适用于已进行了河流观测和研究的地区（钟华平等，2006）。

2. 水力学法

水力学法是把流量变化与河道的各种水力几何学参数联系起来的求解生态需水量的方法。目前，水力学法应用最广的是湿周法。

（1）湿周法（wetted perimeter method）。湿周法是基于野外测流方法估算最小生态需水量的最简单的方法。河道的湿周是指河道横断面湿润表面（水面以下河床）的线性长度。湿周法假定能保护好临界区域水生物栖息地的湿周，也能对非临界区域的栖息地提供足够的保护。采用湿周法确定栖息地最小生态需水量，需要建立浅滩湿周与流量的关系曲线。

在湿周与流量关系曲线中，其转折点的流量就是维持浅滩的最小生态需水量，它表征在该处流量减少较小时湿周的减少会显著增加。在湿周与流量曲线图上，转折点代表该处曲率为 45°，斜率为 1。曲线的转折点受河道形态特征、礁石和沙洲的存在与否，河岸的变化，以及下游回水等因素影响。支流较多的河道，其湿周与流量关系的规律性一般较差，曲线可能有多个转折点，这种情况，关系曲线上最低的转折点为所要求的最小生态流量。

湿周法假定河流的流量与鱼类食物量的生产区域大小成比例，浅滩的湿周是其相关指标。湿周法是为了保护敏感水生物栖息地而设定适当流量的一种计算方法。采用湿周法需要测量特定地点（如浅滩）的河道横断面，并确定该断面的流量变化。

采用湿周法的优点是使用相对简单，要求的数据量相对少；缺点是只能获得最小生态基流量，没有考虑水温变化对水生物的影响。

（2）R2Cross 法。R2Cross 法是由美国科罗拉多水利委员会针对高海拔的冷水河流为保护浅滩栖息地冷水鱼类（如鲑鱼、鳟鱼等）而开发的，属中等标准设定法。该法选择特定的浅滩——水生无脊椎动物和一些鱼类繁殖的重要栖息地，确定其临界流量，假定临界流量如果能满足该处生物的生存，则河流其他位置的流量也能满足其他栖息地生物生存的要求。利用曼宁公式计算特定浅滩处的河道最小流量代表整个河流的最小流量。河道流量由河道的平均水深、湿周率和平均流速确定。这种方法仅提出了维持浅滩的夏季最小生态流量，没有考虑年内其他季节的天然径流过程。

R2Cross 法只要求进行一些野外现场观测，不一定要有观测站的观测数据，因此没有设立观测站的河流也可用此法，但必须选择合适的研究断面。

3. 整体分析法

整体分析法主要指 BBM 法（building block method，BBM），BBM 法是由南非水务及林业部与有关科研机构一起开发的，在南部非洲已得到广泛应用。

在 BBM 法中，依据现状将河道内生态环境状况分为 6 级，即：①生态环境未变化；②生态环境变化很小；③生态环境适度改变；④生态环境有较大的改变；⑤天然栖息地广泛丧失；⑥生态环境处于危险境地。根据生态环境状态的前 4 级设定 4 种未来生态管理类型。

BBM 法把河道内的流量划分 4 部分，即最小流量、栖息地能维持的洪水流量、河道可维持的洪水流量和生物产卵期洄游需要的流量，要求分别确定这 4 部分的月分配流量、生态环境状况级别和生态管理类型。在依据生态环境状况分级和生态管理分类的基础上，分别为 4 种生态管理类型建立维持最小流量的百分率与可变性指数（variability index）（变差系数/基流指数，C_v/BFI）之间的关系曲线。变差系数指标准偏差与平均值的比值，基流指数指总流量占基流量的比值。

BBM 法的优点：大、小生态流量均考虑了月流量的变化；分部分的最小流量可初步作为河道内的生态需水量。BBM 法的主要缺点：该方法针对性强，是针对南非的环境开发的，且计算过程比较烦琐，其他地区和国家采用此方法应根据当地实际情况对方法进行适当改造（钟华平等，2006）。

4. 栖息地法

栖息地法（也称生境法）是生态需水估算最复杂和最灵活的方法。该方法对自然生态系统状态不需要预先假设，但需要考虑自然栖息地河道流量的变化，并与特定物种栖息地参数选择相结合，确定某一流量下的栖息地的可利用范围。可利用的栖息地面积与河道流量的关系是曲线关系，从曲线上可以求得对特定数量物种最适宜的河道流量，其结果可用作推荐的生态流量的参考值。栖息地法最常用的是河道内流量增量法（instream flow incremental methodology，IFIM）。

IFIM 法是评估水资源开发和管理活动对水生及河岸生态系统影响的概念模型，20 世纪 70 年代由美国鱼类和野生动物保护部门开发，用于解决水资源管理和影响生态系统最小需水量问题。IFIM 法是解析方法和计算机模拟相结合的产物，可以针对特定问题和情形采用不同的方法（DFID of the UK，2003）。

IFIM 法基于假定生物有机体在流动的河水中的分布受水力条件的控制。由 IFIM 法产生的决策变量是栖息地的总面积，该面积随特定物种的生长阶段或特定的行为（如产卵）而变化，是流量的函数。IFIM 法通常与自然栖息地仿真系统模型（physical habitat simulation，PHABSIM）（现在多采用 mesohabitat simulation 模型，ESOHABSIM）进行耦合，用于建立栖息地与流量的关系和预测环境参数的变化。PHABSIM 可以预测流量变化对鱼类、无脊椎动物和大型水生植物的影响，预测自然栖息地变化并可量化其生态价值。应用 PHABSIM 模型需要进行有关河流水力和形态方面的详细勘查以及掌握重要物种选择栖息地的知识。

IFIM 法的主要优点：如果挑选合适人选使用 IFIM 法，该法可体现各方的利益；该法考虑了选定的指示物种各生长阶段对流量的要求；利用还原的径流数据可以单独估算天然需水量。其缺点：主要适用于中小型栖息地，很少利用其评价整个流域的生态环境需水；针对性强，在某一个地方获得的参数不能直接应用到另一个地方；需要多方面的专家相互合作，同时要进行大量的野外现场调查工作；耗时大且耗费高。

为了规范河湖生态环境需水计算的技术要求，水利部于 2014 年发布了《河湖生态环境需水计算规范》(SL/Z 712—2014)，对河流、湖泊、沼泽、河道外生态环境需水量的计算方法制定了相应的标准。

2.2.1.3　案例研究

以下以辽宁省太子河为例，进行河道最小生态需水量的计算。

1. 太子河概况

太子河是大辽河左侧的一大支流，发源于辽宁省新宾县红石砬子，河长 413km，流域面积 13883km²。太子河流域多年平均径流量为 36.8 亿 m³，地表径流的年变化大，大部分地区在 3～6 倍。地下水有喀斯特裂隙水和裂隙孔隙水，地下水综合补给量为 14.9 亿 m³，可开采资源量为 5.5 亿 m³。地表水地下水重复水量 10.57 亿 m³，水资源总量为 41.13 亿 m³。

太子河存在水资源短缺、水污染严重以及生态环境恶化的现象。如果不加以重视和保护，为了经济发展，水资源短缺势必会使河流的生态用水受到挤压，使得原本就脆弱的河流生态损害更严重。因此，为了维持流域水资源的可持续发展，首先要保证太子河的最小生态需水量，使其生态环境的恶化趋势能逐渐减轻直至得到修复。

2. 最小生态需水量

根据所掌握的资料，采用年最枯月平均流量以及不考虑特定用途的 Montana 法等来综合计算太子河的河道生态需水量。

(1) 10 年最枯月平均流量计算。根据对 1951—1980 年的资料进行分析，计算出太子河流域各河段 10 年最枯月平均流量值 (见表 2.2 - 2)。

表 2.2 - 2　　　　太子河流域各河段 10 年最枯月平均流量　　　　单位：m³/s

河段	1951—1960 年	1961—1970 年	1971—1980 年	平均流量
观本	1.877	2.635	4.244	2.92
本葠	3.075	1.973	4.24	3.096
葠汤辽	0.623	0.549	0.802	0.658
辽三	3.08	2.716	9.502	5.099

(2) 10 年平均流量计算。参照法国关于最小河流生态用水流量不应小于多年平均流量的 1/10 的规定，通过对 1951—1980 年太子河各段实测月径流量的统计求得多年平均径流量及多年平均流量 (见表 2.2 - 3)，并据此得到太子河各河段河流最小生态环境需水量分

别为：观本段 2.319m³/s、本葠段 2.569m³/s、葠汤辽段 0.341m³/s、辽三段 4.885m³/s。

表 2.2-3　太子河流量计算结果

河段	各河段 10 年平均径流量/10⁶ m³			典型流量/(m³/s)		
	1951—1960 年	1961—1970 年	1971—1980 年	枯水期多年平均	丰水期多年平均	多年平均
观本	624.09	526.49	553.21	6.96	28.59	23.19
本葠	774.2	571.58	526.58	8.24	31.5	25.69
葠汤辽	145.39	58.77	50.69	0.85	4.26	3.41
辽三	1405.81	1096.55	1168.4	16.47	59.64	48.85

（3）Montana 法。参照 Montana 法计算太子河各段 1951—1980 年共 30 年的枯水期多年平均流量和丰水期多年平均流量。在枯水期（10 月至次年 3 月）选择多年平均流量的 20% 作为枯水期的生态环境需水量，而在丰水期（4—9 月）选择多年平均流量的 30% 作为丰水期的生态环境需水量。

（4）河流输沙用水。太子河上游地处辽宁省东部山区，植被条件良好，平均森林覆被率约 47%，土质多为森林土，土壤侵蚀微弱，多年平均含沙量小于 0.5kg/m³。因此，在这里不单独进行河流输沙用水的计算。

（5）太子河河道生态需水量的确定。由于获取相关资料较困难，在计算中不考虑保护生物栖息地和水上娱乐用水。综合上述方法的结果，结合太子河流域水资源短缺的实际状况，初步确定太子河河道生态需水量以逐步恢复流域的健全生态系统为目标，同时还应考虑其他用水部门的用水要求。太子河各河段最小生态流量和最小生态需水量计算结果见表 2.2-4。

表 2.2-4　太子河各河段最小生态流量和最小生态需水量

河段	最小生态流量/(m³/s)		最小生态需水量/亿 m³	
	枯水期	丰水期	枯水期	丰水期
观本	4.24	8.58	0.67	1.35
本葠	4.24	9.45	0.67	1.49
葠汤辽	4.885	17.89	0.77	2.82
辽三	4.885	17.89	0.77	2.82

太子河流域各河段生态需水量计算结果表明，太子河流域河道最小生态需水量：枯水期为 2.88 亿 m³，丰水期为 8.48 亿 m³；总量为 11.36 亿 m³，占太子河流域多年平均地表径流总量 36.8 亿 m³ 的 30.87%。从计算结果来看，河道最小生态需水量约占流域地表径流量的 1/3。

2.2.2　生态流量

2.2.2.1　概述

加强水利水电工程生态建设和生态调度，保障河湖生态流量，是促进江河湖泊休养生息、遏制水生态退化趋势、提升河湖生态系统稳定和服务功能的重要举措。近年来，水利部、生态环境部、国家发展和改革委员会等有关部门全面落实中央加强生态文明建设的有关要求，按照"生态优先"的理念，稳步推进河湖生态流量的管理与保障工作。

生态流量（eco‐flow）的确定和保障措施一直是水库工程建设项目环境影响评价研究中的热点问题，生态流量监测是实践管理过程中的难点问题。目前，生态流量监测方面的理论成果相对较少，国内外河流生态系统监测机制主要有3种：①长效监测，通过长期开展流域生态系统监测，分析流域生态要素长期变化趋势，评估宏观尺度的生态系统变化，如流域土地利用变化的水文响应；②运行调度监测，通过监测生态系统目标用水需求及满足程度，分析工程运行效果，评估中观尺度的生态系统变化，如湿地补水量、航运水位需求是否满足；③生态调度监测，通过监测针对具体生态目标的生态调度过程及响应，分析生态目标关键影响因素及影响过程，评估微观尺度的生态系统变化（陈昂等，2018）。目前，管理部门已明确下泄生态流量并建设实时监测系统作为水电开发的必备措施，且在近年来开工建设的水电工程中予以落实。

2.2.2.2　生态流量在线监测预警

河流生态流量在线监测预警系统是河流生态环境保护系统工程中的重要一环，它可以实时监测河流生态流量，实时远程发布，当流量不满足要求时通知相关责任方及时采取补救措施，确保河流生态流量安全。

以下以丰满水电站全面治理（重建）工程施工期生态流量在线监测系统为例进行说明。在丰满水电站坝址下游、永庆坝址下游、吉林市区江段分别安装一块电子显示终端，实时无线远程发布永庆水库下游河道流量（即永庆水库当前下泄流量），当流量不满足河流生态流量要求时发送预警信息通知业主方加大泄量。

1. 系统总体方案设计

首先要进行河流生态流量采集方案设计，根据《河流流量测验规范》（GB 50179—2015），河道水位流量关系测量河道流量准确度较高，广泛应用于水位站测流，因此本系统采用此法实时监测流量。利用河道岸边浮子水位井中的浮子水位计，实时监测河道断面水位，然后根据该断面水位流量关系计算出河道当前流量。

设一个中心控制站，负责与实时监测设备、显示终端、预警终端、后台数据库、前台Internat 或 Internet 上的用户等多个不同类别软硬件进行实时通信。

系统工作原理如下：

（1）河流生态流量在线监测预警系统每隔一定时间间隔（默认10min）自动通过串口提取浮子水位计采集的河道当前水位数据，通过测流断面水位流量关系计算得到河道当前流量。

（2）通过互联网将河道当前流量发送给GPRS 数据服务中心，然后通过GPRS 无线网络分发给显示终端内 GPRS 无线传输单元中的手机卡，最终在显示终端上发布河流当前流量和时间。

（3）如果流量不满足河流生态流量要求，通过短信传输单元经 GSM 无线网络发送预警信息给相关责任方。

（4）将河流测流断面当前水位、当前流量、预警信息和当前时间存入后台数据库管理系统，供 B/S 前台系统查询。

2. 系统逻辑结构设计

河流生态流量在线监测预警系统包括后台水位提取、后台远程无线发布、后台流量预警、B/S前台用户操作4个模块，软件研发逻辑结构如图2.2-1所示。

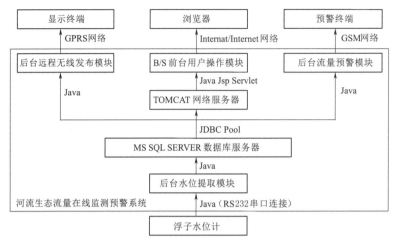

图 2.2-1　系统逻辑结构设计

3. 监测显示终端

河流生态流量监测无线远程显示终端实时发布效果如图2.2-2所示。

图 2.2-2　河流生态流量监测无线远程显示终端实时发布效果

2.3　洪水的脉冲效应与洪水资源

2.3.1　概述

2.3.1.1　洪水脉冲

洪水淹没是河流-河漫滩区系统生物生存、生产力和交互作用的主要驱动力，河流径流的脉冲式变化是河流洪泛区生物区系最主要的控制因子（卢晓宁等，2007）。洪水脉冲（flood pulse）带来的水位涨落会引发不同生物的特定行为，例如，鸟类迁徙、鱼类的产卵繁殖和洄游、无脊椎动物的繁殖和迁徙等。特定的河流携带着既成的生物生命节律信息，洪水期间的脉冲过程将这种信息更加丰富和强烈地传达给生物，助其完成生命活动。洪水脉冲在生态系统的改善方面也有广泛应用：美国基西米河针对历史洪水脉冲特点，应用河流-洪泛滩区的生态系统管理，经过近 20 年的实践和摸索，该地区的生态系统得到改善，生物丰富度提升明显（Anderson，2014）。

有关研究表明，2～5 年一遇洪水对河滨湿地生态系统功能维系作用最为明显。因此对河滨湿地生态的影响应包括以下研究内容：

（1）工程前发生 2～5 年一遇洪水流量的大小、来水时间、持续时间。

（2）工程后发生 2～5 年一遇洪水流量的大小、来水时间、持续时间。

（3）工程后发生相当于工程前 2～5 年一遇洪水流量的频率、来水时间、持续时间。

2.3.1.2 洪水资源

洪水是可利用的资源，我国水资源中有 2/3 左右是洪水径流量。人们一般的认识是：洪水是一种自然灾害，会带来淹没、侵蚀、冲刷等物理性的灾害，给人们带来生命财产的损失，还有许多潜在危险；但是洪水除了灾害性，还有其资源性的一面：洪水是一种自然水体，是一种大的流量过程，在防洪安全范围内并无危害性，而且还可能带来了上游的大量营养元素。

洪水可以作为动力资源用于输沙、发电和改善河道。洪水期间洪水搬运泥沙的能力是很强大的，在世界上的很多河流，一年中输沙量的 80% 以上是通过最高 10% 的水流输送的，黄河下游 85% 以上的泥沙都是通过洪水输送的。

由于洪水从来源地的坡面、农田等带来大量的营养元素，随洪水流走，若能加以利用，可以提供大量的肥力资源，减少化学肥料的施用，起到肥田增产的作用。20 世纪 50 年代末，群众的生产热情很高，总结了许多巧妙利用洪水肥力资源变害为利的经验。据化验，在内蒙古引洪灌区，洪水淤泥中含氮 0.245%、有机质 3.54%、速效磷 1%、速效钾 7%，淤土后一般可提高产量 20%～50%。洪水养分还与洪水携带的泥沙颗粒有关，泥沙颗粒越细，养分越高。

洪水一般水质较好，可以利用洪水过程的大流量特性，稀释被污染的河流实现水体交换，减轻污染程度，提高水质，改善流域生态环境。洪水在汇流过程中从源地挟带大量的营养物质，可为水生生物资源提供饵料，提高水生生物资源的产量。例如，由美国陆军工程兵团（USACE）、鱼类与野生物保护局（FWS）和五个州联合组织的机构——密西西比河上游水系水生资源长期监控计划（LTRMP）办公室，利用搜寻洞法对 1993 年洪水后鱼类的繁殖情况进行了抽样检查，结果表明，1993 年美国大洪水与鱼类天然繁殖期相吻合，使水生生物迅速繁殖。这个例子表明，洪水作为生态资源效应可以得到很好的利用。

2.3.2 案例研究

河流洪水资源利用是通过旁侧通河湖泊、水库、泡沼、湿地、蓄滞洪区引蓄干流洪水，实现流域内洪水的时空再分配。如吉林省白城地区自 2003 年开始引蓄嫩江和洮儿河洪水，有效改善当地生态环境和提高地下水位，经济、生态和社会效益显著。

（1）洪水资源利用背景。嫩江、洮儿河和霍林河是流经白城地区的主要河流，嫩江洪水一般在 8 月以后形成，往往流量较大，持续时间较长。年径流量多以洪水形式出现，占年总径流量的 80%。6—9 月主汛期，区域内降水 332mm，占全年降水的 80.2%，每次洪水总量都很大。洮儿河洪水历时短，具有突发性，一般出现在 7 月中旬至 8 月下旬。霍林河洪水相对较少，一般发生在 8—9 月，并且演进很慢，平时断流持续时间长。嫩江径流、洮儿河径流、区域降水 75% 以上集中于 6—9 月。

地区多年平均降水量为 358.7mm（多年降水资料截至 2009 年年底，共 49 年），年平均过境水量却高达 240 亿 m^3，过境水量丰裕。通过对嫩江与洮儿河 45 年（1956—2000年）的年、月及汛期逐日径流过程的对比，发现嫩江与洮儿河径流存在以下差异：①比较两河年径流总量，有 33% 以上的年份嫩江处于丰水年而洮儿河为平水年或偏枯水年，两河之间存在径流补偿条件；②对比汛期逐月径流，超过 46.7% 的年份嫩江处于平水年或丰水年而洮儿河为枯水年，对应月数超过 37%；③嫩江的洪水过程历时长于洮儿河的洪水过程，并且嫩江洪峰一般在洮儿河洪峰过后到达月亮泡断面，具有安全截蓄嫩江退水的可能；④每年嫩江在洮儿河的最后一次洪水后仍有丰沛水量通过，而此时洮儿河的流量较小。总之，嫩江汛期径流量远大于洮儿河，嫩江汛期持续时间较洮儿河要长，嫩江洪峰一般出现在洮儿河之后，并且洮儿河洪水过后，嫩江通常还有丰沛的水量。综上，每年嫩江和洮儿河有将近半年的时段满足径流补偿条件，可以在汛期引蓄嫩江洪水，从而在削减洪峰、增大下游防洪安全的同时，将洪水转化为可资利用的水资源。同时，白城地区的水库、泡沼、湿地均可提供丰富的蓄洪库容。这些条件有利于蓄滞嫩江洪水，从而实现白城地区的洪水资源利用。

（2）洪水资源利用量（flood resource utilization）。白城地区自 2003 年开始引蓄嫩江和洮儿河洪水，各年引洪措施和历年利用嫩江和洮儿河的洪水资源利用量见表 2.3 - 1。定义洪水资源贡献率（flood resource contribution rate）为洪水资源利用量与当年水资源利用总量的比值。

表 2.3 - 1　洪水资源利用量

	河流	引洪措施	2003 年	2004 年	2005 年	2006 年	2007 年	2008 年	2009 年
洪水资源利用量/亿 m^3	嫩江	水库	4.20	0.45	4.10	2.47	1.34	3.18	0.78
		灌区	1.55	0.00	0.00	0.00	0.00	0.00	0.00
		提水站	2.40	0.00	0.00	0.00	0.00	0.00	0.00
		泡沼	0.75	0.00	0.30	0.18	0.10	0.23	0.00
		湿地	0.50	0.15	0.40	0.25	0.13	0.32	0.12
	洮儿河	水库	0.65	0.45	0.61	0.45	0.25	0.57	0.14
		灌区	0.95	0.00	0.00	0.00	0.00	0.00	0.00
		泡沼	0.60	0.00	0.00	0.00	0.00	0.00	0.00
		湿地	0.60	0.83	0.20	0.15	0.08	0.20	0.06
合　计			12.20	1.88	5.61	3.50	1.90	4.50	1.10
洪水资源贡献率/%			48.7	12.8	30.4	22.1	13.4	27.0	7.3

（3）洪水资源利用效益。洪水资源利用效益的衡量依赖于经济产出、生态环境改善、社会发展等随洪水利用量的变化。作为国家级粮农基地，白城地区具有特殊的重农业、轻工业的经济发展模式，洪水资源利用主要用于水田灌溉和莫莫格、向海湿地补水，效益显

著,尤其是在农业增收和生态环境改善方面。因此,直接经济效益选取农业灌溉效益和优化产业结构指标;生态环境效益方面,主要是向湿地补水,用湿地的大气调节、水文调节、净化水质和提供生境效益来表征;经济社会效益选取休闲娱乐、促进就业和提高人口承载力。因为白城地区缺水严重,洪水资源利用缓解当地用水紧张,不会产生洪涝灾害,因此不存在防洪减灾的经济和社会效益。对于生产效益和生态环境效益,是根据洪水利用量的投入计算货币化的产出;对于无法货币化的指标,则是以未进行洪水资源利用的2002年为基准,对比洪水利用年的效益,根据定义的洪水资源贡献率,推算出统计年鉴中相关的数据,表征洪水资源利用对该指标的影响。定性指标用二元对比互补决策理论确定。综上,经计算得到洪水资源利用效益(表 2.3 - 2)。

表 2.3 - 2　　　　　　　　　洪 水 资 源 利 用 效 益

项目	指标名称	不同年份指标数据						
		2003 年	2004 年	2005 年	2006 年	2007 年	2008 年	2009 年
直接 经济 效益	粮食生产/10^6 元	88.11	11.88	45.94	28.12	15.24	36.43	9.35
	渔业生产/10^6 元	50.36	11.92	29.57	18.67	10.16	24.12	7.11
	芦苇生产/10^6 元	18.27	2.52	5.49	3.56	1.82	4.59	0.79
	牧草生产/10^6 元	31.43	5.08	5.62	3.67	2.03	4.70	0.86
	优化产业结构/%	0.49	0.51	1.52	1.32	1.07	2.16	0.67
生态 环境 效益	大气调节/10^6 元	40.92	16.07	7.89	5.55	2.05	7.01	2.34
	水文调节/10^6 元	201.00	95.81	134.00	83.75	46.23	108.54	38.86
	净化水质/10^6 元	15.89	6.24	3.06	2.16	0.79	2.72	0.91
	提供生境/10^6 元	24.30	35.74	17.20	14.81	7.75	23.65	7.63
经济 社会 效益	休闲娱乐/10^6 元	18.41	21.19	15.39	15.63	11.78	33.33	14.40
	促进就业/万人	5.20	0.19	1.28	0.98	0.72	5.07	1.82
	提高人口承载力[①]	1.000	0.333	0.667	0.429	0.333	0.538	0.250

① 为定性指标,其他均为定量指标。

(4)洪水资源利用效益评估及分析。各类指标权重确定利用二元对比互补决策理论,指标的相对优属度和权重见表2.3-3。

表 2.3 - 3　　　　　　洪水资源利用效益指标的相对优属度和权重

项目 (权重)	指标名称(权重)	指标相对优属度						
		2003 年	2004 年	2005 年	2006 年	2007 年	2008 年	2009 年
直接经济效益 (0.454)	粮食生产(0.271)	1	0.032	0.465	0.238	0.075	0.343	0
	渔业生产(0.222)	1	0.111	0.519	0.267	0.071	0.393	0
	芦苇生产(0.181)	1	0.099	0.269	0.158	0.059	0.217	0
	牧草生产(0.181)	1	0.138	0.156	0.092	0.038	0.126	0
	优化产业结构(0.145)	0	0.012	0.617	0.497	0.347	1	0.108

续表

项目 （权重）	指标名称（权重）	指标相对优属度						
		2003 年	2004 年	2005 年	2006 年	2007 年	2008 年	2009 年
生态环境效益 （0.302）	大气调节（0.250）	1	0.361	0.150	0.090	0	0.128	0.007
	水文调节（0.250）	1	0.351	0.587	0.277	0.045	0.430	0
	净化水质（0.250）	1	0.361	0.150	0.091	0	0.128	0.008
	提供生境（0.250）	0.593	1	0.340	0.255	0.004	0.570	0
经济社会效益 （0.244）	休闲娱乐（0.318）	0.308	0.437	0.168	0.179	0	1	0.122
	促进就业（0.477）	1	0	0.217	0.158	0.106	0.974	0.325
	提高人口承载力（0.205）	1	0.111	0.556	0.239	0.111	0.384	0

通过可变模糊模式识别模型计算，分析白城地区洪水资源利用连续年效益变化。其中，级别 h 取值为 5，即根据五级相对优属度标准向量取值 $S = (1.0, 0.8, 0.6, 0.3, 0)$，从指标层开始，逐层计算，求得各年的相对优属度，结果见表 2.3-4。

表 2.3-4   可变模糊模式识别模型序列年相对优属度计算结果

年份	模型参数					
	$\alpha=1$, $p=1$	$\alpha=1$, $p=2$	$\alpha=2$, $p=1$	$\alpha=2$, $p=2$	平均值	排序
2003	0.804	0.779	0.921	0.801	0.826	1
2004	0.478	0.465	0.280	0.268	0.373	5
2005	0.655	0.599	0.587	0.616	0.614	2
2006	0.413	0.420	0.402	0.409	0.411	4
2007	0.076	0.133	0.002	0.044	0.064	6
2008	0.516	0.463	0.510	0.490	0.495	3
2009	0.069	0.094	0.016	0.033	0.053	7

洪水资源利用量和效益相对优属度的相关性为 0.882，检验统计量的概率小于显著性水平 0.01，表明两者具有较高的相关性。两者对比如图 2.3-1 所示，效益相对优属度与洪水资源利用量的变化趋势一致，说明洪水资源作为一种可用的开源方式，对当地经济、生态和社会发展有着积极作用。

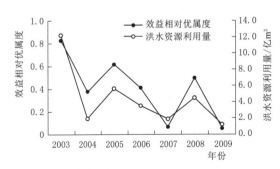

图 2.3-1 效益优属度-洪水资源利用量比较图

2004 年和 2007 年相比，洪水量利用相差不大，2004 年的利用量甚至低于 2007 年，但是效益有着显著的差别。2004 年，白城地区遭遇 100 年一遇大旱，平均降水量为 220.3mm，比多年平均降水量少 44.1％，属于枯水年，2007 年则是平水年。表明在越缺水地区和年份，洪水资源的补给作用越明显。

洪水资源利用的主要目的是在对生

态和社会干扰最小的基础上获取最大效益，虽然白城地区在洪水资源利用年限内，效益相对优属度和洪水资源利用量呈正相关关系，但是洪水资源本身是一种非常规、非稳定性的水源，加之区域对洪水的承载能力有限，洪水利用在带来效益的同时存有风险，不可能无限度利用。因此，寻求最优用水量是研究的一项重要任务。以洪水资源利用量为自变量，效益相对优属度为因变量进行回归分析，得到二次回归模型为 $y=-0.0077x^2+0.1687x-0.0915$，$R^2=0.8892$，拟合度较好，拟合结果可信，如图 2.3-2 所示。拟合的曲线在达到极值后有下降的趋势，根据回归模型，极值点对应的洪水资源利用量约为 10.95 亿 m^3，超过这个量，效益相对优属度非但没有上升，反而有所下降。2003 年洪水资源利用量为 12.20 亿 m^3，虽然超出拟合的最优利用量，但是 2003 年之前持续干旱，地区需水量大，蓄水能力以及对洪水的承受和容纳能力也偏大，所以洪水资源利用取得的效益显著。随着洪水资源对当地水源的持续补给，效益的累积效应使得前期洪水资源利用对后期的效益发挥产生影响，因此后期过量的洪水利用就会突出其灾害特性而弱化资源特性。因此，在未来来水量较大的时候，洪水资源利用要根据实际情况进行风险分析，趋利避害，以达到"效益最大风险最小"的目标。

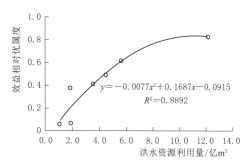

图 2.3-2　回归模型拟合曲线

2.4　水沙作用

近些年，随着水利工程的建设和河道治理工程的实施，下游的水沙条件和河道边界条件发生了较大的改变，在新的水沙条件和河道边界条件下，河势演变明显。掌握河流泥沙的运动规律及冲淤变化规律，对有效利用河道及河道治理工程起着重要作用。

2.4.1　泥沙特性

泥沙具有几何特性、重力特性和水力特性等（范宝山等，2017）。

1. **几何特性**

泥沙的几何特性用粒径表示。泥沙形状极不规则，泥沙粒径（sediment grain size）为与泥沙同体积球的直径，又称等容粒径，常用 d 表示，单位以 mm 计。$d>0.05\mathrm{mm}$ 的泥沙粒径按筛分法确定；$d<0.05\mathrm{mm}$ 的泥沙粒径则常用水分法确定，即以泥沙在静水中的沉降速度来确定；大颗粒的卵、砾石按直接测量法确定。

2. **重力特性**

泥沙的重力特性用重度 γ_s 表示，即单位体积内所含泥沙的重量。其值随岩土成分而异。

3. **水力特性**

（1）沉速（settling velocity）。泥沙在静水中均匀下降的速度称为沉速，又称为泥沙沉降速度或水力粗度。计算公式如下：

层流区，$Re = \dfrac{\omega d}{v} \leqslant 0.5$ 或 $d < 0.1\text{mm}$（水温 $t = 15 \sim 25℃$）时

$$\omega = 0.039 \frac{\gamma_s - \gamma}{\gamma} g \frac{d^2}{v} \qquad (2.4-1)$$

过渡区，$0.5 < Re \leqslant 1000$

$$\omega = \left[\left(13.95 \frac{v}{d} \right)^2 + 1.09 \frac{\gamma_s - \gamma}{\gamma} gd \right]^{0.5} - 13.95 \frac{v}{d} \qquad (2.4-2)$$

紊流区，$Re > 1000$ 或常温下 $d > 4\text{mm}$

$$\omega = \sqrt{1.09 \frac{\gamma_s - \gamma}{\gamma} gd} \qquad (2.4-3)$$

（2）起动流速（initial velocity）。水中泥沙由静止状态转为运动时的水流临界平均流速称为泥沙的起动流速，可按张瑞瑾公式计算：

$$v_0 = \left(\frac{h}{d} \right)^{0.14} \left(17.6 \frac{\gamma_s - \gamma}{\gamma} d + \frac{10 + h}{d^{0.72}} \times 6.05 \times 10^{-7} \right)^{0.5} \qquad (2.4-4)$$

式中：h 为水深。

（3）止动流速（stop velocity）。运动泥沙停止的临界流速，称为泥沙的止动流速。常用 v_H 表示：

$$v_H = 0.71 v_0 \qquad (2.4-5)$$

式（2.4-5）适用于颗粒较粗的泥沙，对于颗粒很细或含黏土的细粒泥沙不适用。

一般说，粗颗粒泥沙易成推移质，细颗粒泥沙易成悬移质。但是，悬移质与推移质之分取决于流速。同一粒径的泥沙，在流速较小时为推移质，在流速较大时则可为悬移质。因此，泥沙的悬移是紊流效应与重力相互作用的结果。

2.4.2　水沙输移

水流在运动过程中，河流中的悬浮物或泥沙随水流输移和扩散，从上游河道输移到下游河道，最后进入河口地区。河流泥沙在输移过程中遵循水沙运动扩散规律。

河流泥沙实际上是经过流域土壤侵蚀、产流产沙、泥沙输移等过程进入河流的，泥沙在输移过程中，还根据水流边界条件的变化发生淤积或冲刷，与河床泥沙不断交换。一般说来，当水流挟沙能力小于水流含沙量时，水流中较粗的泥沙沉积进入河床，发生泥沙淤积，水流含沙量减小；当水流挟沙能力大于水流含沙量时，河床中的细颗粒泥沙首先起动、跳跃、悬浮进入水流，河床处于冲刷状态，水流含沙量增加。实际上，在泥沙输移和交换过程中，河床冲刷和淤积的泥沙量与水流增加和减少的泥沙量应该是一样的，遵循泥沙质量守恒的原理，即遵循河床冲淤连续方程（continuous equation of bed erosion and deposition）：

$$\frac{\partial (QS)}{\partial x} + \frac{\partial (AS)}{\partial t} = -aB\omega (S - S_1) \qquad (2.4-6)$$

式中：Q 为流量；A 为断面面积；B 为河宽；S、S_1 分别为断面平均实际含沙量和水流挟沙能力；ω 为悬移质断面平均沉速；a 为恢复饱和系数。

2.4.3　水沙作用下的河流生态环境

水沙过程对河流生态环境的作用体现在以下几个方面。

1. 作用于生物多样性的动力因子

河流生物多样性是生物在长时间内自然演替而逐渐形成的，水流泥沙作为重要的动力因子，在形成生物多样性中发挥重要作用。水沙过程的长期作用形成河流生境的时空异质性，并构成了功能过程的多样性。水沙过程是形成和维持河流生物多样性的基础。

水沙过程的长期作用形成了与之相适应河流地貌。在山区河流中，阶梯-深潭是一种典型的地貌现象。阶梯-深潭系统中水流存在强紊流，使水体内部温度和氧气分布均匀，给许多生物提供了良好的生存条件，同时阶梯-深潭创造了不同流速、不同深浅的水生物栖息地和产卵地，不仅较大的两栖动物和水生物可以在此生存，幼小的生物也可找到躲避急流和捕食动物的地方；同时多样性的栖息地也有利于保持较高的生物多样性，防止单个物种密度偏高。

水沙作用下的河漫滩为不同的物种提供了栖息地，具有丰富的生物多样性。以河漫滩植被为例，其特征及生态过程是由区域气候、地质构造、地貌过程、沿河上下游及两侧的生物和非生物过程等共同决定的，并与局部地形、地貌、土壤、水文、扰动和河流级别等密切相关，其中水文和地形被认为是主要的影响因素。水文因素强烈地影响着河岸植被的结构和功能，如河流季节性变化明显影响河流植被的种类组成、物候、结构和生产力；水沙过程作用下河漫滩地形则决定着河流水生动植物的生境。周期性大流量和长期的横向迁移为河岸系统创造了大量适合的地形，包括弯道、牛轭湖、自然沙埂、次生河道、河漫滩、阶地等。

2. 作用于水生动物的悬浮泥沙条件

水体中的悬浮泥沙（suspended sediment）对于水生动物（浮游动物、鱼类等）的影响主要体现在其产卵繁殖、生长发育、摄食等各个方面。浮游动物是水生生态系统的第二级生产者，它们的食物来源于初级生产者——藻类和有机碎屑，河流悬移质影响了藻类的生长繁殖，也减少了浮游动物的食物来源。对于浮游生物而言，悬浮泥沙的影响体现在3个方面：对生长率的影响、对摄食率的影响以及对丰富度、生产量及群落结构的影响。

对鱼类而言，悬浮物的影响分为致死效应、亚致死效应及行为影响。这些影响主要表现为：直接杀死鱼类个体；降低其生长率及其对疾病的抵抗力；干扰其产卵，降低孵化率和仔鱼成活率；改变其洄游习性；降低其饵料生物的丰度；降低其捕食效率等。

3. 作用于水生动植物的河床基质条件

河流可分为水面层、水层区和基底区。对于许多生物来讲，基质起着支持（一般陆上和底栖生物）、屏蔽（如穴居生物）、提供固着点和营养来源（如植物）等作用。基质主要由水体集水环境中的碎屑物质、胶体物质、生物残体、各种有机质无机沉积物组成，包括水中生物代谢的产物。基质的成分及发育程度取决于汇水环境的物质背景、诸多自然因素影响下的岩土侵蚀程度、水体中生物的发育程度及水体的水动力条件等。

基质的不同结构、组成物质的不同稳定程度以及基质含有的营养物质的性质和数量等，都直接影响着水生生物的分布。河流基质对于扎根于水底植物的生长有直接关系，不同底质所分布的水生维管束植物种类及生长状况都有较大差别。

河流水体的泥沙淤积构成了两岸漫滩基质重要的组成部分，它对于两岸水生植被的繁殖、生长等生命过程具有极其重要的意义。水体泥沙颗粒尤其是细颗粒泥沙富含多种营养成分，能极大地改善其基质的养分条件，促进河岸初级生产力的提高。

河流基质同时也是鱼类、无脊椎动物、底栖动物等产卵繁殖、觅食和寻求庇护的重要场所。人类的一些活动直接（如河道疏浚、河道采砂等）或间接（建坝后坝下河床冲刷、采矿引起的下游河道淤积等）地改变了自然的河床基质组成，从而对水生生物的生长构成威胁（何用等，2006）。

2.5　地学因素对河道的影响

2.5.1　地学因素

河流在治理修复过程中要遵从河流的地学属性，包括流域自然地理、水文气候、地质、地貌等。河流的地学属性应当成为江河治理的地学基础（刘国纬，2017）。

（1）自然地理。流域自然地理为河流发育提供了特定的环境背景，包括水沙来源和生态特征等。流域自然地理条件遭到破坏，将危及河流健康，导致河流萎缩甚至消亡。

虽然地学因素随时间的变化相对较小，或仅存在相对稳定的年季变化，但其对河流发育演变的影响却是固有的、持久的、起控制作用的。

（2）水文气候。水文气候是作用于河流最活跃的自然因素。从水文气候意义上说，河流是气候的产物。气候特征决定了河流的水文特征，即决定了河流的物质流（水流、泥沙、溶质）和能量流的通量特性，如洪水与枯水、冲刷与淤积等河流动力学特征。

（3）地质。流域地质主要指新构造运动（新近纪以来的构造运动）形成的原始地形特征，它决定了河流的走向和沿程比降变化的基本特征，也决定了河流所在地域的抬升或沉降特征。

（4）地貌。河流地貌是河流作用于地球表面，经侵蚀、搬运和堆积过程所形成的各种侵蚀、堆积地貌的总称。侵蚀地貌有侵蚀河床、侵蚀阶地、谷地、谷坡；堆积地貌有河漫滩、堆积阶地、冲积平原、河口三角洲等，如图 2.5-1 所示。

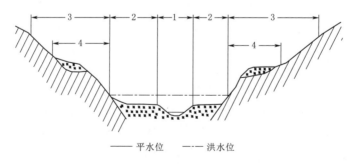

图 2.5-1　平原河流地貌特点横断面示意图

1—河床；2—河漫滩；3—谷坡；4—阶地

河流一般可分为上游、中游与下游 3 个部分，由上游向下游侵蚀能力减弱，堆积作用逐渐增强。山区与平原的河流地貌各自有着不同的发育演化规律与特点，山区河流谷地多呈 V 形或 U 形，纵坡降较大，谷底与谷坡间无明显界限，河岸与河底常有基岩出露，多为顺直河型；平原河流的河谷中多厚层冲积物，有完好宽平的河漫滩，河谷横断面为宽 U 形或 W 形，河床纵剖面较平缓，常为一光滑曲线，比降较小，多为弯曲、分汊与游荡河型。河流根据平面形态可分为顺直型、蜿蜒型、分汊型和游荡型，见表 2.5-1。

表 2.5-1 河流平面形态特点及判断标准

类型	平面形态特点	横断面形态特点	计算公式或判断标准
顺直型			曲折系数≤1.15
蜿蜒型			
游荡型			曲折系数≤1.3 河相系数≥10
分汊型			平面两头窄、中间宽 横断面和纵断面形态均为马鞍形

2.5.2 河床演变

河床演变（riverbed evolution）是研究在水流作用下河床形态及其变化，包括水系形态与发育、山区河流、河口与冲积河流的不同河型演变、河流自调整机制、河相关系、河型分类与成因、再造床过程和河床冲淤计算等。河床演变可分为以下几类：

（1）长期变形和短期变形。按河床演变的时间特征，可以分为长期变形和短期变形两类。如由河底沙波运动引起的河床变形历时不过数小时或者数天；由水下成型堆积体引起的河床变形，则可长达数月乃至数年；而发展成蛇曲状的弯曲河流，经裁直之后再度向弯曲发展，可能长达数百年以上。

（2）大范围变形和局部变形。从河床演变的空间特征出发，又可分为大范围变形和局部变形两类。如黄河下游河床抬升属于大范围变形，丁坝坝头的冲刷则属于局部变形。

（3）纵向变形与横向变形。以河床演变形式为特征，可将河床沿纵深方向发生的变化称为纵向变形，如坝上沿程淤积和坝下游的沿程冲刷；而将河床与流向垂直的两侧方向上发生的变化称为横向变形，如弯道的凹岸冲刷与凸岸淤积。

（4）单向变形和复归性变形。以河床演变的方向性为特征，可将河床的单向冲刷或淤积称为单向变形，例如，分流后下游流量减小，水流挟沙力降低所产生的沿程淤积；而河床有规律的冲淤交替现象则称为复归性变形，如浅滩的汛期淤积、汛后冲刷。

（5）自然变形和人为干扰变形。近代冲积河流的河床演变受人为干扰十分严重。除水利枢纽的兴建会使河床演变发生根本性变化外，其他的人为建筑，如河工建筑物、桥渡、过河管道等，也会使河床演变发生巨大变化。完全不受人类活动干扰的自然变形已经不存在了，自然变形和人为变形总是交织在一起的。

2.5.2.1 河相关系

通常把滩槽纵向和横向上多年的平均相对稳定的形态——河流趋向平衡后的形态，称作河相（fluvial facies）。与这种相对平衡形态相对应的满槽流量（通常称作平滩流量，有的学者认为是对河床变形作用效果最大的流量）称作造床流量（channel forming discharge），即造床流量是在把河流形态的塑造与当地地貌、流域来水来沙条件联系起来时，将流量概括为一个单一的天然径流流量的特征流量。

河相关系系数 ξ 的计算公式为：

$$\xi = B^{0.5}/h \tag{2.5-1}$$

式中：B 和 h 分别为造床流量下的河宽和水深，m。

2.5.2.2 造床流量

河道内的地貌特征可以用诸多水力要素，如水深、水面宽、流速、流量、河道比降、含沙量、地形弯曲系数等来描述。造床流量对河道形态的演变（河床的淤积和冲刷）及维持起着控制和主导作用。造床流量决定了河流的平均形态，工程中常依据这一流量来设计常年河流（有时也包括间歇河流）的断面和平面形态，如河宽、水深、弯道形态等。

影响造床流量的因素有两个：一个是研究河段的地貌特征，特别是下游控制节点较近的情况，对造床流量往往有较大影响；另一个是各级流量的历时时间和造床强度，洪汛期间河床变形很快，但洪水转瞬即逝，没有足够的时间塑造河床，同样地，枯水季节历时很长，但这时泥沙运动过弱，对造床所起的作用不大，所以，造床流量应该是一个较大但并非最大的洪水流量。对于湿润地区，中小洪水对河床的作用时间相对较长，造床流量所对应的洪水频率要小于50%；而对于干旱地区，河道经常断流，大暴雨形成的地面径流暴涨暴落，造床流量所对应的洪水频率远大于50%。目前，分析造床流量的方法有很多，如平滩流量法、宽深比法和马卡维耶夫法等。

2.5.2.3 河床横向稳定系数

河床横向稳定系数 ζ 由阿尔图宁公式表示：

$$\zeta = B \cdot J^{0.2}/Q^{0.5} \tag{2.5-2}$$

$$\varphi_b = \zeta^{-1} \tag{2.5-3}$$

式中：B 为造床流量下的河宽，m；Q 为造床流量，m^3/s；ζ 为稳定河宽系数；φ_b 为河床横向稳定系数，φ_b 值越大，河岸越稳定。

2.5.2.4　河床纵向稳定系数

河流纵向稳定性指标 φ_h 的定义为

$$\varphi_h = \frac{d}{hJ} \qquad (2.5-4)$$

式中：h 为平均水深，m；d 为河床质中值粒径，mm；J 为河道比降，‰。

河流泥沙运动强度与河流纵向稳定性指标 φ_h 的对应关系见表 2.5-2。

表 2.5-2　　　　　　河流泥沙运动强度与河流纵向稳定性指标的对应关系

河流泥沙运动强度	河流纵向稳定性指标 φ_h	备　　注
泥沙静止	$\varphi_h \geqslant 8.39$	水流强度小于止动条件
泥沙仅以推移质的形式输移	$8.39 > \varphi_h \geqslant 0.87$	水流强度大于止动条件而小于扬动条件
泥沙以推移质的运动形式为主	$0.87 > \varphi_h \geqslant 0.22$	水流强度大于泥沙扬动条件
泥沙以悬移质的运动形式为主，所占比重超过50%	$0.22 > \varphi_h \geqslant 0.14$	悬浮指标小于2而大于1.5
悬移质所占比重超过80%	$\varphi_h < 0.14$	悬浮指标小于1.5

可见，φ_h 越大河床越稳定。通常，经验上采用洛赫京系数 $\varphi_h' = \dfrac{d}{J}$ 作为河床纵向稳定系数，同 φ_h 一样，一般情况下 φ_h' 值越大，泥沙运动越弱，河床越不易变形。反之 φ_h' 越小，泥沙运动越强，河床越易变形，河床纵断面稳定性差。

2.6　水质影响

2.6.1　河水自净原理

当污染物排入河流之后，河水受到污染，但经稀释、扩散、沉淀以及生物的吸收和分解等作用，水质会逐渐变好，这就是自净作用（self purification）。但稀释、扩散、沉淀只能改变污染物的分布状态，不能"消灭"污染物质，因此并不是真正的自净作用。真正的自净作用是指有机污染物受到氧化作用而变成无机物的过程。在水中或河床里生存的微生物或生物为了生长繁殖而进行呼吸或摄取食物等活动，其结果是水中有机物受到氧化还原作用而变成稳定的物质。

排入河流中的污染物首先被细菌和真菌作为营养物而摄取，并将有机污染物分解为无机物。细菌、真菌又被原生动物（protozoan）吞食，所产生的无机物如氮、磷等作为营养盐类被藻类吸收。藻类进行光合作用产生氧，供给其他水生生物。如果藻类过量又会产生新的有机污染，而水中的浮游动物、鱼、虾、蜗牛、鸭等恰恰以藻类为食，抑制了藻类的过度繁殖，不致再次污染，使自净作用占绝对优势。总之，水的自净作用是按照污染物质→细菌、真菌→原生动物→轮虫、线虫、浮游生物→小鱼→两栖类、鸟和人类这样一种食物链的方式进行的。

作为以再生多种生物为目的的自然型河流治理法，种植于水中的柳树、菖蒲、芦苇等水生植物不仅能直接从水中吸收无机盐类营养物，其舒展而庞大的根系还是大量微生物以生物膜形式附着的良好介质，有利于水质净化和鱼类、昆虫、鸟类等觅食繁衍。

多自然型河流治理法修建的各种鱼巢造成的不同流速带，有利于鱼类等水生生物的生长，促进了水质净化。值得一提的是多自然型河流治理营造出的浅滩、放置的巨石、修建的丁坝、鱼道等形成水的紊流，有利于将氧气从空气传输到水中，增加水中溶解氧量，从而利于好氧微生物、鱼类等的生长，河水会变得清澈舒适，水质便得到净化。从以上分析可知，适当的河流环境建设在促进多种生物共同生长的同时，各种生物相互依存、相互制约、形成有机统一体，可增强河流水域自然净化能力。

2.6.2　河流纳污能力

河流的纳污能力是指在设计水文条件下，满足计算水域的水质目标要求时，该水域所能容纳的某种污染物的最大数量。河流可以容纳一定量的污染物，有一定的自净能力，但其容纳污染物的能力是有限的。

2004 年 10 月，水利部审议通过了《入河排污口监督管理办法》（水利部令第 22 号）。2010 年《水域纳污能力计算规程》（GB/T 25173—2010）以国家标准形式发布。2011 年，国务院发布《关于实行最严格水资源管理制度的意见》，明确提出水资源开发利用控制（严格控制用水总量过快增长）、用水效率控制（着力提高用水效率）和水功能区限制纳污（严格控制入河湖排污总量）"三条红线"的主要目标，推动经济社会发展与水资源水环境承载能力相适应。其中，第三条"红线"即是到 2030 年，主要污染物入河湖总量控制在水功能区的纳污能力范围之内，水功能区水质达标率提高到 95% 以上。各地区要按照水功能区水质目标要求，从严核定水域纳污能力，严格控制入河湖限制排污总量；水功能区水质目标要作为各级政府水污染防治和污染减排工作的重要依据。对排污量已经超过水功能区限制排放总量的地区，要限制审批新增取水和入河排污口。其中，纳污能力即是水环境容量（water environment capacity）的概念。2015 年，水利部组织各流域管理机构、各省（自治区、直辖市）的水行政主管部门编制完成了《全国重要江河湖泊水功能区纳污能力核定和分阶段限制排污总量控制方案》，对国务院批复的 4493 个全国重要江河湖泊水功能区的水域纳污能力（表 2.6-1 和表 2.6-2）进行了核定（张建永等，2015），提出了限制排污总量意见（表 2.6-3 和表 2.6-4）。

表 2.6-1　水资源一级区重要江河湖泊水功能区纳污能力　　单位：万 t/a

水资源一级区	现状纳污能力		规划纳污能力	
	COD	氨氮	COD	氨氮
松花江区	78.1	5.5	78.3	5.5
辽河区	32.4	1.7	33.5	1.7
海河区	11.2	0.6	11.1	0.6
黄河区	115.3	5.4	143.5	6.7
淮河区	28.6	1.8	28.6	1.8
长江区	392.0	38.8	392.3	38.9

水资源一级区	现状纳污能力		规划纳污能力	
	COD	氨氮	COD	氨氮
其中太湖流域	37.7	2.5	37.9	2.5
东南诸河区	120.0	5.7	120.0	5.7
珠江区	225.6	7.9	225.2	8.2
西南诸河区	15.3	1.1	15.4	1.2
西北诸河区	22.3	0.8	17.3	0.6
总计	1040.8	69.3	1065.2	70.9

表 2.6－2　　　各省（自治区、直辖市）重要江河湖泊水功能区纳污能力　　　单位：万 t/a

省（自治区、直辖市）	现状纳污能力		规划纳污能力	
	COD	氨氮	COD	氨氮
北京市	0.6	0.0	0.6	0.0
天津市	1.3	0.1	1.3	0.1
河北省	5.1	0.3	5.1	0.3
山西省	12.0	0.6	15.4	0.7
内蒙古自治区	28.1	1.8	42.4	2.4
辽宁省	27.3	1.3	28.5	1.3
吉林省	14.7	0.9	15.0	0.9
黑龙江省	56.1	4.1	56.4	4.1
上海市	78.3	7.5	78.4	7.5
江苏省	52.0	5.0	51.7	4.9
浙江省	51.1	2.5	51.1	2.5
安徽省	84.9	6.8	84.9	6.8
福建省	80.6	3.6	80.6	3.6
江西省	34.6	3.9	34.6	3.9
山东省	14.6	0.7	18.3	0.9
河南省	28.6	1.4	31.5	1.6
湖北省	31.5	3.1	31.5	3.1
湖南省	42.6	5.6	42.1	5.6
广东省	69.3	2.6	67.6	2.9
广西壮族自治区	141.3	4.4	142.6	4.3
海南省	2.5	0.1	2.5	0.1
重庆市	16.1	1.5	16.1	1.5
四川省	49.6	4.8	50.6	4.9
贵州省	7.7	1.3	7.7	1.3
云南省	15.5	1.2	15.7	1.3

续表

省（自治区、直辖市）	现状纳污能力		规划纳污能力	
	COD	氨氮	COD	氨氮
西藏自治区	4.6	0.3	4.6	0.3
陕西省	18.8	1.2	20.5	1.2
甘肃省	33.2	1.5	33.2	1.5
青海省	5.1	0.2	5.2	0.2
宁夏回族自治区	14.5	0.6	15.9	0.7
新疆维吾尔自治区	18.6	0.7	13.6	0.5
总计	1040.8	69.3	1065.2	70.9

注 表中数据统计未包括我国香港、澳门和台湾地区。

表 2.6-3 　　　　　　水资源一级区限制排污总量意见　　　　　　单位：万 t/a

水资源一级区	现状 COD 入河量	COD 限制排污总量		现状氨氮入河量	氨氮限制排污总量	
		2020 年	2030 年		2020 年	2030 年
松花江区	43.61	32.05	26.72	5.13	2.99	2.61
辽河区	29.44	19.14	17.00	4.37	2.00	1.49
海河区	20.81	11.10	9.82	2.23	0.83	0.52
黄河区	61.89	30.45	25.86	6.94	2.96	2.07
淮河区	32.47	20.87	16.71	3.67	1.98	1.21
长江区	313.37	284.15	264.7	34.97	29.98	27.96
其中太湖流域	54.07	43.42	38.12	4.73	2.95	2.53
东南诸河区	88.93	76.73	75.58	6.46	4.77	4.45
珠江区	116.71	94.90	91.15	10.26	5.73	4.97
西南诸河区	11.20	10.39	10.13	1.08	0.96	0.90
西北诸河区	4.86	5.42	5.30	0.35	0.37	0.36
合计	723.29	585.20	542.97	75.46	52.57	46.54

注 表中数据统计未包括我国香港、澳门和台湾地区。

表 2.6-4 　　　　各水资源一级区不同纳污承载类型的水功能区限制排污总量意见

水资源一级区	现状纳污承载状况	水功能区		COD/（万 t/a）			氨氮/（万 t/a）		
		个数	比例/%	现状入河量	限排量		现状入河量	限排量	
					2020 年	2030 年		2020 年	2030 年
松花江区	超载区	114	28.1	28.4	15.0	10.8	3.5	1.37	1.09
	未超载区	292	71.9	15.2	17.0	15.9	1.6	1.62	1.53
辽河区	超载区	98	29.4	26.9	15.7	13.8	4.1	1.65	1.17
	未超载区	235	70.5	2.5	3.5	3.2	0.3	0.35	0.32
海河区	超载区	76	33	20.2	9.7	8.4	2.1	0.70	0.43
	未超载区	154	67	0.6	1.4	1.4	0.1	0.12	0.09

水资源一级区	现状纳污承载状况	水功能区		COD/(万 t/a)			氨氮/(万 t/a)		
		个数	比例/%	现状入河量	限排量		现状入河量	限排量	
					2020 年	2030 年		2020 年	2030 年
黄河区	超载区	126	36.4	56	22.7	19.0	6.3	2.15	1.33
	未超载区	220	63.6	5.9	7.8	6.9	0.6	0.73	0.68
淮河区	超载区	134	34	29.5	14.1	9.8	3.4	1.47	0.7
	未超载区	260	66	3	6.8	6.9	0.3	0.51	0.51
长江区	超载区	691	39.6	161.6	118.4	100.7	17.0	10.43	8.72
	未超载区	1052	60.4	151.8	165.6	164.0	18.0	19.55	19.23
其中太湖流域	超载区	347	91.3	51.6	40.9	35.6	4.5	2.74	2.33
	未超载区	33	8.6	2.5	2.5	2.5	0.2	0.2	0.2
东南诸河区	超载区	104	44.4	59	41.4	39.9	4.6	2.57	2.23
	未超载区	130	55.6	29.9	35.3	35.6	1.9	2.2	2.22
珠江区	超载区	204	39.2	65.3	36.3	34.0	7.5	2.7	2.14
	未超载区	315	60.5	51.4	58.6	57.1	2.8	3.05	2.85
西南诸河区	超载区	26	14.4	2.7	1.5	1.3	0.3	0.17	0.11
	未超载区	155	85.6	8.5	8.8	8.8	0.8	0.8	0.8
西北诸河区	超载区	13	12.1	4.1	1.4	1.3	0.2	0.11	0.09
	未超载区	94	87.8	0.8	4.0	4.0	0.1	0.27	0.26
总计	超载区	1586	35.3	453.7	276.4	238.9	49.0	23.4	18.1
	未超载区	2907	64.7	269.6	308.8	304.1	26.5	29.2	28.4
	合计	4493	100	723.3	585.2	543.0	75.5	52.6	46.5

注 表中数据统计未包括我国香港、澳门和台湾地区。

河流纳污能力的计算一般有数学模型法和污染负荷计算法，后者又分为实测法（actual measurement method）、调查统计法（statistical survey method）和估算法（estimate method）。

河流数学模型有零维水质模型（zero‑dimensional water quality model）、一维水质模型（one‑dimensional water quality model）、二维水质模型（two‑dimensional water quality model）、溶解氧模型（dissolved oxygen model）、河口水质模型（estuary water quality model）。对中、小河流污染物充分混合、计算河段较短时（≤3～5km）可用零维水质模型。在污染物断面充分混合河段，污染物输入量、河道流速等不随时间变化，计算河段较长时可用一维水质模型。大、中河流排污口下游有重要保护目标时，可采用二维水质模型预测混合过程段水质，计算污染带的长度和宽度。

（1）采用数学模型计算时，按计算河段的多年平均流量 Q 划分河流类型。

1）大型：$Q \geqslant 150\text{m}^3/\text{s}$ 的河段。

2）中型：$15\text{m}^3/\text{s} < Q < 150\text{m}^3/\text{s}$ 的河段。

3）小型：$Q \leqslant 15\mathrm{m}^3/\mathrm{s}$ 的河段。

（2）采用数学模型计算，可按下列情况对河道特征和水力条件进行简化：

1）断面宽深比大于等于 20 时，简化为矩形河段。

2）河段弯曲系数小于等于 1.3 时，简化为顺直河段。

3）河道特征和水力条件有显著变化的河段，应在显著变化处分段。

实测法是根据规划和管理要求确定污染物，实测入河排污口水量和污染物浓度，计算污染物入河量，确定水域纳污能力；调查统计法是调查统计污染源及排放量，分析确定污染物入河系数，计算污染物入河量，确定水域纳污能力；估算法是调查影响水功能区水质的陆域范围内人口、工业产值、第三产业年产值等，调查分析单位人均、万元工业产值和第三产业万元产值污染物排放系数，估算污染物排放量，分析确定污染物入河系数，计算污染物入河量，确定水域纳污能力。

2.6.3 提高河流自净能力的措施

水是生态系统的组成部分，与动物、植物、微生物共生共存，水为生物群落提供生命之源；反过来，生物群落净化了水，使得流水不腐，清水长流，形成了水体自然净化的机制。提高河流水体的自净能力对水污染的防治起着关键的作用。人们在生产实践中不断探索总结，摸索出许多提高水体自净能力的方法。以下是提高河流水体自净能力的几项主要措施。

（1）保证和提高河流生态基流。生态基流可改善水质，维持河流基本的环境功能。对于进入河流中的污染物，河流可依靠物理作用、化学作用和生物作用，降低污染物的浓度和毒性，使河流水质恢复到正常。生态基流使河流保持一定的水量，特别是枯水期，达到一定的污径比，对维持河流的自净能力具有重要意义。

（2）增加河流的蜿蜒性。河流蜿蜒程度对河流自净能力有一定的影响。研究表明，河流蜿蜒程度较高的河段具有较高的水体自净能力。而增加河流的蜿蜒程度（例如弯曲度和分形维数），可适当提高河流的自净能力。

（3）采用天然石料作为河道护岸。人工混凝土衬砌对水质有影响，而天然石料对水质有净化能力。例如，韩国首尔有一条小河，水完全是黑的、臭的。人们在河岸边上挖了一个池子，用混凝土打了几个隔墙，每个隔墙间放了很多天然卵石，在隔墙上开了很多洞，水流经隔墙、卵石，利用卵石表面形成的膜的吸附能力吸附污垢，定期清污，结果流出的水完全是清水；人们还将水渠混凝土衬砌打掉，全部换成天然石料，保证了水质。

（4）恢复岸边水生植被。水生植被的恢复是提高水体自净能力、改善水环境质量的关键。例如，南京市玄武湖生态治理工程通过大规模恢复水生植被使藻型湖泊转化成草型湖泊，从而改善湖泊生态结构，提高水体自净能力，使水体富营养化（entrophication）得到了明显改善。

（5）养殖水生动植物。这是一种提高水体自净能力的生态方式，通过在水体中养殖有净化和抗污染能力的水生动物、植物及微生物，或者提高水体中已有的生物群落的净化能力来提高水体自净能力，修复水质，维持生态平衡。这项技术是目前水环境技术研究开发的热点。

（6）修建曝气设施。曝气不仅可以快速为水体充氧，提高水体的自净能力，还可以促进水体循环和增加空气湿度，对于改善环境是一举两得。在北京城区河湖水体水质改善与修复示范研究中，就采用了射流曝气增氧技术，利用浮筒式扩散曝气装置，提高水中的溶解氧值，为水体中有机物的氧化提供条件。在苏州河综合治理工程中，一个重要子项目就是建造"曝气复氧船"，它能把纯氧源源不断地"打"进苏州河，在较短时间内增强水体自净能力，促进苏州河生态系统的恢复。

（7）引水稀释。本着"以动治静、以清释污、以丰补枯、改善水质"的原则，从2000年开始，水利部开展了"引江济太"应急调水试验工程。所谓引江济太，就是引来一定量的长江清水，通过稀释来改善太湖水质，并让多年来非汛期平静的太湖水流动起来，进而带动整个流域河网水体流动，提高水体稀释自净能力，改善太湖流域河网水环境。检测的结果证明，2001年太湖的水质明显好于往年。

（8）加快水体交换。在景观用水中，一般都采用流水、跌水、喷水、涌水等形式提升整个水体的流动动力，使景观水流动循环，补充氧气，以保证水质无恶化现象。在太湖的污染治理中，也采用这种思路，通过从外太湖调水入梅梁湖，再进入五里湖，让湖水有序地流动起来，并调水进入梁溪河和城区河网，以带动整个城区水环境的大流动，从而加快水体交换，降低污染指数，提高水体自净能力。

2.6.4　案例研究

我国北方特别是东北地区的河流，年内水量分配极不均匀，各月水文条件不同，且冰封期长达4个多月，水温较低，自净能力较低。已有的常规水环境容量计算方法多是基于单一设计水文条件下的水环境容量计算。实际上，由于北方河流的水环境容量是随着水文条件的变化而不断变化的，在全年以单一的水环境容量来限制污染入河量，并不能满足北方河流的水环境管理要求。因此，引入动态水环境容量的概念，对北方河流不同功能区段不同设计水文条件下的水环境容量进行计算和分析，为污染物入河总量控制方案的制订提供可行的技术依据。以下以阿什河为例进行计算。

1. 河流概况

阿什河为松花江右岸的一级支流，其中西泉眼水库以下长140km，流域面积2400km²，该河段蛇曲发育，河槽宽25～60m，比降约1/2500，水深1～3m。研究河段主要支流有12条，右岸有大石头河、小石头河、玉泉河、海沟河、小黄河和百菜大沟，左岸有柳树河、梁家沟、樊家沟、怀家沟、庙台沟和信义沟。从源头到西泉眼水库，阿什河一路清澈透明，然而进入阿城城区后，水质开始变差，常年处于Ⅳ～Ⅴ类状态，特别是信义沟为天然雨水与沿岸企业、居民生活污水汇集水沟，已成为一条主要的排污沟，对阿什河水质影响较大。

2. 计算方法

基于对水环境容量时间动态特性的分析，提出一种动态水环境容量的计算方法，即按不同时段（月）采用不同设计水文条件，利用合适的水质模型，选择相应的设计参数，按照各水功能区的水质目标要求，计算出各时段的功能区水环境容量，以反映水环境容量在1年中的动态变化，为污染物入河总量控制提供一种变量总量控制方案。

用于水环境容量计算的水质模型较多，其中丹麦 DHI MIKE11 模型广泛地用于模拟河流的流量、水位、水质和泥沙输送等。该软件的对流扩散（AD）模块可作为一个简单的水质模型，模拟具有恒定衰减系数的非保守物质在水体中的对流和扩散运动。

采用 MIKE11 软件的 HD＋AD 模块，建立研究河段的水量水质模型，模拟计算河道中污染物的时空分布，得到各功能区控制断面 COD 和氨氮的浓度（$C_{控制}$），然后采用一维水环境容量模型计算各功能区不同时段设计水文条件下的 COD 和氨氮自然水环境容量。功能区水环境容量（M，kg/d）计算公式为

$$M = 86.4(C_s/\alpha - C_{控制}) \times Q \tag{2.6-1}$$

$$\alpha = \frac{Q}{Q+q} \tag{2.6-2}$$

式中：Q 为上游断面设计流量，$\mathrm{m^3/s}$；q 为区间旁侧入流量，$\mathrm{m^3/s}$；α 为稀释流量比；C_s 为功能区水质目标，mg/L；$C_{控制}$ 为模拟计算得到的功能区下游断面水质，mg/L。

3. 水质模型参数

水质模型参数的确定和取值是否符合客观实际，关系到计算结果是否准确合理。直接反映水功能区水环境容量动态变化的参数是计算水功能区动态环境容量的关键参数，主要有设计流量、综合降解系数（K）和排污口位置。

（1）水功能区划及水质目标。水功能区划是根据水资源不同的自然条件、功能要求和开发利用现状划分的，不同的功能区具有不同的水质管理目标。

阿什河功能区共划分为 3 个一级功能区：阿城市源头水保护区、阿城市保留区和阿城市开发利用区，水质标准分别为设为Ⅱ类、Ⅲ类和Ⅳ类。

在该研究区段内，共有水功能一级区 2 个，即阿什河阿城市保留区和阿什河阿城市开发利用区；阿城市开发利用区下有水功能二级区 3 个，分别是阿什河阿城市农业用水区、阿什河哈尔滨市排污控制区和阿什河哈尔滨市过渡区。排污控制区虽然没有水质目标值，但为满足下一功能区的水质要求，也采用Ⅳ类标准。阿什河水功能区划及水质目标见表 2.6－5。

表 2.6－5　　　　　　　　　　阿什河水功能区划及水质目标

水功能一级区	水功能二级区	范围		长度/km	水质目标	上游水质
		起始断面	终止断面			
阿什河阿城市保留区		西泉眼水库	马鞍山站	39.2	Ⅲ	Ⅱ
阿什河阿城市开发利用区	阿什河阿城市农业用水区	马鞍山站	民强村	55.8	Ⅳ	Ⅲ
	阿什河哈尔滨市排污控制区	民强村	汲家村	20.4	Ⅳ	Ⅳ
	阿什河哈尔滨市过渡区	汲家村	入松花江口	17.6	Ⅳ	Ⅳ

（2）河网和断面文件。河网文件是模型的基础，模型利用哈尔滨市水务局提供的阿什河流域 CAD 图，加载至 MIKE11 河网编辑器作为底图，按照底图阿什河河道走向，连接各点生成河网文件。阿什河断面资料经过格式处理后形成模型断面文件。阿什河断面是典型的复式断面，河道糙率采用分段设置。

（3）边界条件和设计流量。边界条件是模型计算的先决条件。上游边界为各功能

区的初始断面，采用不同时段的 90％保证率设计流量，下游边界为阿什河入松花江口边界，受松花江回水影响，保持 116.00m 常水位，因此采用 116.00m 水位作为下游边界条件。

阿什河阿城水文站有 1954—2008 年长系列水文资料，选用实测月平均流量作为设计流量的计算系列；采用水文频率分析法对阿城水文站多年月平均流量以及冰封期（11 月至次年 3 月）、非冰封期（4—10 月）和各月平均流量进行分析。各功能区控制断面设计流量采用水文比拟法计算得到，阿什河各功能区初始断面 90％保证率设计流量见表 2.6-6。

表 2.6-6　　　　阿什河各功能区初始断面90％保证率设计流量　　　单位：m^3/s

设计流量	阿城市 保留区	阿城市 农业用水区	哈尔滨市 排污控制区	哈尔滨市 过渡区
1 月流量	0.17	0.24	0.45	0.49
2 月流量	0.09	0.13	0.25	0.27
3 月流量	0.33	0.47	0.88	0.95
4 月流量	1.69	2.39	4.51	4.86
5 月流量	1.47	2.08	3.93	4.24
6 月流量	0.81	1.15	2.16	2.33
7 月流量	5.17	7.32	13.81	14.88
8 月流量	4.96	7.02	13.24	14.28
9 月流量	1.73	2.44	4.61	4.97
10 月流量	1.16	1.64	3.09	3.33
11 月流量	0.67	0.95	1.78	1.92
12 月流量	0.43	0.61	1.15	1.24
月均流量	2.40	3.40	6.41	6.91
非冰封期月均流量	3.61	5.10	9.63	10.38
冰封期月均流量	0.58	0.82	1.55	1.68

（4）控制因子及综合降解系数（K）。阿什河两岸排放的废水主要包括生活污水和工业废水，其中生活污水主要污染物为 COD 和氨氮，工业废水主要为有机废水，COD 和氨氮为其主要污染成分。根据研究河段污染源调查和水质评价结果，COD 和氨氮是污染最普遍、最严重的 2 个因子，故确定 COD 和氨氮来表征阿什河水质状况，并作为阿什河水环境容量计算的控制因子。

因阿什河从 11 月至次年 3 月为冰封期，冰封期综合降解系数要明显小于非冰封期。K 采用经验法初选后，将 2010 年 8 月和 2010 年 11 月实测资料作为非冰封期和冰封期条件，通过调整冰封期和非冰封期综合降解系数值，使香坊界、汲家村和阿什河口断面模型模拟值和实测值尽量吻合（见表 2.6-7），率定得到非冰封期 COD 综合降解系数（K_{COD}）

取值 0.07d^{-1}，冰封期取值 0.04d^{-1}；非冰封期氨氮综合降解系数（$K_{氨氮}$）取值 0.07d^{-1}，冰封期取 0.03d^{-1}。

表 2.6-7　　　　　　　综合降解系数率定中各断面的实测值和模拟值　　　　　单位：mg/L

断　面	控制因子	8 月		11 月	
		实测值	模拟值	实测值	模拟值
香坊界	COD	21.2	21.13	19.9	16.8
	氨氮	0.65	0.66	0.3	0.41
汲家村	COD	31.2	39	22.3	29.9
	氨氮	0.85	0.98	0.36	0.64
阿什河口	COD	55.6	48.9	35.3	44.7
	氨氮	3.73	3.13	1.56	1.22

4. 动态水环境容量计算结果分析

以不同时段 90% 保证率月平均流量作为模型计算的上游边界条件，利用建立的 MIKE11 水量水质模型，模拟计算得到 4 个功能区末端控制断面的 COD 和氨氮的浓度（$C_{控制}$）。由全年 90% 保证率月平均流量计算得到各功能区水环境容量全年控制线，由非冰封期和冰封期 90% 保证率月均流量计算得到分期控制线，由 12 个月 90% 保证率月平均流量计算得到分月控制线。以各月 3 条控制线中的最大值作为水环境容量上控制线，以 3 者中的最小值作为水环境容量下控制线，得到 2 条新的控制线（见图 2.6-1）。

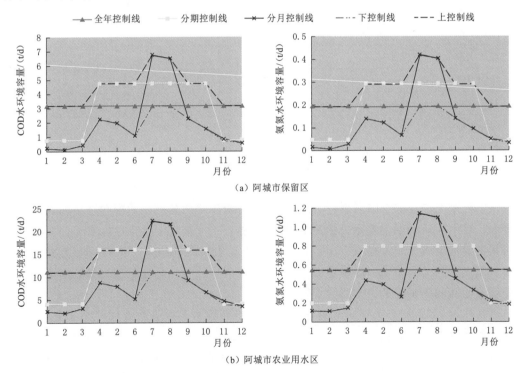

图 2.6-1（一）　阿什河各功能区水环境容量控制线

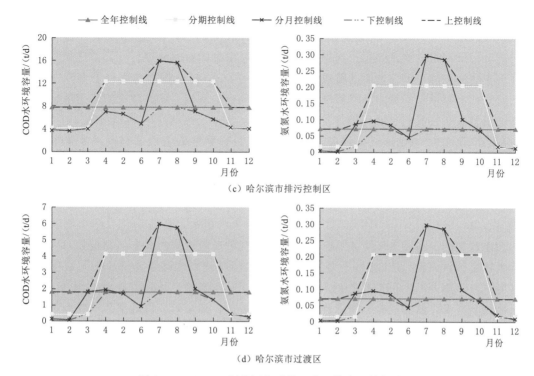

图 2.6-1（二） 阿什河各功能区水环境容量控制线

由图 2.6-1 可知，各功能区水环境容量的上下控制线体现了水环境容量的时间动态特性，每个月的水环境容量呈明显动态变化。

比较各功能区冰封期（11 月至次年 3 月）和非冰封期（4—10 月）的水环境容量可知，由于冰封期流量远小于非冰封期，且冰封期污染物综合降解系数小于非冰封期，冰封期的水环境容量要远远小于非冰封期，因此要加强冰封期污染物入河总量控制。

同时，比较各月功能区水环境容量可以看出，3 月和 4 月变化幅度较大，主要原因为 4 月上旬冰雪融化，产生"桃花汛"，流量大幅度增加，水环境容量也随之增大。比较非冰封期各月功能区水环境容量可以发现，6 月的水环境容量要小于其他各月，因为 6 月阿什河两岸农业用水量大，农业用水和生态用水矛盾突出，河道生态流量不能满足。

2.7 河流调查

河流是水生植物、浮游生物、底栖生物和鱼类的栖息地，为人类提供了赖以生存的淡水资源。开展河流调查可以为水质监测、生态退化诊断、河流主要影响因子的识别、河流治理修复方案制定等工作提供数据支持。因此，河流调查是进行河流治理修复的基础和依据（董哲仁，2013）。

2.7.1 河流调查方法

综合当前国内外研究的成果，河流调查的方法包括以下两种。

（1）河流栖息地环境质量调查和评价方法。河流栖息地环境评估（environmental assessment of river habitat）以英国 RHS（river habitat survey）法为典型，开展河段调查研究，记录河道的物理结构、河岸及河流分支等信息，对河流进行分类，比较分析同类型河流特性的差异，评估河流的健康状况（李环等，2013）。该方法适用于大范围内进行详细研究，但对单个河流定义不够准确。在河流调查的基础上建立河道栖息地适宜度模拟和评估模型，是河流栖息地环境评价的重要方法，最典型的是河流量增加法（river flow increase method）。该法通过结合水力模型和选定目标物种的生境适宜度，主要组成部分为物理生境模拟系统，通过对不同水文条件下的生境适宜度与流量进行定量化分析，确定维持河流健康所需要的最少生态流量，并选择适宜的流域水资源利用方案。

（2）河流生物调查与评价方法。目前普遍应用多指标指数法，如生物完整性指数（index of biotic integrity，IBI），又可称为多参量生物指数，即运用与目标生物群落的结构和功能有关的、与周围环境关系密切的、受干扰后反应敏感的多个生物指数对生态系统进行生物完整性评价。IBI 是基于多参数的生物因子构建，能够综合反映不同程度和类型的环境压力，用 IBI 评价水体健康状况的效果优于单个指数。IBI 由 12 个度量指标组成，包括物种丰富度、营养成分、指示种类别、鱼类数量、杂交率、鱼病率和畸变率等，这些指标能够确定测量地点的退化程度。IBI 现在已经被应用于藻类、浮游生物、无脊椎动物和维管束植物等相关的研究中（Wright – Walters et al.，2011）。在研究生物样本时，需要参考生物完整性指数，在河流评价中逐步应用 IBI 指数对研究对象的完整性进行确定，通过多参量生物指数构建完整的生物群落结构、完善生物指标功能。

河流生物评价（river biological assessment）由调查及其他直接的水生生物测量构成，是监测胁迫因子对水体的综合影响的最有效途径（李环等，2013）。生物评价可以评估水体的生物完整性，河流水生生物评价法已成为生态调查研究的重点。大型河流的大小使调查成本、后勤保障及采样安全等成为需要纳入生态调查技术方法的重要问题。对大型河流进行充分评估，为获取生物及生境多样性而必须采集的河道长度要大于小型的河流。

用生物学方法评价河流水质状况是河流生态调查的发展趋势，污染与非污染因子综合影响生物群落的结构、功能，特别是对所调查的各河流非污染因子的相似性在实际工作中不能得到完全保证，所以单一的生物学方法很难准确地反映河流的水质状况，必须采用多种生物评价指数，遴选出适合的生物指数，并结合种群、个体生态学、理化监测资料等进行环境生物学的综合分析。因此，采用多种生物评价指数对河流水环境质量进行综合评价。

2.7.2　调查范围和密度

在河流生态调查前，首先应该布置好采样点的位置和测量地点。在 RHS 法中以 500m 的河长为标准，在横向上包括河道在内距离两岸 50m 内的范围进行测量（通常是对左、右岸分别进行测量）。沿 500m 长度，等距离分布 10 个测量点，在测量点上记录河道、河岸和河流廊道（距离河边 50m）相关的数据。在每个测量点上相应地布置 1 个横断面，在横断面中央、距离待调查的左岸或右岸半个横断面上再布置 5 个测量点，在这 5 个测量点上记录水深、流速和栖息地类型，如图 2.7 - 1 所示。数据由经过专门培训的调查人员收集，汇编入一个有规则的、可更新的数据库。从这种数据库里可以查询任何站点的栖息地质量和人工化的程度。

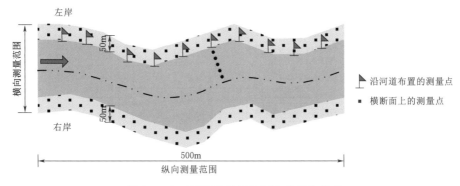

图 2.7-1　RHS 法采用的调查范围和密度

澳洲墨尔本大学环境应用水文中心提出的河流状况指数法（index of stream condition，ISC）采用的做法是先将待调查的河流进行分段，要求河段具有均质性，内部没有分流装置或闸坝等设施，建议河段长度取 10～30km，最短可以取 5km，平原河流最长可以取 40km；然后在每个河段设定测量点，测量点一般布置在有水文站或有道路、桥梁等容易到达的地方，测量点沿河岸的间距是 430m；在每个测量点上再布置 3 个垂直于河岸的横断面，横断面宽度为 30m，间隔为 200m，如图 2.7-2 所示。

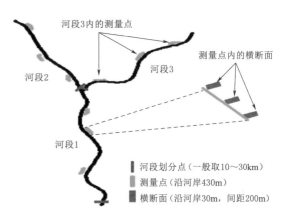

图 2.7-2　ISC 法采用的河段、测量点和横断面布置示意图

2.7.3　河流非生物调查

河流基本生态数据包括生物组成结构数据和非生物组成结构数据。非生物组成结构数据有河流的流量、水质、地形特征、河床质地、河岸带状况以及河流所在流域的社会及历史背景等。以下从水文指数、水质指数、河流形态结构指数和河岸带状况指数等方面进行阐述。

2.7.3.1　水文指数（hydrological index）

河流流量对于物种的发展具有重要的意义，任何生物，不论是动物或是植物对水分都有一定的要求，河流自然状态的流量孕育了丰富多彩的河流生态环境。然而，水库、水工建筑物、水电厂设施等人为因素改变了河流原有的水流形态，造成了水生物栖息地的切割，并对河流流量起到了决定性的影响。这些工程完工后，下游通常变成干涸的河床而上游变成深潭，这不但造成了河水水文周期的改变，也破坏了河流生态系统的结构与功能。

工农业的引水、人类日常生活用水、城市不透水地面的增加，对河流流量的大小都起到了直接的作用。常用的指标为水文指数，其评估流程（Ladson et al.，2006）如图 2.7－3所示。

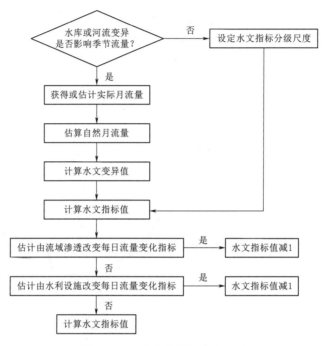

图 2.7－3 水文指数评估流程图

水文变异值（hydrological variation）见公式：

$$水文变异值 = \frac{1}{5} \sum_{j=1}^{5} \left[\sum_{i=1}^{12} \left(\frac{c_{ij} - n_{ij}}{\overline{n}_j} \right) \right]^{\frac{1}{2}} \tag{2.7－1}$$

其中

$$\overline{n}_j = \frac{1}{12} \sum_{i=1}^{12} n_{ij}$$

式中：c_{ij} 为第 j 年第 i 月的实际流量；n_{ij} 为第 j 年第 i 月的自然流量；$\overline{n}_j$ 为第 j 年的平均自然月流量。

2.7.3.2 水质指数（water quality index）

水质在河流状况中是一个重要的环境因子（Ladson et al.，2006）。pH 是水中氢离子浓度倒数的对数值。一般自然水中的 pH 多呈中性或略碱性范围，受工业废水、矿场废水污染时，其 pH 可能相差很大。pH 会影响生物的生长、物质的沉淀与溶解、水及废水的处理等。

浊度（turbidity）的来源为黏土、硅土、淤泥、无机及有机微粒、浮游生物细菌等。浊度会影响外观，阻止光的渗透进而影响水生植物的光合作用、鱼类的生长与繁殖，并且干扰消毒作用。浊度越高，水的过滤越困难且费用高。下雨过后，地下水混浊度的变化可视为地表污染或其他污染的指标。

氨氮与总磷是生物活动及含氮、磷有机物分解的产物，可指示污染。硝酸盐是有机氮好氧稳定的最终产物，自然水中很少，但受肥料或废水、污水污染时，含量可能很高。若存在湖泊、水库中会造成富营养，促使藻类过度繁殖，造成污染。以总磷作为指标是由于总磷最能代表河流的状况，而氨氮值因为在监测时比总磷困难，故不以氨氮值作为指标而以总磷值作为代表。

电导率（electric conductivity）可以说明水中盐类的多寡，盐类的种类虽然在工程上没有多大的意义，但在生态上却很重要。水中总离子浓度与电导率大致成正比，由电导率可以估计天然水中的溶解性固体总量（TDS），表示水质矿化的程度。

溶解氧（dissolved oxygen，DO）是反映水质有机物污染比较敏感的指标。众所周知，氧气是一切生物赖以生存的必要条件之一，鱼类、贝类、浮游生物、细菌等在其生命活动中不断呼吸氧气。当水中的溶解氧降到 5mg/L 时，一些鱼类的呼吸就发生困难。水里的溶解氧由于空气里氧气的溶入及绿色水生植物的光合作用会不断得到补充，但当水体受到有机物污染、耗氧严重、溶解氧得不到及时补充时，水体中的厌氧菌就会很快繁殖，有机物因腐败而使水体变黑、发臭。

2.7.3.3 河流形态结构指数（river morphological structure index）

河流形态结构包括河岸、河床、护岸以及人工构筑物。河岸稳定度的影响因素有很多项，河岸的土石与泥沙是造成侵蚀与堆积的主要来源，这些因子主要是受植被覆盖度、径流冲击大小以及水体对河岸底部冲刷的影响。

河床稳定状况与淤沙粒径有密切的关系，通常淤沙粒径越大河床越稳定，另外淤沙本身的形状及颗粒间的排列与压密情况也会影响稳定性。一般而言，下游河床较不稳定，水生物奇异度低，相对的水生植物则适合鱼类生长，此区域为底栖动物活动的场所。河流的侵蚀与堆积对底质的改变有一定的影响（Ladson et al.，2006）。

护岸类型影响着河流及河岸中的水生物的栖息环境，硬质化的人工护岸破坏了生物的栖息环境，割断了地面水和地下水的交换，造成了生物多样性的灭绝和消亡，目前常采用生态型护岸措施补偿工程带来的负面影响。

人工构造物影响着水生物的栖息和移动，许多鱼类都有洄游的习性，不同的鱼类有不同的洄游特性。人工构造物泛指水库的水坝、拦沙坝、水闸门、潜坝等足以阻挡水生物移动的建筑物。

河流形态结构指数评估流程如图 2.7-4 所示。

2.7.3.4 河岸带状况指数（riparian zone condi-tion index）

河岸带（riparian zone）是连接河流与陆地的植被区域，是动植物繁衍的栖息地，该区域是人为影响最多的区域，如人类的开发利用造成栖息地的消失或破坏、不透水护岸造成植被的破坏等。植被状况是重要的生态影响因子，河岸带宽度（riparian zone width）、植被结构完整性（structural integrity of vegetation）以及植被覆盖率是影响河流环境品质的关键。

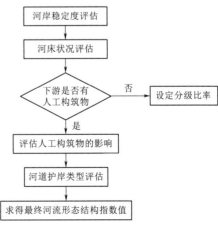

图 2.7-4 河流形态结构指数评估流程

2.7.3.5 社会及历史背景

调查的主要内容包括：河流所在流域的社会经济发展状况、土地利用变化、水资源和水电开发情况、有无自然保护区和历史文化遗产、河道演变、历史洪水、各河段特有的自然景观及稀有的物种名录等。

2.7.4 河流生物调查

1. 调查内容

河流生物调查包括对浮游植物、着生藻类、大型水生植物、大型底栖无脊椎动物以及鱼类的调查。

（1）浮游植物调查。浮游植物包括所有生活在水中营浮游生活方式的微小植物，通常就是指浮游藻类，但不包括细菌和其他植物（董哲仁，2013）。浮游植物能进行光合作用产生氧气，是河流中主要的初级生产者，在河流的营养结构中起到很重要的作用。浮游植物对径流调查、生境变更以及物种入侵等人为干扰较为敏感，因此常常被用来进行河流生态监测与评价。浮游植物采样时应根据水体的深度、透明度等因素采集不同水层的样品。

（2）着生藻类调查。河流中的着生藻类主要包括硅藻、绿藻和蓝藻等类群，它们是河流中的主要生产者和河流食物网的基础组成部分之一，分布极其广泛，其中硅藻分布最为广泛，一般作为评价着生藻类生物完整性的关键类群。着生藻类的存在能够有效降低流速并稳定底质环境，并且为其他类群生物提供适宜的生境。利用着生藻类监测水质的方法可以单独使用，也可以同其他监测一起使用，与栖息地和大型底栖动物共同进行评价则评价效果更佳。

（3）大型水生植物调查。大型水生植物包括种子植物、蕨类植物、苔藓植物中的水生类群以及藻类植物中可以假根着生的大型藻类，属于生态学范畴上的类群，是不同分群植物长期适应水环境而形成的趋同适应的表现。大型水生植物不仅包括在河流、湖泊水体中生长的植物，还包括在河岸带、湖滨带长期适应湿生生境的植物，绝大多数大型水生植物生长于缓流生境，只有苔藓类植物等少数种类生长在激流生境。通常用采样方法对大型水生植物进行研究，不仅信息量大，而且可以反映不同尺度上植物群落的特征及与环境变化的相互关系，并且数据的可比性较强。

（4）大型底栖无脊椎动物调查。大型底栖无脊椎动物（benthic macroinvertebrates）是河流生态评价中最常用的生物类群，已被广泛应用于评价人类活动对河流生态系统的干扰和影响（董哲仁，2013）。表征大型无脊椎动物的生物指数较多，应用较为广泛，如大型无脊椎动物群落结构指数（ICI）、美国快速生物评估草案（RBPS）中推荐应用的底栖动物完整性指数（B-IBI）等。采集的大型无脊椎动物样品，均应在受控条件下进行最佳的实验室处理，包括生物的分样、拣选及鉴定等。在实际应用时，应针对不同区域或不同环境压力进行评价参数的校正，常用的评价参数有分类单元丰富度、种类组成参数、耐受性/敏感性参数等。

（5）鱼类调查。鱼类是河流生态系统中的顶级捕食者，对整个生态系统的物质循环和能量流动都起着十分重要的作用。鱼类的调查与监测是所有水质管理项目中不可或缺的组成部分。鱼类评估机制主要采用生物完整性指数（IBI）的技术框架，将鱼类的生物地理、生态系统、生物群落及种群等方面纳入一项综合的生态指数中。Karr 在 1981 年最先提出鱼类生物完整性指数，并应用于美国中西部溪流及河流环境健康评价。经 Fausch 等（1990）修订后的鱼类 IBI 体系得到了广泛的应用。IBI 集成了 12 个生物参数，分别基于鱼类的种类组成、营养级组成以及鱼类的丰度和状态进行计算，这些参数尝试将生物学家对鱼类质量的最佳专业评价（best professional judgment，BPJ）进行量化。

2. 调查过程

采样点的布设、采样方法、采样时间与频率、样品的储存运输、样品的实验室分析处理、数据处理、总结评价等环节组成了整个调查研究过程，调查工作的开展往往需要各个单位协作完成，然后进行统一的归纳和总结。河流生态调查、监测和分析所获得的数据是生态系统结构、功能的基本资料，数据的可靠性程度对研究工作的质量和河流治理与修复的成效有直接影响。数据要具有代表性、准确性、完整性、可比性和可溯源性 5 个特征。为了保证数据的准确性，必须采取切实有效的质量控制和保证措施，从而保证整个调查研究工作的高质量、高水平。

整个调查过程大致分为以下三个部分（董哲仁，2013）：

（1）样品采集。根据河流的形态特征、水文、水质和水生生物的分布特点，确定合理的采样点设计方案及采集样品的数量。采样时间、地点确定后，使用统一的采样器械和合理的采样方法采集样品，保证样品具有一定的代表性。样品采集后要正确填写样品标签（包括样品识别编码、日期、河流名称、采样位置及采集人姓名等），将标签放入样品瓶中，样品瓶外侧也附上相同的信息标签。

完成采样后应充分清洗所有的采样器械，前往下一个采样点采集样品前，应仔细检查采样设备。由精通生物鉴定和分类的生物学家检查样品，确保发现并记录所有种类。为避免采集的样品在采集到分析的这段时间发生变化，必须立即加入固定剂对样品加以保护。同时，在样品运输过程中应注意防震、避免日光照射。

（2）实验室分析。这是整个调查过程的关键环节。因此，尽量选用国际上推荐或在国内已经初步确定的标准分析方法。

在分析过程中，一些无法识别的标本、体型较小的标本以及地区新纪录种，必须保留代表性凭证标本，且凭证标本必须按照正确的方法固定、标记并保存于实验室中。凭证标本应由另一位合格的水生生物分类学者进行核查，并将"已查验"字样和查验鉴定结果的分类学者的姓名添加到凭证标本的标签上。经过鉴定和查验的样本可以在"样品登记"记录本上跟踪每个样本的进展情况。

（3）数据处理与资料汇编。在记录数据时要及时在原始记录表格中填写，也可根据需要自行设计记录表格，进行原始记录时应有测试、校核等人员的签名。填写记录表时要保证字迹端正，内容真实、准确、完整，不能随意涂改，当仪器可以自动记录和处理数据时，也要把测试数据转抄在记录表上，并且附上仪器记录纸。

在对资料进行汇编时，要注意对原始结果进行核查，检查原始资料的样品采集、保存、运输、分析方法等各项内容，发现问题要及时处理，进行系统化、规范化的监测分析。应检查审核采样记录至最终检测报告及有关说明等原始记录，并且装订成册。要以区域为单位进行资料汇编并进行复审，分类整理原始测试分析的报表或电子数据，按照统一的资料记录格式整理成电子文档，进行归档保存。

表2.7-1总结了河流生态系统中各类群生态调查的具体过程。

表 2.7-1 河流生态系统各类群的生态调查过程表

种类	样品采集			实验室分析	数据处理与资料汇编
	采样时间	采样点选择	采样方法/采样设备与工具		
浮游植物调查	均可	人工景观较少的区域	定性采样工具有浮游生物网；定量采样工具有采水器	分为以下步骤：①种类的鉴定；②浮游植物密度的计算；③浮游植物生物量的计算	整理、汇编对浮游植物定量分析得到的各种数据
着生藻类调查	夏末或初秋	河段的砾石、卵石、木质残体、淤泥等表面	采样方法有天然底质法、人工基质法	①生物完整性表征方法：物种丰富度、属丰富度、分类单元总数、Shannon-Weiner指数等；②生物状况诊断方法：异常硅藻百分比、运动型硅藻百分比、简单诊断方法等；③着生藻类生物量计算	处理、汇编实验室分析得到的各类数据
大型水生植物调查	均可	大型水生植物密集处	采样方法有样方法、估测法	进行的数据分析内容包括：物种丰富度、属的总数、Shannon-Weiner指数、挺水植物种数、挺水植物密度百分比和生物量百分比等	现场采集时，及时记录水生植物的高度、盖度、多度、密度和频度等参数，现场测定鲜重；处理各项数据分析结果
大型底栖无脊椎动物调查	均可	采样点布设应覆盖整个采样区和调查区	采样工具有索伯网、Hess网、彼得逊采泥器、带网夹泥器、D型网	实验室处理程序：①分样与拣选；②鉴定	评价参数有：分类单元丰富度、种类组成参数、耐受性/敏感性参数、食物参数或营养动态以及习性参数
鱼类调查	捕鱼期内	人工景观较少的区域	采样方法有电鱼法、撒网法	采用样品登记程序加以追踪，需要鉴定到种或亚种，统计每个样品的质量、体长等特征参数	鱼类参数评价采用鱼类IBI指数

第 3 章

河流开发、治理与保护的协调共赢

本章主要内容是分析人类对河流开发利用（涉及大坝、水库、梯级枢纽、引调水工程及水系连通）产生的影响，阐述堰坝、堤防与护岸等治河工程，归纳分析公众参与治河，并总结我国水利工程建设在生态保护方面的要求。

3.1 人类对河流开发利用产生的影响

3.1.1 大坝、水库工程

从公元前 3000 年人类开始筑坝至今，世界上的主要河流已被 10 万多座水坝截断，其中高度超过 15m 的大坝有 4 万多座，高度超过 150m 的大坝有 300 多座，高度超过 200m 的"高坝"有 20 多座。大坝通过调节水沙过程可产生巨大的效益，为人类文明社会的发展起了非常重要的促进和保障作用。以三峡工程为例，三峡工程通过调节水沙过程，不仅具有巨大的防洪、发电、航运、灌溉效益，而且在一定程度上有利于河流生态环境的改善。水库防洪效益的发挥，在一定程度上避免了因洪水泛滥引起的环境恶化、灾后疫情等问题；水库拦沙有效减少下游河湖的泥沙淤积，减缓湖泊萎缩，使水生动物的生存活动空间得以维持；水库还发挥了巨大的水环境调控功能，枯水期下泄流量增加，有助于提高下游河道的污水稀释能力，改善水生生物生存的水质条件，在特枯年份，水库的水量调控还能直接缓解水生动植物因干旱缺水带来的生存压力；对于河口区而言，水库调节在一定程度上削弱了枯水期海潮入侵，从而减轻了盐水入侵对河口湿地及水生生物带来的不利影响。

虽然大量水电工程建设为上游的用水提供了便利，但上游过量的用水将导致下游水量不足，不能满足正常的灌溉、航运等要求，造成河流的服务功能受阻。黄河下游断流、水质恶化、行洪能力下降与上游水库建设及用水的增加密切相关。同时，水库的修建淹没了森林、沼泽及其野生动物的栖居地，而且大坝隔断了河流与地下水之间的水力联系，地下水因得不到补充而水位下降，河滨湿地消失，原有的沙洲、河滩和蜿蜒河道等交织在一起的河流系统变成相对笔直的单一河道，这大大减少了原有河道所能养育的动植物种类，降低了生物多样性。世界上 9000 种淡水鱼至少有 1/5 濒于灭绝或已灭绝。对于那些筑坝较多的国家，这个比例还要高，如美国近 2/5，而德国则有 3/4。非洲尼罗河上修建了阿斯旺大坝后，下游径流和沙量过程的改变，造成下游河床冲刷、河道蜿蜒摆动、断流、海水入侵，随之带来河口湿地退化、生态环境恶化等危害（Evans 和

Attia，1991；黄真理，2001）。哥伦比亚河流经的大盆地内建有约130座水坝，阻挡了溯河产卵的鲑鱼和鳟鱼，1960—1980年间鲑鱼业的损失就达65亿美元。俄罗斯在黑龙江支流修建了结雅和布列亚水电站，两个水电站水库均为多年调节型，以发电为主。结雅、布列亚水电站运行后，改变了黑龙江干流来水来沙条件，悬移质输沙率明显下降，畅流期河道水量减少，渔业减产4585t，特别是5—6月水库蓄水，严重影响鱼类的繁殖和发育；削减了洪峰流量，限制了河滨湿地物质和能量的补给，对湿地生态系统健康发展产生了不利影响。

3.1.2 河流梯级开发

河流梯级开发（river cascade development）又称梯级水电开发，是指从河流或河段的上游到下游，呈阶梯形地修建一系列水电站，以充分利用水能资源的开发方式。梯级水电开发是利用河流水能资源的一种方式，河流梯级开发中的每一座水电站，称为梯级水电站或梯级工程。

梯级电站运行后，有利也有弊。电站运行对沿岸流域有很多有利影响：水力发电会缓解沿岸地区的用电压力；水库可以进行鱼类养殖；工程的修建会加深航道，利于航运的发展；利于沿岸地区农田合理灌溉；利于发展旅游业；水库下游大洪水发生频率明显降低，河滨湿地物质和能量补给大幅下降，景观格局将发生明显变化。但是，也会对流域水文造成不利影响：流域梯级开发一般工程浩大，大量人力物力的投入，对区域造成剧烈扰动，致使河流渠道变化，流量减少，流速减缓，泥沙沉积增加从根本上改变了河流的水动力条件，影响物质和能量的再分配过程；施工过程中会破坏地表和水体的生态环境，导致河流生态环境的剧烈变动；改变水库下游水文条件，水环境容量随之发生变化；水坝的存在对系统生物产生一定的影响，影响鱼类洄游产卵，改变了鱼类及水生动植物栖息地条件，生物多样性遭到一定程度的破坏；电站运行后水流速度减缓，不利于污染物的扩散，会导致水体的自净能力有所下降。因此，河流水电的梯级开发需要谨慎规划，合理调度，各级大坝的选址、坝高、运行期间的蓄水量等都会影响到整个流域的水文情势与生态安全（岳俊涛等，2016）。

3.1.3 引调水工程

跨流域调水工程是指在两个及以上流域系统之间，通过调剂水量余缺所进行的水资源合理开发利用的工程，是改善水土资源的现有组合格局，实现水资源合理配置，保证国家社会、经济和环境持续协调发展的重要战略（董孟婷等，2016）。跨流域调水工程是规模庞大的水资源开发建设工程，主要涉及水量调出地区、调入地区及沿程输运区三方面的环境问题。工程涉及面广、影响范围大，会在很大范围内对工程周边环境产生各种间接和直接影响、短期和长期影响。

（1）对调出地区环境的影响。水量调出地区主要存在以下几方面的问题：①在枯水系列年，河流径流不足时，调水将影响调出地区的水资源调度使用，可能会制约调出区经济的发展。在枯水季节更可能造成紧邻调出口的下游地区灌溉、工业与生活用水的困难。②调出地区河流水量的减少会改变原有河床的冲淤平衡关系，可能使河床摆动、河床淤积加剧；流量减小使河流稀释净化能力降低，加重河流污染程度；另外也会影响河流与地下水的补给关系。③若调水过多，会减少河流注入海湾的水量，使海洋动力作用相对增强，淡水与海水分界线向内陆转移，影响河口区地下水水质及河口稳定。

（2）对调入地区环境的影响。调水工程解决了调入地区的水资源缺乏的问题，改善了调入地区的生态环境。同时对调入地区也可能产生一些影响，主要有以下几方面：①改变调入地区的水文和径流状态，从而改变水质、水温及泥沙输送条件。②改变调入地区地下水补给条件，引起地下水位升高。若调水灌溉的排水系统处理不当，会造成土地盐碱化、沼泽化。③改变调入地区水生和陆生动植物的生态环境、栖息条件，相应动植物的种群、数量会发生一定的变化，生态环境的改变也会影响调入地区土地的利用。④如调水时不注意对水质的控制，可能造成调入地区介水传染病的传播，影响人类健康。

（3）对沿途输运区环境的影响。跨流域调水往往输送距离长，有的沿程输运工程长达上千千米。一方面由于输运工程跨越众多河流，需要修建大量交叉建筑物，会引起跨越河流河床演变和防洪新问题；另一方面输运工程沿程经过一些调水工程范围内的工业和城市，可能引起对所调水体的污染。有的调水工程将所经过的众多河流和湖泊作为部分引水线路，这些河流和湖泊存在污物，或者其后被来自调水区域已污染的水体所污染，这样引起调水工程沿途各地对被调水体的污染。

3.1.4 水系连通

水系连通是水资源管理、水利建设的一项极其重要的内容。关于河湖水系连通（interconnected river system network），不同学者给出了不同的定义。李原园等（2011）指出，一般意义上的河湖水系连通是指以江河、湖泊、湿地以及水库等为基础，通过科学调水、疏导、沟通、调度等措施建立或改变江河湖库水体之间的水力联系。夏军等（2012）指出，河湖水系连通性可定义为，在自然和人工形成的河湖水系基础上，维系、重塑或新建满足一定功能目标的水流连接通道，以维持相对稳定的流动水体及其联系的物质循环的状况。窦明等（2015）指出，河湖水系连通是以实现水资源可持续利用、人水和谐为目标，以提高水资源统筹调配能力、改善水生态环境状况和防御水旱灾害能力为重点，借助各种人工措施和自然水循环更新能力等手段，构建蓄泄兼筹、丰枯调剂、引排自如、多源互补、生态健康的河湖水系连通网络体系。《水利部关于推进江河湖库水系连通工作的指导意见》（水规计〔2013〕393号）提出"河湖水系连通是指以江河、湖泊、水库等为基础，通过适当的疏导、沟通、引排、调度等措施，建立或改变江河湖库水体之间水力联系的行为"。

早在公元前，我们的祖先就有水系连通的治水实践，例如，邗沟工程（公元前486年）和都江堰水利工程（公元前256年）等。随着经济社会的发展，我国水系连通实践更加广泛，修建了一些引水灌溉、供水工程，例如，江水北调工程（1961年）和引滦入津工程（1983年）等。近20年，水系连通已成为国家水安全保障与水综合治理的重大方略，我国陆续开展实施了众多水系连通工程，见表3.1-1。

表 3.1-1 2000 年后的主要水系连通工程

时 间	工 程	用 途
2000 年至今	扎龙湿地补水	为湿地提供了生存的保障
2001 年至今	塔里木河流域综合治理	对塔里木河流域综合治理，改善流域内生态环境
2002 年至今	南水北调工程	改变中国南涝北旱和北方地区水资源严重短缺局面的重大战略性工程
2002 年至今	引江济太工程及太湖水环境综合治理	改善水质
2003 年至今	引黄入晋工程	改善生态环境和提高人民群众生活水平
2009 年至今	武汉大东湖生态水网建设	改善武汉中心城区湖泊水质
2014 年至今	陕西引汉济渭工程	缓解关中渭河沿线城市和工业缺水

目前，国内外学者关于河湖水系连通的研究涉及水系连通度/水文连通性评价、水系连通效应/影响。对水系连通度/水文连通性的研究比较成熟，多从地貌、水文过程、水系格局和生态环境等角度开展（Bracken et al.，2013），研究方法有图论、复杂网络理论、水文模型以及 3S 技术等。水系连通效应/影响研究多以定性和定量相结合开展。崔保山等（2016）从水文连通的概念、水文连通对湿地生境的影响、水文连通对生物的影响以及受损水文连通的修复等方面回顾了当前湿地水文连通的生态效应研究进展以及存在的不足，连通区内的水环境/水质、生物、生态环境均随河湖连通影响下的水循环改变而变化。Shore 等（2013）利用网络指数和地形湿度指数研究农业区流域水文连通度对磷的流失区的治理问题。王秀荣等（2016）对富营养化湖泊研究发现，连通工程有利于沉积物中污染物含量的降低，但同时需要采取措施控制污染物释放的风险。Couto 等（2018）从水系连通的横向和纵向两方面对鱼类产生的影响进行了研究。姚鑫等（2014）、周云凯等（2017）研究发现水位是水系连通区生态水文过程的关键因素之一，影响植被覆盖度和物种组成，并最终产生群落演替。

我国许多地区天然生态环境功能脆弱，加之长期对水资源的过度开发，挤占生态环境用水，水生态系统退化问题突出。城镇废污水处理程度低，入河湖污水量增加迅速，水污染严重。农业源污染物排放总量较大，农村水环境问题突出。河湖开发、湿地围垦，河湖通道阻隔，水体空间缩小、循环能力降低，许多地区水环境问题严重。

水系连通是我国水资源安全与管理的重大需求，在提高水资源统筹调配能力、改善河湖健康保障水平、增强抵御水旱灾害能力方面具有重要意义。2015 年以来，水利部针对一些地区出现的河湖淤积萎缩、水污染加剧、生态功能退化、河湖连通不畅等问题，组织各地实施江河湖库水系连通工程 159 个，总投资 319.45 亿元。2018 年，水利部、财政部印发了《全国江河湖库水系连通 2018 年度实施方案》（办财务〔2018〕81 号），提出按照以自然河湖水系、调蓄工程和人工水系为依托，因地制宜、集中连片新建或恢复江河湖库水系之间的水力联系，逐步构建"格局合理、生态健康、引排得当、循环通畅、蓄泄兼筹、丰枯调剂、多源互补、调控自如"的县域江河湖库水系连通体系，支撑城乡经济社会协调发展。

实施水系连通工程应尽可能遵循"水往低处流"规律，来沟通水系连接，利用河流、湖泊水体自身的能量，维持水体的流动性。工程实施的目标与措施有：①通过清淤疏浚、打通断头河、新建连通通道等方式，逐步恢复河湖水系完整性；②改善或恢复江河湖库水系之间的水力联系，改善河湖水生态环境；③提高区域水资源统筹调配能力和防洪除涝减灾能力等。资源性或工程性缺水的生态退化地区，以恢复河湖水系生态流量为主要目标，为生态系统自我修复创造必要条件，提高区域供水保障能力；丰水地区以提高水环境承载能力为主要目标，着力恢复、重建或调整流域区域河湖水系网络，保障河湖水系连通性，改善水生态环境，打通河湖水系洪涝水通道，提高洪涝水宣泄能力。以水生态环境保护为主的河湖水系连通，可显著改善连通区域的水体流动能力，提高受水区的河道生态需水量保证率、水质达标率和水体纳污能力，提高水环境承载能力和改善区域生态环境（王妍等，2018）。

　　我国东部地区经济发达、河网密布，以提高水旱灾害防御能力和改善水生态环境为重点进行河湖水系连通。中部地区河湖萎缩、蓄滞洪水能力低，以提高水旱灾害防御能力和水资源调配能力为重点进行河湖水系连通。西部地区缺水严重、生态脆弱，以缓解水资源短缺和生态恶化为重点。东北地区水资源分布不均、水体污染、湿地萎缩，以恢复湖泊湿地、提高城乡供水保障能力、保障东北老工业基地和粮食增产为重点进行河湖水系连通。

　　然而，河湖水系连通涉及面广，影响范围大，不确定性因素多，涉及工程、灾害、环境、生态、经济、社会等各方面，在工程规划设计阶段应充分考虑、论证对生态环境及生物多样性的影响，注重工程风险评估，并提出规避风险的措施。目前我国典型水系连通工程对生态环境的影响见表 3.1－2。

表 3.1－2　　　　　　　　我国典型水系连通工程对生态环境的影响

水系连通工程	目标	影　　响	备注
南水北调中线工程 （2002 年）	水资源调配	汉江流量减少，水位降低，水资源利用成本增加	水资源
		汉江环境容量减少，自净能力降低，控制污染难度增加	水环境
		总干渠沿线地表水及地下水污染	
		汉江流域中下游局部区域富营养化和水华	
		汉江流域水体自净能力减弱，生态环境平衡破坏	水生态
		丹江口水库库区消落带（hydro - fluctuation belt）生态格局改变	
		总干渠藻类、贝类异常增殖	
		总干渠沿程土壤盐碱化	
		汉江下游干旱威胁	水灾害
南水北调东线工程 （2002 年）		污染物沿程汇入	水环境
		物种北上入侵	水生态
		旱涝急转	水灾害
引江济太工程 （2002 年）	水质改善和 生态修复	输水区水质差，受水区水质恶化	水环境
		受工程调度影响，局部水体流通不畅，水质恶化	
		太湖蓝藻数量暴涨	
		受水区望虞河倒流影响防洪排涝	水灾害

3.1.5　案例研究

以山东省济南西部多水源连通（黄河、长江、玉符河、小清河、玉清湖水库）交汇区为研究对象，基于遥感影像数据，定量分析 1988—2018 年研究区水系连通中土地利用转型情况及对生态环境的影响。

（1）研究背景。研究区位于山东省济南市主城区和西部城区的交界处，为长江水、黄河水、玉符河水等多水源（multi-water resources）汇集地，地理坐标为东经 $116°45'10''\sim116°52'41''$，北纬 $36°37'46''\sim36°42'63''$。研究区内有济西国家湿地公园，同时还有小清河、丁字河、玉清湖水库（济南市一级饮用水水源地）和沉砂池。

研究区目前为多水源连通交汇区，在 20 世纪 80 年代人类干扰低、水利工程少、土地利用较单一。随着社会经济的发展，为缓解水资源短缺问题、提高水资源配置和水生态修复能力，逐年实施了几项水利工程，使研究区形成了独具特色的多水源连通交汇区。在此水系连通过程中，主要涉及以下工程：①玉清湖水库，是济南市大型引黄供水水库，于 2000 年 2 月竣工，日供水量约占济南市总供水量的 40%，在缓解济南市供水紧张问题和保护泉群方面发挥着重要作用；②济平干渠，是南水北调东线胶东输水干线的首段工程，途径济南市，于 2005 年 12 月竣工，输水渠设计流量为 50m³/s，具有防洪、排涝、交通等功能，同时对缓解济南市供水危机、恢复泉城的自然风光亦有着重要作用；③沉砂池补水工程，于 2011 年推进建设，是小清河的重要水源补给；④济西湿地实施修复，自 2011 年开始规划，总规划面积 33.4km²，建成后将成为江北规模最大，功能最丰富的城市湿地。

研究选择 4 个典型代表年（1988 年、2002 年、2014 年、2018 年）的遥感资料进行解译，研究水系连通过程中的土地类型在数量和空间分布上的变化，探讨水利工程建设对当地土地利用状况以及生态系统服务价值（ecosystem services value，ESV）的影响。

（2）研究方法。选取 1988 年、2002 年的 Landsat/TM、2014 年和 2018 年的 Landsat/OLI 遥感影像，利用 ENVI 5.3 遥感影像处理软件对影像进行几何校正、配准、裁剪等处理，根据中科院土地利用/覆盖分类体系，将研究区土地利用类型划分为林地、草地、耕地、水域和建设用地五大类，采用监督分类的方法对影像进行解译，得到 1988 年、2002 年、2014 年和 2018 年四期的土地利用/覆被数据，构建 1998—2002 年、2002—2014 年、2014—2018 年土地利用转移矩阵，并计算出每种土地类型的新增、减少和稳定变化量，由此分析水系连通过程中的土地利用/覆被变化。

对于土地利用转型转移矩阵（王权等，2019）：

$$P = \begin{bmatrix} p_{11} & \cdots & p_{1n} \\ \vdots & & \vdots \\ p_{n1} & \cdots & p_{nn} \end{bmatrix} \tag{3.1-1}$$

则新增与减少变化量（王福红等，2017）的计算公式为

$$N_i = (\sum_{j=1}^{n} p_{ij} - p_{ii}) / \sum_{i=1}^{n} \sum_{j=1}^{n} p_{ij} \tag{3.1-2}$$

$$L_j = (\sum_{i=1}^{n} p_{ij} - p_{jj}) / \sum_{i=1}^{n} \sum_{j=1}^{n} p_{ij} \qquad (3.1-3)$$

式中：N_i 为第 i 种土地类型的新增变化量；L_j 为第 j 种土地类型的减少变化量；p_{ij} 为第 j 种土地类型向第 i 种土地类型转移的变化量；p_{ii} 和 p_{jj} 分别为第 i 种和第 j 种土地类型的稳定变化量。

研究土地利用转型可直观反映研究区域各土地类型在数量、空间与时序上的变化，间接反映一个地区生态环境的稳定性与受到干扰的程度。

生态服务价值（ESV）是建立在消费者偏好与个人支付意愿基础上的效用价值，反映的是生态系统与生态过程所形成的维持人类赖以生存的自然效用（谢高地等，2015）。ESV 及其变化可以借助货币和市场手段来直观衡量某一地区生态质量状况，反映某一具体的生态过程或干扰过程对生态环境的影响。近年来越来越多的学者进行了相关研究，如王权等（2019）核算了贵州喀斯特槽谷地区的生态服务价值，分析了土地利用转型过程对当地生态环境造成的影响；张杨等（2019）借助空间自相关分析揭示了三峡库区生态系统服务价值的空间分布特征。在此采用当量因子法对研究区的生态质量进行评估，在谢高地等（2015）研究的基础上，重新计算单位面积生态服务价值标准当量因子，并构建济西水系连通交汇区生态服务功能价值系数表（表 3.1-3），进而核算各土地利用类型及研究区的生态服务价值，解释水系连通背景下的土地利用与生态环境之间的关联。

表 3.1-3　　　　　　　　济西水系连通交汇区生态服务价值系数　　　　单位：元/hm²

土地利用类型	对应生态系统	食物生产	原料生产	水资源供给	气体调节	气候调节	净化环境	水文调节	土壤保持	维持养分循环	生物多样性	美学景观	总计
林地	阔叶、针阔混交	1553.49	3547.13	1838.30	11702.95	35031.19	10149.46	21360.48	14266.21	1087.44	12971.64	5696.13	119204.42
草地	灌草丛	1967.75	2899.85	1605.27	10201.25	26978.93	8906.67	19781.10	12427.92	932.09	11288.69	4971.17	101960.69
耕地	旱地	4401.55	2071.32	103.57	3469.46	1864.19	517.83	1398.14	5333.65	621.40	673.18	310.70	20764.98
建设用地	裸地、未利用地	0.00	0.00	0.00	103.57	0.00	517.83	155.35	103.57	0.00	103.57	51.78	1035.66
水域	水系	4142.64	1191.01	42928.09	3987.29	11858.30	28739.56	529429.21	4815.82	362.48	13204.66	9786.98	650446.04
湿地	湿地	2640.93	2589.15	13411.79	9838.77	18641.87	18641.87	125470.17	11961.87	932.09	40753.21	24493.35	269375.07

（3）解译结果与分析。利用 ENVI 5.3 和 ArcGIS 10.2 软件中的统计与测量工具，得到 1988—2018 年研究区各土地利用类型的面积（表 3.1-4）。

表 3.1-4　　　　　　　　1988—2018 年研究区各土地利用类型面积　　　　单位：km²

年　份	水域	林地	草地	耕地	建设用地
1988	5.69	36.82	0.00	43.79	38.13
2002	11.18	18.07	0.79	63.21	31.19
2014	15.46	29.06	6.03	40.53	33.36
2018	16.93	25.84	5.51	39.87	36.28

1988 年，研究区的土地类型单一，开发程度低，耕地面积最大，为 43.79km² ；其次为建设用地和林地；水域面积最小，为 5.69km² ；由于气候及水热条件等原因，这一时期无实质性的草地生态系统存在。2002 年，由于相关水利工程的建设，水域的面积增加至 11.18km² ，变化率为 96.49% ；而林地面积缩减至 18.07km² ，变化率为 50.92% ；耕地的面积有所扩大，较 1988 年增长了 19.42km² ，增幅为 44.35% ；建设用地的面积有所减少，较 1988 年减少了 18.2% 。2014 年，湿地的形成与城市建设的发展，使得水域、林地及建设用地面积较 2002 年均有所增加，分别增加了 4.28km² 、10.99km² 和 2.17km² ，变化率为 38.28% 、60.82% 和 6.96% ；草地面积急剧增加，12 年间增加了 6.63 倍，草地成为湿地生境的主要构成；耕地的面积缩减了 22.68km² ，变化率为 35.88% 。2018 年，在降水丰富、水源充足的背景下，水域面积略有增加，较 2014 年增加了 1.47km² ，变化率为 9.51% ；林地、草地、和耕地分别下降了 3.22km² 、0.52km² 和 0.66km² ，而建设用地面积较上一时期增加了 2.92km² ，增长率为 8.75% ；耕地的面积虽然仍大于建设用地，但二者之间数量上的差距已由 7.17km² 缩减至 3.59km² 。总体来看，1988—2018 年，建设用地呈现出先减少而后不断增加的趋势，耕地和草地则呈现为相反的趋势；林地呈现出先减少、后增加、再减少的复杂变化趋势，水域则持续保持增长的状态。

桑基图（图 3.1-1）能够清晰地表现出各时期不同类型土地的流向。1988—2002 年，林地流出的方向最多，总共有五个分支，其余土地利用类型均只有四个分支，林地是 2002 年出现的草地的唯一流入源；从流入的数量来看，流入耕地的数量最多，建设用地和林地流入耕地的数量约占总流入量的一半。2002—2014 年，水域和草地的流出方向最少，除自身外仅有两个，其中水域少量流入了建设用地和林地，草地有极少量流入了林地和水域；耕地的流出数量最多，除自身外，大部分流入了林地、建设用地和草地；流入林地、草地和水域的方向最多（五个），其次为建设用地，流入耕地的方向最少，除自身外，仅有小部分建设用地和林地在这一时期转化为了耕地。2014—2018 年，流入和流出基本呈现"对称"分布，耕地流入林地和建设用地的数量与建设用地、林地流入耕地的数量相差无几，草地流入林地的数量与林地流入草地的数量亦基本相同，说明本时期的土地利用变化无明显的重心存在。

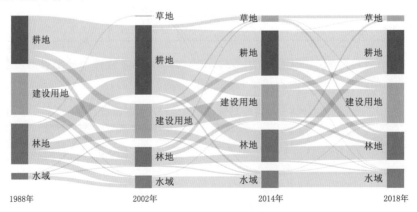

图 3.1-1　1988—2018 年土地利用桑基图

通过土地利用转型转移矩阵可以得到研究区各土地利用类型不同时段内的新增、减少、变化的数量，以便对土地利用变化做更进一步的分析。由表 3.1-5 可知，1988—2002 年，耕地稳定部分和新增部分的比例均最高，分别为 24.98％和 25.82％，说明耕地整体上保持不断扩张的态势；林地减少的比例最高，为 24.69％，这一时期以林地向耕地、林地向水域转化为主；整体上看，所有土地利用类型新增和减少部分所占的比例普遍超过稳定部分所占比例，说明这一时期土地利用变化无论从空间还是数量上都十分明显，这与水利工程（玉清湖水库、沉砂池）的修建与投入使用密切相关。水库的兴建改变了局地的景观面貌，使得研究区的水文情势发生了变化，影响了林、草生态格局的演变，进而影响土地利用格局。

表 3.1-5　　　　　1988—2018 年土地利用类型新增、减少、稳定变化量　　　　　　　　％

时　　段		林地	草地	耕地	水域	建设用地	总计
1988—2002 年	稳定	4.90	0.00	24.98	2.95	13.14	45.97
	新增	9.62	0.64	25.82	6.04	11.92	54.03
	减少	24.69	0.00	10.21	1.63	17.50	54.03
2002—2014 年	稳定	5.73	0.20	25.11	8.43	13.62	53.08
	新增	17.62	4.65	7.46	3.99	13.19	46.92
	减少	8.80	0.44	25.69	0.55	11.45	46.92
2014—2018 年	稳定	10.49	2.23	21.78	11.52	20.23	66.25
	新增	10.28	2.20	10.26	2.09	8.93	33.75
	减少	12.86	2.60	10.79	0.90	6.58	33.73

2002—2014 年，耕地稳定部分比例依然最高，为 25.11％，较 1988—2002 年增长了 0.13％，其次是建设用地，为 13.62％，草地最低；林地新增部分比例最高，为 17.62％，较 1988—2002 年增加了 8％，水域最低，为 3.99％，较上一时期减少了 2.05％，而林地减少的部分较上一时期相比有所减少，减少了 15.89％，稳定部分略有增加，增加了 0.83％，说明本时期林地以稳定增加的趋势为主；耕地减少部分的比例最高，为 25.69％，较 1988—2002 年增加了 15.48％，草地的比例最低，为 0.44％，说明本时期耕地的变化趋势为稳中退减，土地利用类型转化以耕地转化为林地、耕地转化为建设用地及草地为主。济西湿地的建设和形成是造成土地利用转型的重要驱动力，水库的侧渗、南高北低的地势以及特殊的地下水文地质状况，水系的连通以及对土地的人工治理共同造就了这一景观，同时济南的城市建设向西发展，城区面积不断扩张，最终导致耕地面积退减，林地和建设用地面积的增加和草地生态系统的进一步发展。

2014—2018 年，除耕地外，所有土地类型稳定部分的比例均高于上一时期，说明当地土地利用结构更加趋于稳定；林地新增和减少部分的比例最高，分别为 10.28％和 12.86％，其次为耕地，分别为 10.26％和 10.79％，其余土地利用类型新增和减少部分的比例均不超过 10％，说明本时期林地和耕地的变化最为剧烈；水域新增和减少部分的比例最小，分别为 2.09％和 0.90％，说明水域在湿地公园对外开放前的这段时间内没有发生明显的变化。

总体来看，2002—2014 年、2014—2018 年与 1988—2002 年相比，各土地类型稳定部分的比例有所增加，新增和减少部分的比例整体呈现下降趋势，这表明 2002—2014 年土地利用的稳定性较 1988—2002 年略高，2014—2018 年土地利用稳定性较 2002—2014 年有所提升；就桑基图流向以及稳定、新增和减少部分的数量关系上来看，1988—2002 年以林地转化为其他地类为主导，2002—2014 年以耕地转化为其他地类为主导，2014—2018 年以林地和耕地转化为其他地类为主导。

（4）生态系统服务价值变化分析。经计算得到历年生态服务价值（表 3.1-6）。1988 年，土地开发利用程度不高，生态系统成分单一，耕地开垦程度低，最终导致了耕地、林地、建设用地"三足鼎立"的局面，其中林地生态系统对区域 ESV 的贡献最大，为 438.95×10^2 万元，占总生态服务价值的 48.55%；其次为水系生态系统，生态服务价值为 370.26×10^2 万元；建设用地对区域 ESV 的贡献最小（0.44%）。2002 年，随着耕地的不断开垦和玉清湖水库的修建，研究区水域和耕地面积增加，林地面积缩减，对区域 ESV 的贡献也在不断地变化；其中水系生态系统服务对区域 ESV 贡献最大，为 726.89×10^2 万元，占总生态服务价值的 67.28%，较 1988 年增加了 26.32%；其次是林地生态系统，其 ESV 为 215.44×10^2 万元，占总生态服务价值的 19.86%。2014 年，水系生态系统服务价值达到了 1005.37×10^2 万元，占总生态服务价值的 66.99%；林地生态系统服务价值有所回升，达到了 346.40×10^2 万元；除此之外，济西湿地修复与建设沟通了黄河、长江（济平干渠）、玉符河等水系，影响了当地 ESV 格局，因此湿地具有极高的附加价值，对生态服务价值的评估具有积极意义。2018 年，水源地保护与小清河源头治理使得小清河、玉符河的河道更加充盈，水域面积进一步扩大，水系生态系统服务价值增至 1101.37×10^2 万元，占总 ESV 的 70.96%，较 2014 年增加了 3.97%；总 ESV 依然呈现出正增长的趋势。总的来看，水系连通对区域生态质量产生了积极影响，济西多水源连通交汇区的生态服务价值不断增加，生态环境质量明显提高。

表 3.1-6　　　　　济西水系连通交汇区生态服务价值　　　　　单位：10^2 万元

生态系统类型	ESV				ESV 变化			
	1988 年	2002 年	2014 年	2018 年	1988—2002 年	2002—2014 年	1988—2014 年	2014—2018 年
阔叶、针阔混交	438.95	215.44	346.40	308.04	−223.52	130.96	−92.55	−38.35
灌草丛	0.00	8.10	61.47	56.17	8.10	53.37	61.47	−5.30
旱地（田）	90.93	131.25	84.17	82.79	40.32	−47.08	−6.76	−1.38
裸地、未利用地	3.95	3.23	3.45	3.76	−0.72	0.22	−0.49	0.30
水系	370.26	726.89	1005.37	1101.37	356.63	278.48	635.10	96.01
总 ESV	904.09	1084.91	1500.86	1552.14	180.82	415.95	596.77	51.27

3.2　治河工程

3.2.1　堰坝

堰和坝都是跨河拦水建筑物，其功能为集水、蓄水及抬高水位以供取水利用。坝是指拦截江河渠道水流以抬高水位或调节流量的挡水建筑物，可形成水库，抬高水位、调节径流、集中水头，用于防洪、供水、灌溉、水力发电、改善航运等。调整河势保护岸床的河道治理建筑物也称坝，如丁坝、顺坝和潜坝等。堰是指修筑在内河上的既能蓄水又能排水的小型水利工程。高大者或排洪时只可局部溢流或泄洪者为坝，低小或可全面溢流者为堰，其大小并无明确区分；就功能而言，坝主要在蓄水时形成水库供调节运用，堰则只抬高水位以利引水，蓄水调节功能较弱，其抬高水位形成的水域有限，一般不称为水库。水库大坝能满足防洪、发电、灌溉等多种用途；拦河坝能满足供水、发电等功能并形成一定的水面满足景观要求和水系治理要求，如拦河橡胶坝；引水堰主要用于农业用水；拦沙堰则主要用于拦沙。

（1）丁坝（石矶）（spur dike）。指从岸、滩修筑凸出于水中的建筑物，以挑移主流、保护岸、滩或调整流向，改变流速，增加主河道流量。由坝头、坝身和坝根三部分组成。坝头伸向河槽，坝根与河岸相连，整个丁坝在平面上与河岸连接起来如"丁"字形。根据影响水流的程度，丁坝可分为长丁坝和短丁坝。长丁坝有束窄河槽、改变主流位置的功效，这种类型的丁坝挑流较强，使主流位置发生改变，在国境界河中一般禁止使用。短丁坝有迎托水流外移的作用，多用于护岸、护滩工程。

（2）锁坝（堵坝）（closure dam）。锁坝为横亘于河道以堵塞河道汊道或河流的串沟、调整汊道分流比的建筑物。锁坝坝顶高程一般高出平均枯水位 0.50～1.00m，坝身中间部分通常设计成水平的，两侧以 1/25～1/10 的坡度向河岸升高。这样，当锁坝过水时，先在中间部分通过，然后逐渐向两侧发展。这样的坝体可吸引两侧水流趋向中泓，以减轻河岸和坝根的冲刷。锁坝主要用于枯水期堵塞串沟或汊道，起塞支强干的作用。

（3）顺坝（longitudinal dike）。顺坝由坝头、坝身和坝根三部分组成，具有束窄河槽、导引水流、调整河岸的作用。坝根与河岸相连，坝头或与河岸相连或不与河岸相连并留有缺口。整个坝体在平面上与流向基本平行或成微小交角，阻水作用较小，坝头水流比较平稳，局部冲刷坑也较小。顺坝有淹没和非淹没两种，常修建在过渡段、分汊河段、急弯及洲尾等水流不顺和水流分散的地方。其结构型式和丁坝一样，有抛石顺坝、土心顺坝等。

3.2.2 堤防与护岸

堤防（dike）是使某一保护范围能抵御一定防洪标准洪水侵害沿河岸修筑的线性水工建筑物。护岸是用抗冲材料直接铺护在河岸坡面上保护岸坡的建筑物，可分为传统护岸和生态型护岸。

1. 传统护岸

有直立式、斜坡式或斜坡式与直立式组合的结构类型。

（1）直立式护岸。直立式护岸可采用现浇混凝土、浆砌块石、混凝土方块、石笼、板桩、加筋土岸壁、沉箱、扶壁及混凝土、砖和圬工重力挡水墙等结构类型。

（2）斜坡式护岸。常用的类型有抛石、模袋混凝土、干砌石、混凝土板、混合式护岸。

（3）复合式护岸。它是斜坡式与直立式（墙式）护岸相结合的一种护岸类型。采用上部斜坡式下部直立式或上部直立式下部斜坡式的组合类型。

2. 生态型护岸

生态型护岸主要类型有：土工格栅石笼、植草护岸、连锁式混凝土与植物结合、三维土工网植草、格宾网箱植草护坡、绿化混凝土植被、木桩碎石固结式、挡板式护岸与毛石堆砌相结合、六边形混凝土板块、土工格室碎石土植草护坡等。

3.3　公众参与治河

河湖状况与公众生活息息相关，公众既是河湖问题的生产者也是受益者，相对于政府官员，公众对于周边河湖更了解并能敏感地感知河湖生态环境的变化，对于改善河湖环境的愿望更强烈（唐修琪，2018）。公众参与的社会主体力量包括民间环保机构（如公众环境研究中心、自然之友、绿色潇湘）、社区、企业及个人等。

3.3.1　公众参与的方式

1. 政府方面

作为政府管理机构，要将信息公开，加强舆论引导，畅通公众参与渠道。

（1）信息公开。形成透明的治水管理机制，让广大公众全面了解治水情况及进程，维护公众的知情权、参与权、表达权。

全流域河长制信息全公开，包括水体的基本信息、河道的起点和终点、完整的治理责任人的信息（包括电话和姓名）、治理方案、治理进度、治理验收情况、公众满意度调查、水质监测结果、日常维护的管理情况等。

埋设河道保护管理范围界桩，在河道明显处建立标志牌，向社会公布河长名单（河长姓名、职务、电话等），并标明河长职责、河湖概况（河道名称、起始点、长度）、管护目标以及监督电话等内容，接受社会监督。

建立省、县市、乡镇、村信息报送体系，定期发布相关信息，如水质监测数据、公众对河道关心的信息等都全部公开。

（2）畅通渠道。充分利用报刊、电视、广播等传统媒体以及网络、微信、微博、客户端等新兴手段，对治河进行广泛宣传，同时抓好水法律法规的宣传，提高人民群众特别是沿河群众对河湖保护工作的责任意识和参与意识，营造全社会关爱河湖、珍惜河湖、保护河湖的浓厚氛围。

目前我国的大多数省份都开发了河长 App、微信公众号，群众可以随手对河道问题进行拍照，直接发送河长或管理部门举报投诉，也可以打"12369"环保举报热线进行举报投诉。浙江省建立了河长制管理信息系统，融信息查询、河长巡河、信访举报、公众参与等功能为一体的智慧治水大平台；上海市提出"互联网＋河长制"模式，鼓励公众参与河湖保护管理与监督；四川省绵阳市探索建立农村河道保护管理协会，组织引导村委会、村民参与河湖保护。

（3）宣传教育。以喜闻乐见、通俗易懂的方式对公众进行宣传教育和正确引导，例如，拍摄相关公益片、举行知识竞赛、宣讲会、文艺演出、主题展览等活动，让他们及时了解政策运行的环节与程序。通过政府的网络平台积极回应公众的要求与呼声，并及时解答公众的疑惑，为民服务，引导公众树立节约用水、保护水环境的良好意识，鼓励公众积极参与治水过程，对政策的实施进行有效监督（唐修琪，2018）。

将环境保护、节水护水知识纳入国民教育体系，帮助公民从学生时代起就养成良好的环保习惯。依托全国中小学节水教育、水土保持教育、环境教育等社会实践基地，开展环保社会实践活动，引导其形成正确的生态环境保护理念。

2. 公众方面

（1）志愿者形式。开展自愿服务活动，使公众从自身做起，形成自觉保护意识。通过开展无偿清理河湖周边环境、巡查河湖状况等传播绿色理念，宣传水环境保护的重要性，凝聚全社会力量，形成全民治水的良好局面。

（2）社会组织形式。社会组织作为机构在进行监督时，会有一些专业的手段、工具、方法，可以在某些方面发挥它独特的作用。如深圳市绿源环保志愿者协会联合深圳晚报面向社会公开招募"深圳民间河长"，邀请市民一起为深圳河流"当家"，引导全民参与水环境治理工作，实现群众的评议权、参与权、监督权，发挥群众的主观能动性、提升市民素质，使全市水环境治理各项工作更符合群众的需求，更加贴近地域实际，确保各项措施落到实处。民间河长的职责有：负责河流巡查、监督治水工程；收集河流治水相关信息；宣传治河政策，带动居民护河爱水；收集反映市民意见；协调群众与"官方河长"良性互动沟通。

湖南本地的民间环保公益组织——绿色潇湘致力于湖南生态环境保护，提倡有价值的环保生活（刘新庚等，2016）。目前主要开展湘资沅澧四水守望者计划、政府环境信息公开、绿行周末、绿行家等项目。2013年绿色潇湘带领的湘江守望者群体获CCTV 2013年度中国法治人物称号。绿色潇湘的462位河流守望者们分布在62个县市，2016年他们发现并跟进污染案例151起，解决98起，发布日常环境监测微博超过2500条。目前，河流守望者与环保部门、住建部门形成了良好的合作和交流的互动关系。

（3）媒介形式。通过投诉监督信箱、电话、网络平台等方式举报；利用新闻媒介、舆论监督曝光违法犯罪行为，并进行跟踪报道；通过法律渠道对于破坏生态环境、污染河流的不法行为提起公益诉讼；对于治水过程中官员的不作为以及失职渎职行为进行举报。

发挥现代网络的优势，利用互联网建立动态监管系统，每个公民可以注册属于自己的账号。政府可以设立相关奖励和表彰，例如，参与者可获得积分，积分可兑换优惠券或物品。可以与支付宝等网络平台合作，为公众提供更多优惠服务（唐修琪，2018）。

（4）与政府合作。以往的河流治理一般都是政府出资，公共力量参与度不高。事实说明，抓好河流治理不仅要靠政府相关部门履行责任，更需要社会公众的广泛参与、共同助力。2015年，国务院发布的《水污染防治行动计划》（简称"水十条"）中提到"推行政府和社会资本合作、政府采购环保服务""设立融资担保基金，推进环保设备融资租赁业务发展。推广股权、项目收益权、特许经营权、排污权等质押融资担保。采取环境绩效合同服务、授予开发经营权益等方式，鼓励社会资本投入"等。

对于企业，如果有利润增值的空间，也能够被吸引进来做一些事，如引进治理资金，吸引相关企业投资。另外，由个人或集体承包负责某一地域的河湖治理修护，如浙江省丽水市采取了河湖承包模式，将中小河流所有权、管理权、经营权分离，承包给个人，并由其负责相关河道管护工作。或者由政府出资，公众负责具体执行。

（5）被动参与。政府通过引进专业人才，对公众进行相关专业培训、技术指导，提高公众专业化水平，拓宽公众参与的领域，提高水治理的效率。在河流的农村段，制定村规民约，印发宣传标语，建立保洁机制。让社区居民当监督员，对河流环境进行共建共管。

3.3.2 公众参与的机制

1. 全面化

全面化既指监督对象的全面也指参与过程的全面。公众监督既要监督差的，也要监督好的，不要让原本好的环境再变坏、变差。

全过程参与是指从决策、制定方案、管护、监督、宣传等一系列过程，都要和政府一起，每一个环节都有参与了解。各项措施决策前应充分听取公众的意见与建议，将公众的诉求作为前提条件，通过问卷调查、听证会、座谈会等形式广泛征集民意，根据当地实际情况制定相应实施方案，充分调动公众的积极性，形成政府与公众有效对话机制，协调平衡各方利益关系，得到公众支持，为后续工作的顺利实施减少阻力。2020 年，水利部开通"12314"监督举报服务平台，面向社会征集水利部职责范围内的涉水问题线索，公众可通过"12314"热线电话、水利部网站和中国水利微信公众号进行举报，为公众监督提供了直接便利的渠道，有利于公众切实地参与到公众监督中去，实现公众参与的全面化。

2. 制度化

公众参与治水既要完善相应法律规章，还有建立相应的制度，对于公众的参与阶段、参与范围、参与人员、参与的法律效果以及限制等方面都应有所规定。针对问卷调查、座谈会、专家论证会、听证会等公众参与方式出台具体流程和操作细则。

在信息公开方面，通过立法对政府和企业扩大信息公开的程度做出强制性规定；明确和细化政府部门在水环境质量、治理工程等方面信息公开的范围和程度，对黑臭河流、入河排污口等重点任务实施挂牌督办公示制度，向社会公布计划和责任人，主动接受市民监督；明确限定排污企业必须公开的环境信息，如营业执照、排污许可证、污染源、处理设施、出水水质等信息。

加强对环保社会组织的政策扶持，降低环保社会组织的准入门槛，引导和规范环保社会组织活动内容和运作程序。

具体规定"民间河长"的产生方式、责任职权、履职程序与相关保障措施，通过将治水权力下放给公众，进而提高公众积极性，协助政府监督检查治水工作，减轻政府工作压力。

建立奖惩机制，对参与治水公众以奖励，对于涉水违法者给予惩罚，制定实施细则并严格落实。对于举报者的信息要保密，保护举报人的人身安全。

建立河长与民间观测员定期交流机制，向民间力量开放更多的参与途径。

通过河长公开承诺、公开述职和电视问政等活动，让各级河长面对面接受群众和社会监督。

3.4 我国水利工程建设在生态保护方面的要求

大中型水利工程的建设必须符合中华人民共和国国家标准及建设行政部门、水行政主管部门等颁发的有关工程勘测、设计、研究方面现行的规程、标准、规范、办法及国家、省（自治区、直辖市）水利建设行政主管部门下发的有关设计方面的文件、规定等。近20年来，我国相继发布了一系列的条文、法律法规及技术标准对建设项目生态环境保护提出了具体而明确的要求，其中包括强制性条文、法律法规、技术标准等。

1. 强制性条文

（1）根据初步设计阶段工程建设及运行方案，应复核工程生态基流、敏感生态需水及水功能区等方面的生态与环境需水，提出保障措施。例如《水利水电工程环境保护设计规范》（SL 492—2011）。

（2）水库调度运行方案应满足河湖生态与环境需水下泄要求，明确下泄生态与环境需水的时期及相应流量等。例如《水利水电工程环境保护设计规范》（SL 492—2011）。

（3）水生生物保护应对珍稀、濒危、特有和具有重要经济、科学研究价值的野生水生动植物及其栖息地、鱼类产卵场、索饵场、越冬场，以及洄游性水生生物及其洄游通道等重点保护。例如《水利水电工程环境保护设计规范》（SL 492—2011）。

（4）水环境保护措施，例如《环境影响评价技术导则 水利水电工程》（HJ/T 88—2003）。

1）应根据水功能区划、水环境功能区划，提出防止水污染，治理污染源的措施。

2）工程造成水环境容量减小，并对社会经济有显著不利影响，应提出减免和补偿措施。

3）下泄水温影响下游农业生产和鱼类繁殖、生长，应提出水温恢复措施。

（5）工程对取水设施等造成不利影响时，应提出补偿、防护措施。例如《环境影响评价技术导则 水利水电工程》（HJ/T 88—2003）。

（6）生态保护措施，例如《环境影响评价技术导则 水利水电工程》（HJ/T 88—2003）。

1）珍稀、濒危植物和其他有保护价值的植物受到不利影响，应提出工程防护、移栽、引种繁殖栽培、种质库保存和管理等措施。工程施工损坏植被，应提出植被恢复与绿化措施。

2）珍稀、濒危陆生动物和有保护价值的陆生动物的栖息地受到破坏或生境条件改变，应提出预留迁徙通道或建立新栖息地等保护及管理措施。

3）珍稀、濒危水生生物和有保护价值的水生生物的种类、数量、栖息地、洄游通道受到不利影响，应提出栖息地保护、过鱼设施、人工繁殖放流、设立保护区等保护与管理措施。

（7）特殊区域的评价标准，例如《水利水电工程水土保持技术规范》（SL 575—2012）。

1）国家和省级重要水源地保护区、国家级和省级水土流失重点预防区、重要生态功能（水源涵养、生物多样性保护、防风固沙）区，应以最大限度减少地面扰动和植被破坏、维护水土保持主导功能为准则，重点分析因工程建设造成植被不可逆性破坏和产生严重水土流失危害的区域，提出水土保持制约性要求及对主体工程布置的修改意见。

2）涉及国家级和省级的自然保护区、风景名胜区、地质公园、文化遗产保护区、文物保护区的，应结合环境保护专业分析评价结论按前款规定进行评价，并以最大限度保护生态环境和原地貌为准则。

3）泥石流和滑坡易发区，应在必要的调查基础上，对泥石流和滑坡潜在危害进行分析评价，并将其作为弃渣场、料场选址评价的重要依据。

2. 法律法规

（1）《中华人民共和国自然保护区条例》（2017 年 10 月）。

（2）国务院关于实行最严格水资源管理制度的意见（2012 年 1 月）。

（3）关于做好河湖生态流量确定和保障工作的指导意见（2020 年 4 月）。

（4）环境保护公众参与办法（2015 年 9 月）。

3. 技术标准

近年来，我国颁布的水生态、水环境方面的技术标准有多项，涉及规划、设计、监测、评价等各个方面，详见表 3.4-1。

表 3.4-1　　　　　　　　　　**我国颁布的水生态、水环境方面的技术标准**

项目	序号	标　准　名　称	标　准　编　号
规划	1	环境影响评价技术导则　水利水电工程	HJ/T 88—2003
	2	江河流域规划环境影响评价规范	SL 45—2006
	3	水利风景区规划技术导则	SL 471—2010
	4	河流水电规划环境影响评价规范	NB/T 35068—2015
	5	河湖生态保护与修复规划导则	SL 709—2015
设计	6	水利水电工程环境保护设计规范	SL 492—2011
	7	生态清洁小流域建设技术导则	SL 534—2013
	8	河湖生态环境需水计算规范	SL/Z 712—2014
	9	河湖生态系统保护与修复工程技术导则	SL/T 800—2020
监测、评价	10	地表水资源质量评价技术规程	SL 395—2007
	11	生态风险评价导则	SL/Z 467—2009
	12	河湖生态需水评估导则	SL/Z 479—2010
	13	水环境监测规范	SL 219—2013
	14	水利风景区评价规范	SL 300—2013
	15	水利建设项目环境影响后评价导则	SL/Z 705—2015
	16	河流水电开发环境影响后评价规范	NB/T 35059—2015
	17	内陆水域浮游植物监测技术规程	SL 733—2016
	18	水生态文明城市建设评价导则	SL/Z 738—2016
	19	水电工程陆生生态调查与评价技术规范	NB/T 10080—2018
	20	水电工程水生生态调查与评价技术规范	NB/T 10079—2018
	21	河湖健康评估技术导则	SL/T 793—2020

第 4 章

基于河流功能的开发治理模式研究

为协调河流功能与需求之间的平衡,本章从河流功能区划的角度出发,提出了河流功能分区的自然社会双准则约束分区方法及典型功能区治理模式的技术和方法体系,探讨基于河流功能区划的生态环境治理模式,研究河流系统结构与功能耦合方法,并以浑河中上游、济南玉符河和黄河下游为例,探讨河流功能区划与综合治理,解决了河流开发利用与保护难协调的问题。

4.1 河流功能综合评估

河流的功能分为自然功能和社会功能两大类。自然功能包括水文功能、地质功能和生态功能;社会功能包括水利、资源、人文景观、休闲娱乐、场所及形象功能等。一条健康的河流既要满足河流周边生态环境的要求,同时还要满足社会经济发展和人类活动的合理需求。然而自然功能的保护和社会功能的开发利用存在着不可避免的利益冲突,协调功能需求之间的矛盾,将矛盾和冲突尽可能地降低,这些问题的解决首先需要对河流各个功能的发挥状况有一个明确的了解,并对其发展趋势做出预测。

河流功能评估是对功能各要素优劣程度的定量描述。通过评估,可以明确功能状况、功能演变的规律以及发展趋势,为河流规划与管理提供依据。目前国内外关于河流自然状况方面的研究较多,指标体系相对完善,通常包括 5 个方面的内容,即水文、河流形态结构、河岸带状况、水质理化参数和水生物评估(董哲仁,2013;吴阿娜等,2005)。相对来讲,河流社会功能的评估比较少,指标体系还不完善。研究采用多指标评价法,对自然功能和社会功能分别建立指标体系,然后采用打分法,对每个指标进行分级并设定分级标准。从时间和空间尺度上给出每个指标的评估尺度,经过尺度变换,计算指数得分,根据得分情况对功能状况进行评估。

4.1.1 指标体系

(1)自然功能评估指标体系。自然功能评估指标由水文、河流形态结构、河岸带状况、水质和水生物 5 个指数组成,各指数下共包含 14 个指标。水文指数反映了河流水文受自然及人为因素影响的变化情况,自然因素指流量的体积和季节性变化,人为因素指水库调度运行、水力发电、土地使用变化及都市化效应等引起的流量变化;河流形态结构和河岸带状况指数反映了河流的地形特征及植被覆盖等对生物群落的适宜程度;水质指数侧重于分析物化参数对河流生物的潜在影响；水生物指数是分析环境变化对水生态系统的影响程度，一般通过选取指示物种的方法来进行。

鱼类位于河流食物链的顶层，可以反映出低阶层消费者或生产者的族群状况，而且鱼类生命周期较长，再加上鱼类分类已相当完整，生物专家能够在野外当场辨别出所采集的鱼种，通常以鱼类作为指示物种。河流自然功能评估指标体系见表 4.1-1。

表 4.1-1　　　　　　　　　河流自然功能评估指标体系

指　数	指　标	评　估　依　据
水文	水文变异值	实际月径流量和自然月径流量进行比较
河流形态结构	河岸稳定性	河岸是否有冲蚀、坍塌现象
	河床稳定性	河床是否有冲蚀和淤积现象
	河道护岸类型	护岸的材料和结构对岸边生物是否有不利的影响
	人工构筑物影响	河道中的人工构造物是否对鱼类等水生物的移动产生影响
河岸带状况	河岸带宽度	河岸带宽度与河道宽度的比值，比值越大越好
	植被结构完整性	植被覆盖是否为乔木、灌木及草本的多层次覆盖
	植被覆盖率	植被的盖度
水质	总磷	生物活动及含磷有机物分解的产物，可指示污染
	浊度	阻止光的渗透进而影响水生植物的光合作用和鱼类的生长
	电导率	可以反映水中盐类的多寡，表示水质矿化的程度
	pH	影响生物的生长、物质的沉淀与溶解、水及废水的处理等
	溶解氧	反映水中氧的存在数量
水生物	鱼类个体数	位于河流食物链顶层，反映低阶层消费者或生产者的族群状况

（2）社会功能评估指标体系。社会功能评估指标体系由防洪安全、供水能力、调节能力、文化美学功能及水环境容量 5 个指数组成，各指数下同样又由 14 个指标组成（表 4.1-2）。其中，防洪安全代表河流的水利功能；供水能力代表河流的资源功能；调节能力代表河流对人类活动干扰的适应能力；文化美学功能代表河流的人文景观、休闲娱乐、场所及形象等功能；水环境容量代表河流满足不同社会需水要求的服务功能。

表 4.1-2　　　　　　　　　河流社会功能评估指标体系

指　　数	指　标	评　估　依　据
防洪安全	防洪工程措施达标率	达标防洪工程数量/防洪工程总数量
	防洪非工程措施达标率	达标防洪非工程数量/防洪非工程总数量
	防洪体系完善度	现有的防洪工程体系是否完善和健全
供水能力	工业用水满足率	工业供水量/工业用水量
	农业用水满足率	农业供水量/农业用水量
	居民生活用水满足率	居民生活供水量/居民生活用水量
	城镇公共事业用水满足率	城镇公共事业供水量/城镇公共事业用水量
	林牧渔业用水满足率	林牧渔业供水量/林牧渔业用水量
	生态环境用水满足率	生态环境供水量/生态环境用水量

续表

指　数	指　标	评　估　依　据
调节能力	输沙能力调节率	输入和输出河道泥沙量的比较，反映河道的冲淤平衡
	河网结构变化率	河道长度和面积是否同步演变，反映城市化对河网发育的影响
文化美学功能	人类活动需求满足度	岸边是否有休闲娱乐设施，亲水是否容易并且安全
	公众的满意度	河流景观是否与周围环境协调，是否能获得公众认可
水环境容量	水功能区达标率	水功能区内达标河段的长度/评价河段总长度

4.1.2　指标分级标准

多指标评价法需要为每个指标设定评估等级和分级标准。等级划分通常采用奇数制，常用的是 5 级制，如"优秀、好、一般、差、极差"，有时也采用 3 级制，如"好、一般、差"。分级标准一般采用评分法，如 Smallwood 等（1998）在生态保护指标分级研究中分别采用了 2 分制、4 分制、8 分制、16 分制和 100 分制；Ladson 等（1999）在河流状况评估研究中，采用了 4 分制，即"4 分"表示优秀，"3 分"表示好，"2 分"表示一般，"1 分"表示差，"0 分"表示极差。本书采用 4 分制分级标准，其中个别指标采用了 10 分制。河流功能指标分级标准见表 4.1－3。

表 4.1－3　　　　　　　　　　河流功能指标分级标准

指数	指　标	分　级　标　准
水文	水文变异值	＜0.1（10 分）、0.1～0.2（9 分）、0.2～0.3（8 分）、0.3～0.5（7 分）、0.5～1.0（6 分）、1.0～1.5（5 分）、1.5～2（4 分）、2～3（3 分）、3～4（2 分）、4～5（1 分）、＞5（0 分）
河流形态结构	河岸稳定性	稳定（4 分）、轻微冲蚀（3 分）、中度冲蚀（2 分）、强烈冲蚀（1 分）、极端不稳定（0 分）
	河床稳定性	轻微侵蚀或堆积（4 分）、中度河床侵蚀或堆积（2 分）、极端河床侵蚀或堆积（0 分）
	河道护岸类型	自然（4 分）、轻度人工化（3 分）、中度人工化（2 分）、重度人工化（1 分）、完全人工化（0 分）
	人工构筑物影响[①]	无影响（4 分）、轻微影响（3 分）、中度影响（2 分）、重度影响（1 分）、极度影响（0 分）
河岸带状况	河岸带宽度[②]	≥3 倍河道宽（4 分）、1.5～3 倍河道宽（3 分）、0.5～1.5 倍河道宽（2 分）、0.25～0.5 倍河道宽（1 分）、≤0.25 倍河道宽（0 分）
	植被结构完整性	乔、灌、草多层次覆盖（4 分）、灌木和草本的自然或人工覆盖（2 分）、农田或无覆盖（0 分）
	植被覆盖率	40%～100%（4 分）、30%～39%（3 分）、20%～29%（2 分）、10%～19%（1 分）、0～9%（0 分）

续表

指数	指标	分级标准
水质③	总磷/(mg/m³)	<20（4分）、20～39（3分）、40～74（2分）、75～99（1分）、≥100（0分）
	浊度/NTU	<15（4分）、15～17.4（3分）、17.5～19（2分）、20～29（1分）、≥30（0分）
	电导率④/(μS/cm)	<100（4分）、100～299（3分）、300～499（2分）、500～799（1分）、≥800（0分）
	pH	6.5～7.5（4分）、6.0～6.4 或 7.4～8.0（3分）、5.5～5.9 或 7.9～8.5（2分）、4.5～5.4 或 8.4～9.5（1分）、<4.5 或 >9.5（0分）
	溶解氧/(mg/L)	≥7.5（4分）、6.0～7.4（3分）、4.5～5.9（2分）、3～4.4（1分）、<3（0分）
水生物	鱼类个体数⑤	≥10（4分）、7～9（3分）、4～6（2分）、1～3（1分）、无（0分）
防洪安全	防洪工程措施达标率	≥95%（4分）、94%～90%（3分）、89%～80%（2分）、79%～70%（1分）、<70%（0分）
	防洪非工程措施达标率	≥95%（4分）、94%～90%（3分）、89%～80%（2分）、79%～70%（1分）、<70%（0分）
	防洪体系完善度	完善（4分）、比较完善（3分）、一般（2分）、不完善（1分）、极不完善（0分）
供水能力	工业用水满足率	≥95%（4分）、94%～85%（3分）、84%～70%（2分）、69%～50%（1分）、<50%（0分）
	农业用水满足率	≥95%（4分）、94%～85%（3分）、84%～70%（2分）、69%～50%（1分）、<50%（0分）
	居民生活用水满足率	≥95%（4分）、94%～85%（3分）、84%～70%（2分）、69%～50%（1分）、<50%（0分）
	公共事业用水满足率	≥90%（4分）、89%～75%（3分）、74%～60%（2分）、59%～50%（1分）、<50%（0分）
	林牧渔业用水满足率	≥95%（4分）、94%～85%（3分）、84%～70%（2分）、69%～50%（1分）、<50%（0分）
	生态环境用水满足率	≥90%（4分）、89%～75%（3分）、74%～60%（2分）、59%～50%（1分）、<50%（0分）
调节能力	输沙能力调节率	0～0.2（4分）、0.2～0.4（3分）、0.4～0.6（2分）、0.6～0.8（1分）、0.8～1.0（0分）
	河网结构变化率	0～0.2（4分）、0.2～0.4（3分）、0.4～0.6（2分）、0.6～0.8（1分）、0.8～1.0（0分）

续表

指数	指 标	分 级 标 准
文化美学功能	人类活动需求满足度	有游憩景点和设施，易亲水并安全（4分）；无游憩景点和设施，易亲水并安全（3分）；有游憩景点和设施，亲水难或不安全（2分）；无游憩景点和设施，亲水难但安全（1分）；无游憩景点和设施，亲水难或不安全（0分）
	公众的满意度	非常满意（4分）、比较满意（3分）、一般（2分）、不满意（1分）、非常不满意（0分）
水环境容量	水功能区达标率	≥90%（4分）、89%～80%（3分）、79%～65%（2分）、64%～50%（1分）、<50%（0分）

① "极度影响"指人工构筑物割断洄游鱼类的通道，导致该物种灭绝或消亡；"重度影响"指虽无洄游鱼类，但人工构筑物对河流中珍稀或受保护鱼类的移动造成影响；"中度影响"指人工构筑物对河流中鱼类的种群和数量产生了一定的影响；"轻微影响"指虽有一定影响，但鱼类生存空间足够大，适应一段时间后，鱼类种群和数量会趋于稳定；"无影响"指没有人工构筑物或虽有人工构筑物但河流中设有保护鱼类自由移动的通道。
② 本项指标针对河道宽度大于15m的河流。
③ 本分级标准针对平原河流，山区河流的标准应高于该标准。
④ 潮汐河流不考虑电导率。
⑤ 不同河流的指示鱼种不同。

4.1.3　指标评估尺度

河流功能的评估指标体系比较复杂，各个指标值的测量需要考虑测量时间、测量位置和测量范围，可将这些指标的评估尺度按时间尺度和空间尺度来划分。与时间尺度有关的主要是水质指数，指数下的5个水质指标需要取枯水期、平水期和丰水期的水样求平均值进行评估；按照指标的测量范围和测量位置，将河流空间划分为河段、测量点和横断面3个尺度。

河段划分的要求是内部没有分流设施，长度一般取5～40km；测量点位于河段内，一个河段内通常随机布置2～10个测量点，测量点的范围可以取0.4～1km；每个测量点内随机布置3～5个横断面，横断面间距0.2km，宽度可以取30～50m。表4.1-4给出了各指标的评估尺度、计算方法、指标分级及其分值范围。

表4.1-4　　　　　　　　　河流功能评估要素表

指数	满分	指标	指标评估尺度	计算方法	分级	分值范围
水文	10	水文变异值	河段	公式计算	11	0～10
河流形态结构	16	河岸稳定性	横断面	实地考察	5	0～4
		河床稳定性	测量点	实地考察	3	0～4
		河道护岸类型	测量点	实地考察	5	0～4
		人工构筑物的影响	河段	实地考察	5	0～4
河岸带状况	12	河岸带宽度	横断面	实地测量	5	0～4
		植被结构完整性	横断面	实地考察	3	0～4
		植被覆盖率	横断面	遥感影像	5	0～4

指数	满分	指标	指标评估尺度	计算方法	分级	分值范围
水质	20	总磷	河段/测量点	实地测量	5	0~4
		浊度	河段/测量点	实地测量	5	0~4
		电导率	河段/测量点	实地测量	5	0~4
		pH	河段/测量点	实地测量	5	0~4
		溶解氧	河段/测量点	实地测量	5	0~4
水生物	4	鱼类个体数	河段	鱼类采集	5	0~4
防洪安全	12	防洪工程措施达标率	河段	公式计算	5	0~4
		防洪非工程措施达标率	河段	公式计算	5	0~4
		防洪体系完善度	河段	实地考察	5	0~4
供水能力	24	工业用水满足率	河段	公式计算	5	0~4
		农业用水满足率	河段	公式计算	5	0~4
		居民生活用水满足率	河段	公式计算	5	0~4
		城镇公共事业用水满足率	河段	公式计算	5	0~4
		林牧渔业用水满足率	河段	公式计算	5	0~4
		生态环境用水满足率	河段	公式计算	5	0~4
调节能力	8	输沙能力调节率	河段	公式计算	5	0~4
		河网结构变化率	河段	公式计算	5	0~4
文化美学功能	8	人类活动需求满足度	测量点	实地考察	5	0~4
		公众的满意度	测量点	社会调查	5	0~4
水环境容量	4	水功能区达标率	河段	水质评价	5	0~4

注 1. 水文变异值 $= \frac{1}{n} \sum\limits_{j=1}^{n} \left\{ \sum\limits_{i=1}^{12} \left[(c_{ij} - n_{ij}) / \overline{n}_j \right]^2 \right\}^{\frac{1}{2}}$，$\overline{n}_j = \frac{1}{12} \sum\limits_{i=1}^{12} n_{ij}$，式中：$c_{ij}$ 为第 j 年第 i 月的实际流量，n_{ij} 为第 j 年第 i 月的自然流量。

2. 评估河段很短，水质在河段内具有均质性，按河段取样；如果评估河段很长，中间要经过不同的功能区，水质指标按测量点取样。

3. 输沙能力调节率 $= \sum\limits_{i=1}^{n} |Q_{i\text{入}} - Q_{i\text{出}}| / \sum\limits_{i=1}^{n} Q_{i\text{入}}$，式中：$Q_{i\text{入}}$ 和 $Q_{i\text{出}}$ 分别为第 i 年河道输入、输出泥沙的总量。

4. 河网结构变化率 $= |R_{i+n} - R_i| / R_i$，式中：R_i 为第 i 年的河流总长度/第 i 年的河道总面积。

5. 依据《地表水环境质量标准》（GB 3838—2002）采用单因子法和综合指数法以年平均值为代表值进行评价。

4.1.4　功能综合评估方法

根据表 4.1-4，可以得到各指标在其相应尺度上的评估分数，将横断面尺度上的指标得分经过算术平均法转化成测量点尺度上的指标得分，然后将测量点和河段尺度上的指标得分经过式（4.1-1）转化成测量点尺度上的指数得分，将此指数得分经过式（4.1-2）再转化成河段尺度上的指数得分，最后应用式（4.1-3）对河段尺度上的各指数得分求和，计算指数总分，根据指数总分评估河流功能的发挥状况。

某指数在测量点上的得分：

$$S_{ms} = \frac{10}{TS}\left[\frac{1}{N_t}\sum_{t=1}^{N_t} IS_t + IS_{ms} + IS_r\right] \tag{4.1-1}$$

某指数在河段上的得分：

$$S_r = \frac{1}{N_{ms}}\sum_{ms=1}^{N_{ms}} S_{ms} \tag{4.1-2}$$

指数总分：

$$S_T = \sum_{i=1}^{N_i} S_r \tag{4.1-3}$$

式中：t 为横断面；ms 为测量点；r 为河段；i 为指数；N 为个数；IS 为指标得分；TS 为指数总分。

河流自然和社会功能各包括 5 项指数 14 个指标，因此共计 10 项指数 28 个指标。每个指标经过式（4.1-2）计算后都将转换成满分为 10 分的指数得分，因此 10 个指数的总分为 100 分，计算出的 ST 满分值为 100 分。定义评估分数为 100～90 分表示功能状况"极佳"，89～70 分表示"好"，69～50 分表示"一般"，49～30 分表示"差"，小于 30 分表示"极差"。

根据需要，自然功能和社会功能也可以单独评估，即自然功能和社会功能各有 5 个指数，满分为 50 分。同理，定义评估分数为 50～45 分表示功能状况"极佳"，44～35 分表示"好"，34～25 分表示"一般"，24～15 分表示"差"，小于 15 分表示"极差"。河流功能评估分级见表 4.1-5。

表 4.1-5　　河流功能评估分级表

功能状况	100 分制	50 分制
极佳	100～90 分	50～45 分
好	89～70 分	44～35 分
一般	69～50 分	34～25 分
差	49～30 分	24～15 分
极差	<30 分	<15 分

4.2　河流功能区划技术体系

河流功能区划（river functional zoning）是在现代水利思想的指导下，将开发利用和保护相结合，既考虑河流的自然生态功能又承认河流的社会功能，维持现状优势功能，改善环境、创造景观、保护生态，缓冲人类冲击以及居民亲近自然等多种需求，使河段的治理模式和河流系统的整体格局相协调，保护水功能区划成果。

4.2.1　河流功能区划

4.2.1.1　功能区划的目标

河流功能区划目的是将河流的开发利用和保护相结合，既考虑河流的自然生态功能又承认河流的社会功能，维持现状优势功能，改善环境、创造景观、满足市民亲近自然，保护生态，缓冲人类冲击等多种需求，使河段的治理模式和河流系统的整体格局相协调，保障水功能区划成果，为此河流功能区划的目标为：

（1）形成全流域统筹规划，协调治理的模式。

（2）保护和改善河流生态系统生境的连续性和河流结构和功能的完整性。

（3）保障水功能区划成果的落实。

（4）保护和发挥河流现状优势功能，改变其劣势功能。

（5）优先保护自然生态条件较好的河段，对受人类活动影响较大的地区要有计划有步骤地逐步进行生态修复。

（6）开创人水和谐，防洪、生态、景观、娱乐相结合的河流治理新局面。

4.2.1.2 区划原则

河流功能区划是在保护河流生态体系完整性的前提下，使河流在不同区域的各类功能能够健康持久地延续下去，使河流管理和河道治理更加协调有序，为此河流功能区划应遵循如下原则：

（1）河流自然、生态和社会功能统筹考虑。

（2）各功能区之间满足生境连续性。

（3）各功能区与当地社会经济条件相适应，利于保护和管理。

（4）河流功能区划成果与水功能区划成果相一致。

（5）优先保护自然生态条件较好的区域，受人类活动影响较大的逐步进行生态修复。

（6）尽量保护和维持河流的现状优势功能。

（7）无优势功能时，在不影响防洪安全的前提下，自然生态功能优先。

（8）优势功能为社会功能时，仍需满足基本生态需求。

4.2.1.3 功能区类型划分

河流具有水利、资源、环境和生态多种功能，根据我国河流开发利用现状，结合河流生态建设内容，从以下 3 个方面考虑功能区的分类问题：①从河流功能的完整性考虑，需要兼顾自然生态功能和社会功能，根据人类对河流开发利用的状况，有必要将河流划分为强度不等的 3 种等级，即生态保护区、生境修复区和开发利用区，进行分区规划和治理；②由于行政区划的原因，河段分属于不同的管理单位，从河流的连续性考虑，解决这个问题的手段之一就是建立缓冲区或过渡区，将那些相毗邻的、破碎的生境联系起来，形成连续的生态廊道，改变河流物种的生存状况；③全国水功能区划成果完成后，将每片水域划定了既定的使用功能，在河流治理过程中科学、合理地划定河流的功能区才能保障水功能区划成果的落实。

综上，将河流功能区分为 5 种类型，即生态保护区、生境修复区、开发利用区、缓冲区和过渡区。5 种类型的功能区并非简单地沿河流纵向排列，它们的核心是生态保护区、生境修复区和开发利用区，这 3 个功能区的生境连续性和功能渐变需要依靠缓冲区和过渡区来完成，如图 4.2-1 所示。

（1）生态保护区。河流自然生态现状维持较好，几乎不受人类活动影响，隐蔽性好，岸线自然，两岸植被丰富，可以提供食物来源，水温不易变化，水体可以交换，鱼类等水生动物丰富，有珍稀或濒危物种生存的区域。

（2）生境修复区。受人类活动的影响，河流生态系统虽遭破坏，但从河流生境的连续性和功能的完整性方面有必要，而且从社会经济和水文地理方面有条件进行修复的区域。

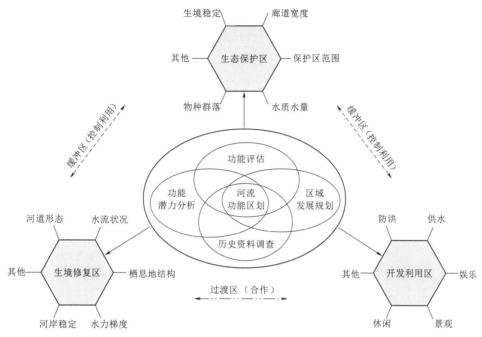

图 4.2-1　河流功能区类型、指标及关系示意图

（3）开发利用区。人类对水域需求高、活动强度大的区域，该区容许人类活动，并以安全为着眼点，创造部分浅水作为亲水空间，促进岸边的游憩活动。

（4）缓冲区。又可称之为利用控制区，位于生态保护区和其他区域之间，将外来影响限制在生态保护区之外，同时连接破碎化生境，起到生态缓冲和社会缓冲的目的。对生态保护区内生态系统不会产生负面影响的前提下，该区域内可以开展一定的科研活动。

（5）过渡区。为开发利用区和生境修复区顺利衔接而设置的区域，该区内允许开展各种实验性经济活动，这些活动要与当地社会经济条件相适应，维护河流系统的系统性和完整性，并且应当是可持续的。

4.2.2　功能区类型识别方法——双准则约束矩阵方法

功能区类型识别方法是以河流的自然生态功能评估和社会功能评估两个准则为约束，建立功能分区图，然后以区划原则为指导，对功能区进行科学的界定和划分。为此，首先需要分析目标河段的状况，并收集相关的资料和数据对河流功能进行评估。

4.2.2.1　目标河段分析

对目标河段进行分析可以了解河段的现状并收集相关的资料和数据以便对河流功能进行评估。分析手段有实地考察和文献资料收集两种。通过实地考察可以收集河流的非生物组成结构数据、生物组成结构数据以及人类活动状况等相关数据。其中，非生物组成结构数据包括河道地形、水流形态、河床底质、河岸及水质状况等；生物组成结构数据包括水生动植物、河岸植被结构、植被覆盖率及植被连续性等；人类活动状况数据包括水利及防洪设施、休闲娱乐设施、区域规划情形、交通设施、产业利用及废弃物排放等。文献资料收集可以获得河道的水文、地形、泥沙、区域规划、历史生态资料以及其他相关技术资料。实地考察需要事先规划好调查路线，布置好测量点，并设计数据记录表（Ladson 和 White，1999）。

4.2.2.2　河流功能评估

河流功能可分为自然生态功能和社会功能两类。自然生态功能评估包括水文、河流形态结构、河岸带状况、水质、水生物 5 个一级指标，各一级指标下又由相应的二级指标构成。社会功能评估包括防洪安全、供水能力、调节能力、文化美学功能和水环境容量 5 个一级指标，各一级指标下同样由相应的二级指标构成，见表 4.2 - 1。

表 4.2 - 1　　　　　　　　　　　河流功能评估指标体系

功　能	一　级　指　标	二　级　指　标
自然生态功能	水文	水文变异值
	河流形态结构	河岸稳定性
		河床稳定性
		河道护岸类型
		人工构筑物影响
	河岸带状况	河岸带宽度
		植被结构完整性
		植被覆盖率
	水质	总磷
		浊度
		电导率
		pH
		溶解氧
	水生物	鱼类个体数
社会功能	防洪安全	防洪工程措施达标率
		防洪非工程措施达标率
		防洪体系完善度
	供水能力	工业用水满足率
		农业用水满足率
		居民生活用水满足率
		城镇公共事业用水满足率
		林牧渔业用水满足率
		生态环境用水满足率
	调节能力	输沙能力调节率
		河网结构变化率
	文化美学功能	人类活动需求满足度
		公众的满意度
	水环境容量	水功能区达标率

评估方法是首先为这些二级指标制定适当的评分标准；然后调查待评估河段并计算二级指标值的大小；根据评分标准为二级指标打分，将二级指标得分进行加权处理后得到每一项一级指标的分值；最后对一级指标的各项分值求和，以累计总分作为评估的依据。

4.2.2.3 功能区类型识别方法——双准则约束矩阵方法（two-criteria constraint matrix method）

依据功能区划原则，以自然生态功能评估和社会功能评估两个准则为约束进行河流功能区的类型识别。将河流功能分为自然生态功能和社会功能2类，它们分别由5个一级指标组成，每个一级指标的满分值为10分，则自然生态功能和社会功能的评估总分分别为50分。设定：50～45分表示功能发挥状况"极佳"，44～35分表示"好"，34～25分表示"一般"，24～15分表示"差"，小于14分表示"极差"。参照矩阵思想，定义横坐标 J 为社会功能评估得分，纵坐标 I 为自然生态功能评估得分，以 J 和 I 两个准则为约束，建立功能分区图，如图4.2-2所示。

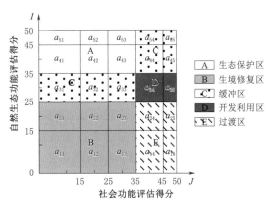

图4.2-2 河流功能分区图

根据区划原则，当35分≤ I ≤50分，划分为生态保护区；当0分≤ I ≤25分，划分为生境修复区；当25分< I <35分，划分为缓冲区；只有当35分≤ J ≤50分，才划分为开发利用区；生态保护区和开发利用区发生交叉时，以保护为主，在不影响现状功能的前提下适度开发，划分为缓冲区；生境修复区和开发利用区发生交叉时，以开发利用为主，在满足人类活动需求的基础上采取一定的措施进行适度修复，划分为过渡区。

将图4.2-2用数学语言表达，可描述为：在 I - J 平面上，I 和 J 各分5个等级，可划分为5×5个单元，每个单元用元素 a_{ij} 表示，下标 i 代表自然生态功能 I 轴上的分级，下标 j 代表社会功能 J 轴上的分级，i 和 j 的取值与功能评估得分对应关系见表4.2-2。元素 a_{ij} 的下标范围可以根据表4.2-2确定。当河段的功能评估得分确定后，可以根据表4.2-2确定 i 和 j，然后根据表4.2-3找到相应的功能区。

表 4.2-2 i 和 j 的取值与功能评估得分对应关系表

环境状况	功能评估得分	元素 a_{ij} 下标取值	
		i （自然生态功能）	j （社会功能）
极差	0～14	1	1
差	15～24	2	2
一般	25～34	3	3
好	35～44	4	4
极佳	45～50	5	5

表 4.2 – 3　　　　　　　元素 a_{ij} 下标区间和功能区类型对应关系表

功能区代码	功能区类型	a_{ij} 下标区间
A	生态保护区	$4 \leqslant i \leqslant 5,\ 1 \leqslant j \leqslant 3$
B	生境修复区	$1 \leqslant i \leqslant 2,\ 1 \leqslant j \leqslant 3$
C	缓冲区	$(i = 3,\ 1 \leqslant j \leqslant 3)\ \bigcup\ (4 \leqslant i \leqslant 5,\ 4 \leqslant j \leqslant 5)$
D	开发利用区	$i = 3,\ 4 \leqslant j \leqslant 5$
E	过渡区	$1 \leqslant i \leqslant 2,\ 4 \leqslant j \leqslant 5$

4.2.3　河流功能区划程序

　　功能区类型识别为功能区划提供了客观的判断，然而还需结合区域发展规划和历史功能调查等因素进行功能潜力分析和判断，才能初步划定功能区的类型。功能区初步确定以后，需要进行部门之间、区域之间的协调，并进行河流功能区与水功能区划成果的比较分析，投资与效益的比较分析才能最终确立科学的区划成果。区划成果落实后还需要进行功能发挥情况的预测，以便及时制定相应的补救措施确保区划成果的实现。功能分区完成以后，需要结合河流所处的地理位置和区域经济发展状况制定相应的治理模式。综上所述，河流功能区划程序可以分为以下 5 步，即资料收集→功能评估→功能区划→区划验证→分区治理，如图 4.2 – 3 所示。

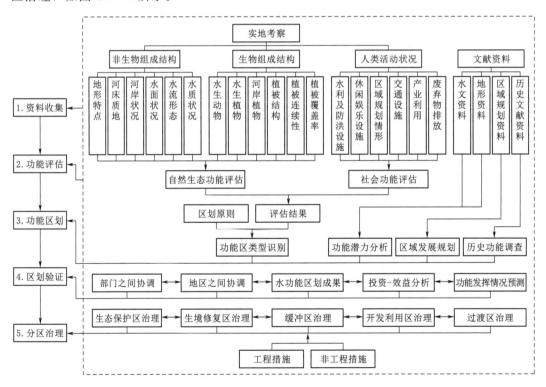

图 4.2 – 3　河流功能区划程序框架图

4.3　基于河流功能区划的生态环境治理模式

河流功能区划是实现人水和谐、永续发展的基础，不同类型的区划是为了保护河流生态系统的连续性和功能的完整性，其宗旨和目标是一致的，但体现在治理侧重点和具体目标上必然存在差别。河流功能区的治理目标和内容见表 4.3-1。

表 4.3-1　　　　　　　　　　河流功能区的治理目标和内容

功能区	治理目标和内容
生态保护区	①划定优先保护区段；②维持并提升现有区段生态系统的健康性及完整性；③维系水质和水量；④降低人为冲击程度至最小；⑤保留自然和人文历史景观；⑥为教学、科研及生态旅游提供条件
生境修复区	①创造多样性的河流生物栖息地；②设置植被缓冲带；③用生态水工法取代混凝土不透水工法；④恢复湿地，间接改善水质，并提供野生动植物栖息地；⑤创造局部亲水空间，提供小规模的环境教育与亲水场所
缓冲区	①缓冲桥梁、道路及邻近土地高强度活动对河流廊道的干扰；②隔离不兼容的土地使用类型；③限制人为利用的形态与强度
开发利用区	①划定人类不同使用类型的区段；②满足两岸防洪要求；③保护水质和水量，使污水排放达到水功能区划要求；④优先保护人民生命财产的安全；⑤优化排污口设计；⑥建设分流制排水系统；⑦创造河流廊道的景观效果；⑧为居民提供休闲娱乐的亲水空间
过渡区	①需要一定的规模和长度；②该区内可以开展各种实验性经济活动，且这些经济活动应当是可持续的，如可以开展植树造林，林副产品利用，渔业养殖等活动

4.3.1　河流生态保护区治理模式及规划

生态保护区相对于其他几个功能区来说，主要是维持其重要的生态价值和自然现状。该区域可以大体分为两类：一类为河流自然生态现状维持较好，几乎没有受到人类活动的干扰，对于该类区域要加以保护隔离，避免对其干扰；另一类为需要进行生态保护治理的区域。对生态保护区来说，为了给其中生存的珍稀宝贵的野生物提供栖息地，通过植被结构来实现栖息地的多样性（水平和竖向），栽植不同高度的植被形成错落有致的植被层，为鱼类等水生生物提供食物来源。对该区域进行生态保护治理时可以应用河道治理的孔隙理论，即在河道治理中，使用适当质地和结构的材料，人为地创造适合生物生存的空间环境，保证在河道治理中，不破坏其生态系统的自然属性，更进一步的创造条件，促进其发展，使河道成为保护和恢复其原始生态功能的空间。

4.3.2　河流生境修复区治理模式及规划

生境修复（habitat restoration）是指利用生态工程学或生态平衡、物质循环的原理和技术方法或手段，对受污染或受破坏、受胁迫环境下的生物（包括生物群体）生存和发展状态的改善、改良或恢复、重现。其中，包含对生物生存物理、化学环境的改善和对生物生存栖息地、食物链的改善（崔树彬等，2005）。通过设置植被缓冲带建立河流滨岸绿色走廊,采用生态材料构筑护坡和衬底等措施来创造多样性的生物栖息地。河流滨岸建设线状、带状植被廊道,与山体植被、平原防护林网、城市园林等绿化带纵横交错,构成多级绿色廊道网络,这样除了可以防止水土流失外,还可以为生物迁徙提供通道。

河道生态系统的恢复与河岸的形式、构造以及使用的材料有很大关系。用混凝土砌筑的连续硬质型河岸、护坡和河底对生态系统有较大的危害。而采用生态型护岸可以充分保证河岸与河流水体之间的水分交换和调节功能。

水质和水文条件的改善,可以维持河道最小生态需水量。通过污水处理、控制污水排放、生态技术治污、源头清洁生产、发展循环经济等改善河流水质。河川湿地、湖泊湿地以及海滨湿地与河道治理的关系十分紧密,可以通过人工湿地的建设和天然湿地的恢复来改善水质,同时这些湿地又是野生动植物的栖息地。

4.3.2.1　山区性河流生境修复模式

山区性河流一般地处中上游,河谷狭窄,横断面多呈 V 形或 U 形,两岸山嘴突出,岸线犬牙交错很不规则;河道纵向坡度大,水流急,常形成许多深潭;河岸两侧形成数级阶地。从全流域范围考虑,山区性河流的治理对区域生态发展、洪水水文、地表水与地下水循环和水力学特性都会产生重要的影响。我国河流上游或支流地区农业和自然生态环境多是水土流失严重、灾害频发的地区,生态工程建设有利于洪水资源化,还可以减轻洪水灾害,对于改善生态环境、发展农业经济也都有重要意义。

山区陡坡河流的河床常由一段陡坡和一段缓坡加上深潭相间连接而成,呈一系列阶梯状,这就是阶梯-深潭系统(step - pool system)。阶梯和深潭是陡坡山区河流河道地貌的基本组成部分,阶梯和深潭交替呈现阶梯状,是坡度大于 3‰～5‰ 山区河流的典型特征(Abrahams et al.,1995)。

阶梯-深潭在山区河流中是一种很常见的地貌现象。通常阶梯都由卵石和巨石组成,而深潭中的泥沙主要是细砂、粗砂和少量砾石,河道纵向轮廓呈现重复的阶梯状,除了卵石以外,有时河道基岩出露的地方也可以发育为阶梯,在森林地区的河流中,有些阶梯由树木堆积而成。山区流域降水丰富,河流经常流经陡峭峡谷,河床植被较少,泥沙组成复杂,所以发育阶梯-深潭系统的河道坡度较大,水流挟沙力不饱和,河流泥沙级配不均匀。我国是多山国家,大多数河流发源于山区,阶梯-深潭分布很广,如四川西北部岷江上游河段,贵州清水河的锦屏至新市河段,云南昆明东川的山区河流中都可以观测到明显的阶梯-深潭系统。

(1)阶梯-深潭结构对河床的稳定作用。阶梯-深潭结构可以稳定山区河流的河床。在小流量下,水流从阶梯旁边经过,缓缓流入深潭,并不越过阶梯,整个水流流态平缓;当流量增大,接近临界流时,水流越过阶梯向深潭自由落下,其后发育为水跃。阶梯作为低堰让水流从上边流过,水流经阶梯挑流后,与空气混掺,产生涡旋,消耗能量,然后注入下游深潭,水位由下一级阶梯控制。水流从阶梯上的急流状态连续地过渡为深潭中的缓流状态。当流量进一步增大,随着流速的增大,水流对构成阶梯的卵石产生较大的拖曳力,结构密实的阶梯一般能够抵抗水流的拉力,但最后可能会造成整个阶梯破坏。当不稳定的阶梯瓦解后,水流向下游输运冲散的卵石,若卵石堆积在下一级阶梯处,重新组成新的阶梯,抵抗水流的冲刷,河床还能继续保持稳定;但最终没有阶梯能够抵抗水流冲刷,整个阶梯-深潭系统破坏，水流不断冲刷河床，使之变成平河床，水流输沙率变得很大（徐江和王兆印，2004）。

（2）阶梯-深潭结构的生态学作用。天然的阶梯-深潭河岸生态系统受山区陡坡河流的水流参数和河床特性等关键因素的影响。这些因素不仅控制水生物，同样影响两栖类和陆生类生物的栖息地。

阶梯-深潭系统中水流存在强紊流，使水体内部温度和氧气分布均匀，给许多生物提供了良好的生存条件，同时阶梯-深潭创造了不同流速、不同深浅的水生物栖息地和产卵地，不仅较大的两栖动物和水生物可以在此生存，幼小的生物也可找到躲避急流和捕食动物的地方；同时多样性的栖息地也有利于保持较高的生物多样性，防止单个物种密度偏高。故而从总体上说阶梯-深潭的生态系统具有一个既全面又健康的良好环境，对于保持天然生态环境的稳定大有裨益。

阶梯-深潭结构稳定了河床和岸坡，在一定的温度和降雨条件下，两岸有发育良好的植被，河流底栖动物密度比邻近的具有同样气候水文条件但不发育的阶梯-深潭结构的河流高出 1000 多倍，同时生物多样性指数也大得多（崔树彬等，2005）。目前，德国、日本和我国的台湾都在模拟使用阶梯-深潭结构治理山区河流和修复河流生态。

4.3.2.2　平原河流生境修复模式

平原河流地处中下游，地貌特征与山区河流有很大的不同。横断面宽且浅，纵向坡度小，河床上浅滩深槽交替，河道蜿蜒曲折，多曲流与汊河。平原河流一般具有如下特点：①河谷中具有较厚的冲积层，可达几米或几百米；②河谷中多发育有完好的河漫滩，谷坡较平缓（除局部狭窄河谷外），谷底与谷坡一般没有明显分界，但不同水位条件下的河床之间仍有明显分界；③河床断面多为 U 形或宽 W 形，较为宽浅；④河岸形态比较规则，但易变化；⑤河流纵剖面较平缓，常为一光滑的曲线，比降较小；⑥河型依所处的自然条件发展成为顺直、弯曲、分汊、游荡等河型，它们之间可因条件变化而发生转化，这在山区河流是少见的；⑦河床中形成许多微地貌形态，如沙波等。平原河流一般流经人口密集的城市或郊区，对于沿岸居民的影响远比山区丘陵河段要大。

董哲仁于 2003 年提出了"生态水工学（Ecological Hydraulics）"的概念，其原理是遵循生态系统的自我设计、自我组织、自我修复和自我净化的规律，将水利工程和生态工程相结合，使水利工程在满足人对水的各种需求的同时，为保持和提高生物多样性提供必要的生境条件。"生态水工法"可以通过采取生态型护岸、生态型河道等措施来实现。

（1）近自然河道设计。城市地区开放河道的传统设计着重于带有硬质铺装的棱柱体梯形或四边形断面。这种设计方法对景观、娱乐、文化价值和生态健康的负面影响已经众所周知，模拟并设计自然河流成为近年来河道治理的发展趋势。

自然河道设计方法的关键点是参考河段的动态水文条件和沉积状况，局部结构控制的地貌特征，分析现有的河道形式，并指定弯曲波长、曲率半径、水力几何关系的横断面面积和浅滩的间距。需要进行的水力学研究内容包括各种相关的造床流量或洪峰流量、沉积输送能力和速率、河床沉积和河岸土壤性质和形态的设置。由于桥梁、建筑物、公共设施或河口水质等限制条件的存在，应首先确定恢复优先权。

如果河流附近的土地可以利用，可以采取开挖河道，将河道和洪泛平原重新连接的措施。这种方法经常需要开挖获得一个更自然的水力几何形态。另外的方法是在侵蚀的河道中创造一个过渡的洪泛平原带。

（2）植被缓冲带。河流廊道的内部与外部环境是保存与联系各个生态系统的重要场所，人为的干扰常会影响廊道栖息地的品质。植被缓冲带（vegetative buffer）可介于核心保护区与一般正常使用区之间，以控制核心保护区域相邻的人为活动，促进对噪声的管理，以及降低潜在冲击与栖息地岛屿化的概率。除此之外，植被缓冲带具有许多功能，具体详见本书第 6 章。

（3）湿地。湿地在自然环境中扮演着重要的角色，有效地利用及创造湿地可以改善水环境问题。湿地地址的选择，要考虑以下因素：①找出先前曾有湿地存在或仍然存在的地址，已被弃置的蜿蜒河流是修复湿地最具潜力的地址；②湿地的涵容能力会逐渐衰退，因此必须考虑未来湿地面积需要扩大或缓冲的空间；③湿地所处的土壤结构应是低渗漏性的（如黏土），以蓄存地表径流水；④为促进野生动物及鱼类的繁衍，确认湿地地址是否是野生动物或鱼类季节性迁徙或洄游的路径；⑤控制湿地地址的可及性，以避免不必要的人为干扰；⑥管理湿地水文条件，尤其需对湿地进行水位的管理；⑦湿地科学包罗广泛，在设计时应综合考虑水文学家、土壤学家、生物学家、生态学家、物理及化学学者、专家的知识与技术的建议。湿地的构建技术和相关研究详见本书第 6 章。

（4）生态护岸（ecological bank protection）工程。生态型护岸技术的应用在发达国家已有半个多世纪的历史，它是伴随着人类渴望"亲近自然、回归自然"的新思潮逐渐发展起来的。但最初并不是用于水体的护岸，而是用在公路的边坡上。美国早在 1936 年就在南加利福尼亚州的 Angeles Crest 公路边坡治理中应用了生态护坡技术。日本自 20 世纪 80 年代提出"亲水性"观点后，就在河川生态型护岸技术上进行了大量的科研与实践活动，相继推出了一系列生态型的护岸结构和材料，如萤火虫护岸和生态水泥等。德国将堤防建设与生态环境保护紧密结合起来，同时增加人们的亲水性活动，如莱茵河的活动性堤防。美国也将生物工程技术应用到护坡工程中，如辛辛那提市（Cincinnati）郊区的小迈阿密河在 1997 年成功完成了高 9.14m、长 259m 的大规模生物护岸工程，该护岸工程将人工合成材料与可降解的生物材料相结合而实现水土保持，满足严格的审美和环保要求，并获得了国际工业纤维协会 1998 年土工合成物类的杰出成就奖。

生态型护岸在治理水土污染、控制水土流失、加固堤岸、增加动植物种类、提高生态系统生产力、调节微气候和美化环境等方面都有着巨大的作用。生态护岸工程的构建技术和相关研究详见本书第 6 章。

（5）栖息地改善工程。河流廊道的规划首要关注的是生物栖息地的品质，重点是植被的恢复，尤其在城市环境中最好能包括林地、草地、湿地等多样的生境结构。多样性与多层次的栖息地结构，可促进不同生物阶层和族群对河流廊道的利用，维持生境结构和恢复弹性，并确保长期的稳定。除植被外，在河流廊道中保留或创造较多的浅水区域、沙洲及自然土堤，可有助于提高溪流鸟类物种的丰富度。自然的石堆、枯木倒树、枯枝落叶可以营造昆虫或动物栖息或躲避天敌的空间。

生境结构的改善包括深潭-浅滩结构、鱼梯结构（fish ladder），通常是由许多首尾相接的河段和水池组成，从大坝下游尾水渠开始，逐级上升，一直达到水库水位。改善措施包括放置巨石、大的木头碎屑、根茎填料、鱼道等。鱼类种群一般极大地依赖于支持它们所有生物功能的水生栖息地环境，其生活场所按其功能来分有三类，即产卵场、索饵场和越冬场。有些鱼类在同一个地方完成这三项功能，称为定居鱼类。有些鱼类则需要在不同的地点完成这些生命活动，称为洄游鱼类。大坝和其他障碍物的建设不但会对洄游鱼群的迁徙造成影响，同时会割断非洄游鱼类的生境。

1）人工产卵场。过鱼设施的基本原理是利用鱼类的向流（逆流）行为，人工创造更大的流速，将鱼诱入进口，让鱼类自行溯游过坝，或运用各种手段运送过坝，主要有鱼道、鱼闸、升鱼机、集运鱼船等。人工模拟产卵场是指在坝下附近的支流或人工渠道内，模拟产卵场要求的环境，让鱼类自行进入产卵场。

2）人工增殖站和生物放流工程。人工繁殖放流是指建立人工产卵场，收集和培育亲鱼，人工催青，人工孵化育苗，培育鱼种，将一定规格的幼鱼放入坝下河流，让其下海生长。目前国内外都十分重视设置人工增殖站，开展人工增殖、放流工作，用于解决水坝对水生生物的阻隔。水库修建后，营养物质在库内富集，浮游生物迅速生长，如果不能很好利用，将会自然死亡，引发恶性循环，从而造成富营养化和水质污染。按照生态平衡原理，合理投放食用不同浮游生物的鱼种进库，进行生态修复，用鱼产品的形式让富营养物质出库，既能清洁水库，又能收获鱼产品，可以做到一举两得。

3）鱼道。鱼道是供鱼类洄游通过水闸、坝、跌水等的一种水工结构物，目的是将隔离的或遭到破坏的生境区连续起来，使鱼类克服河道上的障碍，安全、快速地游过的通道。鱼道由诱鱼补水系统、进口、槽身和出口组成。鱼道的构建技术和相关研究详见本书第6章。

4.3.3 河流开发利用区治理模式及规划

开发利用区的治理模式可以用"水安全、水环境、水景观、水文化、水经济"五位一体的河流生态系统建设模式来概括。

水安全是指河流生态系统本身具备系统稳定、良性循环的能力，且不会对其他系统构成危害。水安全体系是构成城市河流生态系统的基础条件，因此是河流生态系统建设的关键内容。水安全建设的内容主要包括城市防洪排涝安全、供水安全、生态用水安全和水环境的质量安全。其中，防洪排涝安全建设主要考虑排水体系和内河排洪的耦合作用，并充分发挥洼陷结构在蓄洪调峰中的作用，提高城市防洪排涝体系的安全性，最终实现与水环境保护和水景观相结合的防洪排涝安全体系；供水安全主要考虑城市河流水资源优化配置，保障城市各行业的用水安全，满足社会生产者的能量需求；生态用水安全体系主要考虑水生态系统的最小生态需水量，保证枯水期城市的水生态系统也能维持良性循环；水环境质量主要考虑水质安全，保障城市水生态系统的环境质量安全。通过这几个方面的建设，可全面构建城市河流水安全体系。

水景观建设是通过改善相邻生态系统来实现对城市河流生态系统的保护。其主要内容包括城市河流水域沿岸带及水域范围内的景观建设。应在建设中考虑城市现状、发展规划及城市定位，力求体现城市的品位和特色。同时，设计中要注意协调水景观与城市土地利用二者和其他景观布置的关系。

水文化的建设要与城市景观效应相结合，体现出以水为轴心的文化，主要内容应包括城市遗迹、历史人物、神话传说等历史文化的挖掘和城市现代科技文化建设等。水文化的建设还应该满足人们的亲水需求。亲水设计提倡在各类生物的栖息环境、自然教育、环境绿化美化、岸边旅游休闲和人类的日常生活之间寻找一个最佳平衡点，建立一种尊重自然、爱好自然、亲近自然的新模式。

城市中的水经济主要体现在城市供排水系统建设、水环境保护和水景观构建的过程中。目前，很多城市正在建设适合自身经济发展模式的城市水市场，建立合适的市场交易管理模式。另外，水生态系统中广阔的水面和优美的水环境，提高了相邻区域的居住舒适度，拉升了房地产及配套设施的价格，促进了经济的增长，这也是水经济的体现。

4.3.4 河流缓冲区和过渡区规划

缓冲区又称之为利用控制区，位于生态保护区与其他区域之间，目的是将外来影响限制在生态保护区之外，同时连接破碎化生境，起到生态缓冲和社会缓冲的目的。

过渡区是为开发利用区和生境修复区顺利衔接而设置的区域，该区域要有一定的规模和长度。区域内可以植树造林，进行林副业生产和一些试验性经济活动，并且要与当地的社会经济条件相适应。

4.4 河流系统结构与功能的耦合修复方法

4.4.1 指导思想与原则

结构与功能是河流系统的两种规定性：结构侧重于系统内要素间的关系，隐藏于内；而功能侧重于系统具有的能力，表现于外。一方面，只有具备合理的系统结构，河流系统功能才能够更好地发挥；另一方面，一定的系统结构决定了河流系统所具有和发挥的功能，而河流功能的表现与具体的环境相关。因此，河流系统修复的指导思想是综合考虑河流系统的结构与功能耦合，遵循自然规律和经济规律，既重视自然生态效益，也兼顾社会经济效益。河流系统结构与功能耦合修复应遵循以下原则。

（1）目标明确原则。河流系统结构和功能耦合修复的最终目的是修复缺损或丧失的结构和功能。河流系统修复的重点应放在某一种或多种结构与功能的恢复上，例如，生物栖息地恢复、水质改善、水文情势和河流景观格局等。应该首先对河流系统结构和功能进行评价，分析河流系统的结构和功能何处受损，受损程度如何，是否超过河流系统承载力，确定河流修复的目标与任务。同时在修复工作完成后，应对修复目标的恢复程度进行评估。

（2）以人工修复为辅、自然恢复为主原则。河流治理修复应体现水资源开发利用与生态环境保护相结合，人工适度干预与自然界自修复相结合，工程措施与非工程措施相结合。河流系统是一个动态的整体，生态平衡是一个动态的平衡。河流系统是在保持动态平衡的同时，不断发展演化的。因此，河流治理修复的目标并不是要让河流系统完全恢复到原始状态，而是恢复河流系统必要的结构与功能，使其达到动态平衡，恢复其完善的自我调节机制（王伟中，2008）。

（3）因地制宜原则。河流系统的结构与功能呈现多样性，不仅存在区域差异性，同一条河流的上中下游的结构与功能也不尽相同。由于这种多样性，直接盲目跟风，生搬硬套的其他河流的修复设计的做法显然是不可取的。在植物配置上尽可能就地取材，利用那些适应性强、自繁殖能力强的乡土植物。河流修复工作应统筹兼顾生态、社会、经济以及自然地貌等要素，因地制宜地制定河流修复规划。

（4）流域尺度统筹原则。流域尺度的河流治理修复主要体现在统筹考虑河流水系的时空结构及流域社会经济体系之间的关系。不能将河流看作一段段孤立的片段，理清上下游河段之间的关系，调解上下游居民发展需求与河流保护之间的矛盾，将河流功能区划与河流生态修复结合起来，同时要考虑到整个流域尺度的景观格局。

4.4.2 河流系统结构功能耦合修复的流程

河流治理修复工作的基本流程为：资料调查—前期评价—设计修复—后期管理，如图4.4-1所示。治理修复的重点在于河流系统结构与功能的评价和河流系统结构与功能耦合修复设计。

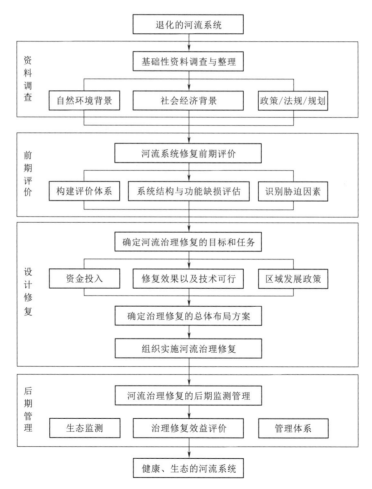

图 4.4-1　河流治理修复工作基本流程

4.4.2.1 实地调查与资料收集

河流治理修复基础工作是进行资料收集整理和野外实地调查。收集的资料包括流域水文、气象、地质的图件和基础数据以及水资源开发利用、污水排放等社会经济资料和相关的法律法规、规划。收集的资料需要经过分析处理之后才能利用，例如，历史水文资料的频率分析、河道水面线的推求以及污染物排放统计等。

在缺乏大量数据资料支持的情况下，野外实地调查显得格外重要，野外实地调查主要内容有河道形态、滩地地貌、水环境状况、生物栖息地现状、周边人居环境以及附近居民谈话调查当地文化以及河流历史演变等。野外调查要注重采用多种不同的形式与方法，努力呈现河流真实状况，例如，评估河流岸坡稳定性、深潭浅滩分布以及生物栖息地状况，这些同时数据资料难以体现的内容。与附近居民以及河流管理人员的交流也极为重要，通过与附近居民的问卷调查或者是谈话的方式，能够得知河流的历史面貌、不同季节的河流形态以及对河流修复的需求。

4.4.2.2 河流系统修复评价

河流系统修复评价包括前期评价和后期评价。河流系统修复的前期评价为确定河流治理修复方案前，根据河流系统结构与功能建立合理的评估体系，分析系统目前所处状态，确定系统的退化程度，对河流系统的结构与功能现状进行定量评价，并识别和掌握待修复系统退化的关键胁迫因素，为河流治理修复的重点内容提供理论支持。

河流系统作为一个特殊的地理空间单元，具有特定的结构和功能。河流系统结构与功能是研究河流系统的核心问题，其本质是研究河流生命系统与生命支持系统的相互关系（董哲仁，2008），由于河流系统结构与功能涉及内容多、范围广，所以选择相对广义和通用的部分研究。即在系统结构方面，选择河流系统最关键的要素包括水文、地貌、生物及其综合形式；在系统功能方面，选择人类生存与现代文明基础的河流系统服务功能为对象。将选择的系统结构与功能相耦合，进行河流治理修复研究。

河流系统修复后期评价为修复施工完成后，对河流修复工作的效果进行评价。在国内的河流修复工作中往往会忽视修复后期评价，后期评价的结果决定着河流修复工作的成功与否，这一过程是一个长期的工作，同时包括思考和总结修复工作的成功或失败的原因与经验。

评估是治理修复过程的重要步骤。如果不对修复工程的成效进行正式评估，很难对治理修复技术进行改进。通过评估，可以掌握更多的河流系统问题（王伟中，2008）。在每个治理修复评估中需要考虑两个问题：①是否有某些方面确实发生了改变；②这些变化是否确实是由修复的措施造成的。评估的基本目的是：掌握河流治理修复工程是失败的还是成功的。自然生态系统不论在时间还是空间上，随时处于变化之中。评估河流系统发生的改变是自然变化还是修复措施引起的，对工程评估非常关键。

4.4.2.3 河流修复方案确定

在河流系统结构和功能评价的基础上，分析河流系统的结构与功能退化的原因，确定河流治理修复的目标和任务，综合考虑资金投入、修复效果以及技术可行性，在与区域社会发展规划及相关的政策协调、衔接的基础上，确定治理修复的总体布局，选择合理的治理修复技术措施，设计治理修复工程的详细方案。在监测、评估的基础上，反复修改方案，逐步逼近修复目标。最后组织河流系统修复工程的实施。

河流系统结构与功能耦合修复的主要特征是具有明确的修复目标和任务，河流修复的目标取决于河流结构与功能前期评价与分析的结果。河流系统退化的结构或功能即是河流修复的对象，将河流系统的结构或功能恢复到良好的状态即是河流修复的目标。河流修复工作的任务就是分析河流结构和功能退化的原因，消除人类活动对河流系统的压力，将河流系统的负荷降低到承载力以下。

河流系统结构与功能耦合修复设计的主要工作就是围绕河流修复的目标和任务，设计适应性的工程措施和非工程措施，包括总体方案的设计、工程选址分析、工程工艺的选择以及工程设计可行性分析等。修复工程设计要综合考虑河流系统的结构特点，以最小的干扰和最小的资金投入，充分发挥河流的自我调节能力，使退化的河流系统的结构和功能得到恢复和强化。

河流系统结构的修复主要包括水体、地貌、生物等方面，河流系统功能修复主要是针对防洪、景观休闲、提供水源、净化以及航运等功能。根据国内外的一些河流修复工程实例，总结归纳了对河流系统结构与功能的修复所采用工程措施与非工程措施的设计方案，见表4.4-1。实际上，由于河流系统结构与功能的整体性，任何工程的修复目标都要涉及河流结构和功能的修复。

表 4.4-1　　　　　　　　　　河流系统结构与功能修复设计方案

典型案例	结构	功能	修复措施设计	
			工程措施	非工程措施
美国 Salt 河：恢复栖息地	水流形态 栖息地		增加掩蔽物（砾石、叠木等）、鱼道、植被修复	栖息地保护、生物多样性宣传
美国 Rouge 河：河岸公园、湿地潟湖		景观休闲	疏浚清淤、湿地、亲水平台、生态廊道、生态驳岸	景观法规、景观宣传教育、国土政策
哈尔滨松花江：百里生态长廊	河流廊道	景观休闲	河岸带廊道修复、河道治理、复式断面、生态护坡	国土保护、土地规划政策、土地管理
奥地利 Luznice 河：非点源污染控制	水质	净化环境	污水处理厂、人工充氧、湿地处理工程、植被缓冲带	雨洪管理、排污许可制度、水质监督
法国的 Rhone 河：引入清水，排走泥沙	河床形态	航运	修建闸坝、清淤疏浚、引水	河流通航标准、航运管理
辽宁省朝阳市第二牤牛河：旁侧支流湿地	水流形态 河流廊道	防洪 景观	植被缓冲带、分洪道、疏浚导流、水位控导工程、湿地工程	水库运行调度、调整取水方式、取水政策
日本精进川：让小河再现街头	河流廊道	景观休闲	拆除混凝土、生态护岸、鱼道挡水坝	
武汉大东湖：河湖连通水循环体系、生态水网	水系连通性	供水	连通性生态水网、生物工程措施、仿生学措施	流域水资源战略规划、水资源保护、跨部门合作机制、建设生态监测网

4.4.2.4 后期监测与管理

目前,我国河流治理修复工程往往存在"重建设,轻管理"的现象。事实上,河流系统监测与管理应该贯穿于整个修复工程中,不能缺少修复后的监管,以保障河流治理修复能收到预期的目标,构建起健康、可持续发展的生态河流。

河流修复后期的监测要结合河流修复的目标和进一步研究总结的需求。根据河流修复前期评价的指标,有针对性地对河流系统结构与功能进行长期监测。监测点位的选择也应当尽量反映工程的运行效果,例如,在人工湿地的进出口设置取样点,分析湿地的污染物去除能力,选择人为干扰较小的地点观测植被恢复效果等。同时许多工程需要管理人员进行长期维护才能发挥更好的修复效果,河流将会逐渐恢复到一个健康平衡的状态。

4.4.3 河流系统结构功能评价方法

对河流系统基本结构与功能的缺损状态进行准确诊断与评定,是做好河流系统保护与修复的基础和前提。考虑到河流结构与功能缺损程度以及结构与功能的逻辑关系,提出并建立基于集对分析法(set pair analysis,SPA)和二维象限法(two - dimensional quadrant method,TQM)相耦合的双准则定量综合评价技术体系。以河流系统的结构和功能评估两个准则为约束进行河流状态的类型识别,该方法在河流修复的前后期评价中都可以应用。经实例验证,评价结果具有一定的合理性和可行性,并且计算易于实现。

从水体、地貌、生物和其他关键生境要素中选择具有代表性的河流结构指标。河流功能指标主要包括生态、社会以及综合效益三方面,建立指标体系后,采用集对分析法与象限法耦合的方法,按照河流系统结构与功能的退化程度分区,建立河流系统结构与功能的双准则逻辑定量评价方法,河流系统结构与功能评估框架如图4.4-2所示。

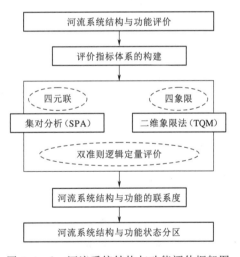

图4.4-2 河流系统结构与功能评估框架图

4.4.3.1 评价指标体系

目前各类型生态系统结构与功能的研究分析已见于湖泊、湿地生态系统,而对河流系统结构与功能的定量评估,研究较少。河流系统结构是指系统内各组成因素在时空连续空间上的排列组合方式,相互作用形式以及相互联系规则。河流系统功能是系统中相互作用中呈现出来的属性,体现了生态系统的目的性。一般认为,河流生态系统可以用生物体、河岸带、物理结构、水质与水量这几个要素来表述(董哲仁,2013),在此选择了11个代表性指标来描述河流系统的结构,选择了10个代表性的指标来描述河流系统的功能,表4.4-2详细说明了这21个代表性指标的物理意义。

表 4.4-2 **河流系统结构与功能评价指标体系**

要素		具 体 指 标	指 标 说 明
结构 S	水体	年径流变差系数变化率（X_1）	流域径流量年际变化过程的改变程度
		水质类别（X_2）	对水质进行全年现状综合评价
		富营养化指数（X_3）	富营养化状况评价指标主要包括总磷、总氮、叶绿素 a、高锰酸盐指数和透明度
	地貌	河道护岸类型（X_4）	是否为自然生态护岸
		岸坡稳定性（X_5）	岸坡是否遭受河流冲刷侵蚀及侵蚀程度
		河岸带宽度（X_6）	河滨植被缓冲带的宽度
	生物	植被覆盖率（X_7）	流域内植物群落覆盖地表状况
		生物完整性指数（鱼类 IBI）（X_8）	反映生物集合体的组成成分和结构
		物种多样性指数（X_9）	物种的种类及组成，反映物种的丰富程度
	其他	生境状况（鱼类）（X_{10}）	鱼类栖息地特性调查
		生境连通性（X_{11}）	河流生境在横向、纵向及竖向的连通性
功能 F	自然生态	最小环境需水量满足率（X_{12}）	河流的枯水期最小流量与河道的最小环境需水量的比值
		水功能区水质达标率（X_{13}）	全年现状水质评价结果与水功能区水质标准要求进行对比
		生态景观舒适度（X_{14}）	生态景观舒适程度
	社会经济	水资源开发利用效率（X_{15}）	反映流域的水资源开发程度
		灌溉水利用系数（X_{16}）	灌入田间可被作物利用的水量与渠首引进的总水量的比值
		单方水 GDP 产出（X_{17}）	衡量社会经济效益
	综合	防洪体系完善度（X_{18}）	防洪工程体系是否完善和健全
		水能生态安全开发利用率（X_{19}）	河流已开发的水能资源占生态安全可开发水能资源的比例
		人类活动需求满足度（X_{20}）	河岸边是否有安全的休闲娱乐设施，是否能获得公众满足
		文化美学保证度（X_{21}）	河流文化美学功能发挥程度

注 鱼类位于河流食物链顶层，反映低阶层消费者或生产者的族群状况，因此，生物完整性指数与生境状况的衡量选择鱼类为代表。

4.4.3.2 评价方法

1. 集对分析法

集对分析法是由赵克勤（1989）提出，其特点是把不确定性与确定性作为一个既确定又不确定的同异反系统进行分析和数学处理，即：将系统的确定性分为"同一"和"对立"两个方面，不确定性为"差异"，同、反、异三方面相互联系、影响和转化。同时，引进联系度来表述系统的多种不确定性，将对不确定性的认识转化为数学运算。

设集对 $H = (A，B)$ 是由集合 A 和 B 组成的，将集对 H 的特性展开进行分析，得到 N 个特性；其中，A 和 B 共同拥有 S 个特性；A 和 B 对立有 P 个特性；既不拥有又不对立的有 F 个特性，由此，他们之间的关系可以用式（4.4-1）来表示：

$$\mu_{AB} = \frac{S}{N} + \frac{F}{N}i + \frac{P}{N}j = a + bi + cj \qquad (4.4-1)$$

式中：μ_{AB} 为联系度；i 为差异不确定系数，在 $[-1,1]$ 区间视不同情况取值，有时仅起差异标记作用；j 为对立系数，规定其恒取值为 -1，有时起对立标记作用；a、b、c 为某特性下的同一度、差异度和对立度，且满足归一化条件 $a+b+c=1$。

根据实际研究，联系度可以看作一个数，因此，也可称作三元联系数。按照不同的需求将式（4.4-1）进行多层次展开，得到四元、五元或多元联系数：

$$\mu_{AB}=a+b_1i_1+b_2i_2+\cdots+b_{k-2}i_{k-2}+cj \qquad (4.4-2)$$

式中：b_1，b_2，$\cdots$，b_{k-2} 为差异度分量，$a+b_1+b_2+\cdots+b_{k-2}+c=1$，$i_1$，$i_2$，$\cdots$，$i_{k-2}$ 为差异不确定分量系数。

集对分析的关键在于 μ_l 的确定。设 K 级分级评价中，有 $K-1$ 个门限值 s_1，s_2，$\cdots$，s_{K-1}。对于越小越优和越大越优指标，样本值 x_l 与该指标分级评价标准的联系度 μ_l 如下。

（1）越小越优型：

$$\mu_l=\begin{cases}1+0i_1+0i_2+\cdots+0i_{k-2}+0j & (x_l\leqslant s_1)\\[2mm]\dfrac{s_1+s_2-2x_l}{s_2-s_1}+\dfrac{2x_l-2s_1}{s_2-s_1}i_1+0i_2+\cdots+0i_{k-2}+0j & \left(s_1<x_l\leqslant\dfrac{s_1+s_2}{2}\right)\\[3mm]0+\dfrac{s_2+s_3-2x_l}{s_3-s_1}i_1+\dfrac{2x_l-s_1-s_2}{s_3-s_1}i_2+\cdots+0i_{k-2}+0j & \left(\dfrac{s_1+s_2}{2}<x_l\leqslant\dfrac{s_2+s_3}{2}\right)\\[3mm]\vdots & \\[2mm]0+0i_1+\cdots+\dfrac{2s_{k-1}-2x_l}{s_{k-1}-s_{k-2}}i_{k-2}+\dfrac{2x_l-s_{k-2}-s_{k-1}}{s_{k-1}-s_{k-2}}j & \left(\dfrac{s_{k-2}+s_{k-1}}{2}<x_l\leqslant s_{k-1}\right)\\[3mm]0+0i_1+0i_2+\cdots+0i_{k-2}+j & (x_l>s_{k-1})\end{cases}$$

$$(4.4-3)$$

（2）越大越优型：

$$\mu_l=\begin{cases}1+0i_1+0i_2+\cdots+0i_{k-2}+0j & (x_1\geqslant s_1)\\[2mm]\dfrac{2x_l-s_1-s_2}{s_1-s_2}+\dfrac{2s_1-2x_l}{s_1-s_2}i_1+0i_2+\cdots+0i_{k-2}+0j & \left(\dfrac{s_1+s_2}{2}\leqslant x_l<s_1\right)\\[3mm]0+\dfrac{2x_l-s_2-s_3}{s_1-s_3}i_1+\dfrac{s_1+s_2-2x_l}{s_1-s_3}i_2+\cdots+0i_{k-2}+0j & \left(\dfrac{s_2+s_3}{2}\leqslant x_l<\dfrac{s_1+s_2}{2}\right)\\[3mm]\vdots & \\[2mm]0+0i_1+\cdots+\dfrac{2x_l-2s_{k-1}}{s_{k-2}-s_{k-1}}i_{k-2}+\dfrac{s_{k-2}+s_{k-1}-2x_l}{s_{k-2}-s_{k-1}}j & \left(s_{k-1}\leqslant x_1<\dfrac{s_{k-2}+s_{k-1}}{2}\right)\\[3mm]0+0i_1+0i_2+\cdots+0i_{k-2}+j & (x_l<s_{k-1})\end{cases}$$

$$(4.4-4)$$

河流系统结构与功能评价中样本集为 A，分级评价标准为集合 B，则集对 $H=(A,B)$ 的 K 元联系度可定义为

$$\mu=\sum_{l=1}^{m}w_l\mu_l=\sum_{l=1}^{m}w_la_l+\sum_{l=1}^{m}w_lb_{l,1}i+\cdots+\sum_{l=1}^{m}w_lb_{l,k-2}i_{k-2}+\sum_{l=1}^{m}w_lc_lj \quad (4.4-5)$$

式中：w_l 为指标权重。

2. 二维象限方法

二维象限方法最初是由 Stokes 于 1997 提出，揭示了基础科学和技术创新之间的关系。简单地说，通过基础科学（x 轴）和应用研究（y 轴）构建 4 个象限。根据河流系统结构与功能内在的逻辑关系情况，采用象限法来确定系统评价分区。以系统的结构和功能两个评估准则为约束进行河流状态的类型识别。参照象限法思想，定义横坐标 S 为系统结构评价值，纵坐标 F 为系统功能评价值，以 F 和 S 两个准则为约束，将 S－F 平面分为 4 个象限。将象限法与集对分析法耦合，对河流系统结构与功能进行双准则逻辑评估与分区。由集对分析所得评价值介于区间 [−1，1]，为明晰系统结构与功能的逻辑关系，根据均分原则，将 [−1，1] 均分为 4 部分 [−1，−0.5），[−0.5，0），[0，0.5），[0.5，1]，由此得到 16 个单元区域，每个单元用元素 A_{ij} 表示，建立结构与功能综合评价分区图，如图 4.4 − 3 所示。

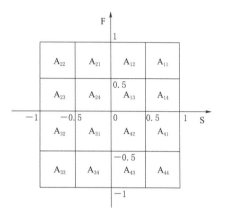

图 4.4 − 3 河流系统结构与功能评估分区图

将河流系统结构与功能状态设定为 3 个等级，分别为：好（完整）、中等（一般）和差（缺损），则图中 16 个单元可划分为 9 个区域，见表 4.4 − 3。

表 4.4 − 3   河流系统结构与功能评估分析

区域定义	结构 S	功能 F	综 合 评 估 分 析
A_{11}	好	好	结构与功能完整，河流系统处于最佳状态
A_{12}、A_{21}	中等	好	河流系统的结构一般、功能完整
A_{22}	差	好	河流系统的结构缺损、功能完整，是优化结构、生态修复的区域
A_{14}、A_{41}	好	中等	河流系统的结构完整、功能一般
A_{13}、A_{24}、A_{31}、A_{42}	中等	中等	结构与功能一般，河流系统处于中等健康水平
A_{23}、A_{32}	差	中等	河流系统的结构缺损、功能一般，需要在修复结构的基础上选择发展
A_{44}	好	差	河流系统的结构完整、功能缺损，是重点提升发展的区域
A_{43}、A_{34}	中等	差	河流系统的结构一般、功能缺损，需要在调整结构的基础上适度发展
A_{33}	差	差	结构与功能缺损，河流系统处于最差状态

3. 分区特征及修复治理模式

（1）A_{11} 区。该区显示为一种非常理想状态下的河流系统，结构与功能完整，系统处于最佳状态。这一种情况很少出现，是河流治理修复所需要达到的最终目标状态。如果所评价研究的河流系统位于该区，则只需要对其进行生态保护，使其继续维持这一状态。

（2）A_{12}、A_{21} 区。该区显示河流系统的结构一般、功能完整，系统处于良好的状态。这是一种相对能够实现的、比较好的模式。由于人类社会的活动与参与，河流系统实现了其最优的功能服务，但是系统结构不可避免地会发生改变。因此，这也是实际河流治理修复所能达到的效果，特别是城市河流的发展追求模式。

（3）A_{22} 区。该区显示河流系统的结构缺损、功能完整，系统处于不健康的状态。这种模式是由人类过高的开发、利用、改造河流系统结构所造成的，多见于城市高速发展的初期，如果不加注意，河流系统功能也会进一步退化。如果所评价研究的系统位于该区，则需要及时对系统结构进行修复和优化，否则河流系统将面临退化。

（4）A_{14}、A_{41} 区。该区显示河流系统处在结构完整、功能一般的水平，系统状态良好。其特点是受人类活动影响和干扰较少，自然和生态环境优越，常见于一些河流源头区和部分自然保护区。对该类型的研究区，需要根据实际，在维持其自然生态特色的基础上，为生态旅游及科研提供资源条件。

（5）A_{13}、A_{24}、A_{31}、A_{42}。该区显示河流系统处于中等健康水平，是目前中小河流普遍存在的状态。需要协调结构与功能，根据具体研究区情况，实施系统修复。对于乡村河流，应遵循河道蜿蜒曲折的天然状态，在保障防洪安全的基础上，营造一定的缓冲区，减少农业点面源污染，提升乡村河流系统的结构与功能。对于城市中小河流，宜采用复式多样化断面，结合生态型护坡，适当运用生物修复技术，优化河道生物群落，改善水质，营造亲水环境，改善和恢复城市河流系统的结构与功能。

（6）A_{23}、A_{32} 区。该区显示河流系统为结构缺损、功能一般水平，系统处于不健康的状态，经常受到产业结构发展或自然灾害影响。这类区域水生态环境背景条件较差，随着经济的驱动发展，人类社会长期对河流系统造成胁迫效应，导致系统结构缺失。应综合流域自然特征，协调好开发与保护的关系，在修复结构的基础上选择发展。宜采用近自然的治理模式，对已有的硬质护岸进行生态或生物维护，重建生物栖息地，增加生境多样性和异质性，采取生物修复技术净化受污染的水体，修复河流系统结构，提升系统的服务功能。

（7）A_{44} 区。该区显示河流系统的结构完整、功能缺损。这种状态比较少见，常发生于流域本身生态结构相对较好，但是功能并没有完全发挥的河流，例如，一些自然乡村河流，随着系统结构调整修复后，部分系统功能短时间没有发挥。该情景说明，功能的发挥需要具备一定的结构基础，具有相对时间的滞后性。因此，需要在严格保护系统结构的基础上，及时跟踪监测，并适时做出修复调整。

（8）A_{43}、A_{34} 区。该区显示河流系统的结构一般、功能缺损，常发生于：①良好的区位资源优势，人类活动频繁（挖采砂、渔牧业），开发利用程度较高的河流；②自然环境、水利良好，但是随季节变化存在一定的安全隐患，例如，河口区。这类区域具备一定的治理修复的基础和条件，考虑到系统的状态，应该禁止大规模的水利工程项目，需要在调整结构的基础上适度发展。

（9）A_{33} 区。该区显示为一种最不理想状态下的河流系统，结构与功能缺损，系统处于最差状态。河流断流或干涸、水体污染严重、植被退化、系统严重萎缩，无法发挥服务功能。这类区域必须以调整修复为重点，使河道最基本的生态需水量得到满足，修复断流或干涸的河段。同时借助人工湿地等生态工程措施处理污水，加强植被建设，恢复河道的自然生态，修复河流栖息地生境。

在上述九种模式中，A_{11} 区和 A_{33} 区是两种极端情况，A_{22} 区和 A_{44} 区比较少见，A_{12}

与 A_{21} 区是目前城市河流的发展追求模式，A_{14}、A_{41} 区与 A_{43}、A_{34} 区多常见于河源与河口区，剩下的分区主要常见于河流产流区，其中以 A_{13}、A_{24}、A_{31}、A_{42} 情况最为普遍。河流系统结构与功能评价分区特点见表 4.4-4。

表 4.4-4　　　　　　　　　　　　河流系统结构与功能评价分区特点

区　　域	发生频率	河流类型	易发生的时段或区段
A_{11}		理想河流	理想状态
A_{12}、A_{21}	☆	城市河流	
A_{22}	☆	城市河流	
A_{14}、A_{41}	☆☆	乡村河流	源头区
A_{13}、A_{24}、A_{31}、A_{42}	☆☆☆☆☆	城市河流、乡村河流	汇流区
A_{23}、A_{32}	☆☆☆	城市河流、乡村河流	汇流区
A_{44}	☆	乡村河流	修复后短期
A_{43}、A_{34}	☆☆☆	城市河流、乡村河流	河口区
A_{33}		最不理想河流	

注　☆符号的个数表示发生频率的程度，☆☆☆☆☆表示普遍、极易发生。

4.4.4　凉水河系统结构与功能评价

1. 背景概况

凉水河位于辽宁省西北部的北票市，为大凌河左岸的一级支流。凉水河全长 51km，流域面积 736km^2，发源于努鲁尔虎山山麓，两条支流东官营河与西官营河在凉水河蒙古族乡汇流，最后流入白石水库。白石水库是辽西规模最大的水库，是一座以防洪、灌溉、供水为主，兼顾发电、养殖、观光旅游等综合利用的大型水利枢纽工程，水库总库容16.45 亿 m^3。承担着下游阜新市的供水重任。"辽西调水"工程完工供水后，白石水源水库的战略地位更加提高。保证白石水库水体的供水质量已成为刻不容缓的政治任务。凉水河直接入白石水库，其水环境质量关系到白石水库水质的安全，因此，省环保厅设立专项资金，把凉水河水环境治理作为重点工程。

凉水河作为北票市的母亲河，不仅哺育了北票这一方沃土，也接纳了北票城市发展排放的污水与垃圾。近年来凉水河畔建筑垃圾堆积，堤防破碎凌乱，沿程生态环境恶劣（图4.4-4）。

（1）水文气象。北票市属温带半干旱大陆性季风气候，多年平均年降水量为 480mm，多集中在 7—8 月，约占全年降水量的 51.7%。流域内多年平均径流深为 86.8mm，年内分配极不均匀，年径流变差系数为 0.56。年水面蒸发量为 2013mm，达到多年平均年降水量的4 倍。受华北气旋、台风、冷涡及高空槽等天气系统的影响，凉水河流域暴雨多发生在夏季，其中又多集中在 7—8 月，易发生局部暴雨，受下垫面影响，一般多为超渗产流，洪水陡涨陡落，峰高量大，洪量比较集中。如图 4.4-5 所示，年内多年平均水面蒸发量均大于降水量，5—6 月流域干旱严重，非汛期河道径流量小，上游段时有断流现象。冬季受内蒙古冷高压的控制，盛行西北风，气候寒冷干燥。冬春季节雨、雪稀少，积雪最深不超过 20cm。

图 4.4-4 凉水河治理前的河道环境

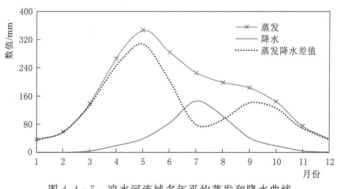

图 4.4-5 凉水河流域多年平均蒸发和降水曲线

（2）地形地貌。凉水河流域内地貌为丘陵区山间河谷，河流两侧以河漫滩及冲洪积阶地为主，逐渐过渡到两岸山前坡积裙和丘陵边缘，地势由丘陵边缘向河谷缓慢倾斜，这种地貌特征在凉水河口以上尤为明显。凉水河口以上是季节性河道，中下游河床由砂砾组成，以中细砂为主，夹有砾石。沿河地势西北高，东南低。地貌形态沿河河槽向岸边依次为：河滩地、Ⅰ级阶地、Ⅱ级阶地、冲洪积扇裙。向远过渡到丘陵，地形较平缓。

该流域内山多坡陡，石质山较多，海拔一般在 140.00～1133.00m 之间，地势西北高东南低，河道蜿蜒曲折，坡度大，是一条典型的山区性河流。流域内植被较差，水土流失严重，河水含沙量大，是国家级水土保持综合治理区。

（3）泥沙特征。凉水河子站多年平均输沙量为 76.81 万 t，含沙量多年平均值为 17.93kg/m³，侵蚀模数为 1047.89t/(km² · a)，年输沙量最大值 303.46 万 t，最小值 12.12 万 t，汛期 6—9 月输沙量 74.42 万 t，占全年 96.9%，7、8 两月输沙量为 57.61 万 t，占全年 75%。凉水河因掺杂洗煤粉，颗粒偏细，$d_{50}=0.0127mm$。

（4）水环境质量。凉水河"十一五"期间工业企业的污水得到有效控制，水质较"十五"期间有所好转，但由于生活污水及畜禽养殖废水排放量的显著增加，氨氮（NH_3-N）及总磷（TP）等污染物负荷有所增加，具体情况见表 4.4-5。

表 4.4-5　　　　　　　　　　　　凉 水 河 水 质 状 况

年　份		DO	COD	高锰酸盐指数	BOD_5	石油类	NH_3-N	TP
2009	数值/(mg/L)	9.40	85.91	11.68	21.77	0.18	8.64	3.85
	水质类别	Ⅰ	劣Ⅴ	Ⅴ	劣Ⅴ	Ⅳ	劣Ⅴ	劣Ⅴ
2005	数值/(mg/L)	7.10	137.28	24.33	50.10	0.05	0.38	0.279
	水质类别	Ⅱ	劣Ⅴ	劣Ⅴ	劣Ⅴ	Ⅰ	Ⅱ	Ⅳ

据 2007—2013 年《朝阳市水资源公报》显示，北票市废污水和主要污染物排放量呈下降趋势（图 4.4-6），主要污染物为悬浮物（SS）、COD、BOD_5 和 NH_3-N。

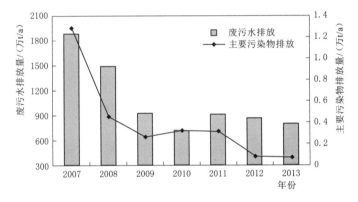

图 4.4-6　北票市主要排污口废污水排放量及主要污染物排放量

2. 评价结果与分析

评价河段为北票市城防以下台吉铁路桥至白石水库入库口段，长约 10km。数据主要来源有 4 种：①社会经济指标来源于北票市统计年鉴；②水文水质资料由北票市凌河保护区工程建设管理处提供；③河流地貌等指标来源于野外实地勘察；④当地居民调研问卷以及专家意见分析等。

由于各指标所发挥的作用不同，相应的权值也不同。在此，采用层次分析法（analytic hierarchy process，AHP）计算指标权重。它是一种将决策者对复杂系统的决策思维过程进行模型化、数量化的方法。应用 AHP，决策者将复杂问题分解为若干层次和若干因素，在各因素之间进行简单的比较和计算，就可以得出权重，为最佳方案的选择提供依据。根据 AHP，计算各指标层权重。

水体：$W_{S1}=(w_1, w_2, w_3)=(0.512, 0.360, 0.128)$；

地貌：$W_{S2} = (w_4, w_5, w_6) = (0.238, 0.429, 0.333)$；

生物：$W_{S3} = (w_7, w_8, w_9) = (0.467, 0.376, 0.157)$；

其他：$W_{S4} = (w_{10}, w_{11}) = (0.667, 0.333)$；

自然生态：$W_{F1} = (w_{12}, w_{13}, w_{14}) = (0.360, 0.128, 0.512)$；

社会经济：$W_{F2} = (w_{15}, w_{16}, w_{17}) = (0.295, 0.457, 0.248)$；

综合：$W_{F3} = (w_{18}, w_{19}, w_{20}, w_{21}) = (0.148, 0.326, 0.163, 0.362)$。

要素层以等权计算，即

$W_S = (W_{S1}, W_{S2}, W_{S3}, W_{S4}) = (0.25, 0.25, 0.25, 0.25)$；

$W_F = (W_{F1}, W_{F2}, W_{F3}) = (0.333, 0.333, 0.333)$。

然后归一化处理，最后结果见表 4.4 - 6。

表 4.4 - 6   **河流系统结构与功能评价指标权重**

指 标	权 重	指 标	权 重	指 标	权 重
X_1	0.117	X_8	0.090	X_{15}	0.089
X_2	0.094	X_9	0.032	X_{16}	0.137
X_3	0.039	X_{10}	0.167	X_{17}	0.074
X_4	0.060	X_{11}	0.083	X_{18}	0.059
X_5	0.107	X_{12}	0.108	X_{19}	0.131
X_6	0.083	X_{13}	0.038	X_{20}	0.065
X_7	0.128	X_{14}	0.154	X_{21}	0.145

将各评价指标权重代入式（4.4 - 5），分别得到河流系统结构与功能的联系度，即

$$\mu_S = 0.06i_1 + 0.087i_2 + 0.621i_3 + 0.232j \qquad (4.4 - 6)$$

$$\mu_F = 0.074 + 0.048i_1 + 0.329i_2 + 0.485i_3 + 0.063j \qquad (4.4 - 7)$$

根据均分原则，令 $i_1 = 0.5$，$i_2 = 0$，$i_3 = -0.5$，$j = -1$，代入式（4.4 - 6）与式（4.4 - 7），得到 $\mu_S = -0.513$ 和 $\mu_F = -0.208$，可用矩阵单元中的 A_{32} 表示，如图 4.4 - 7 所示，即河流系统的结构缺损、功能中等一般水平，需要在修复结构的基础上选择适宜发展。

从评价结果来看，凉水河系统结构的缺损程度要比功能要大得多，因此凉水河修复工作主要目标应集中在修复凉水河的河流结构上，例如，河流水质改善以及生物栖息地强化等，同时也要考虑营造优美的河流景观，经过修复后，凉水河的结构与功能可望能够到达分区 A_{12} 或 A_{13} 的状态。凉水河系统结构与功能修复设计可见本书第 6 章中的 6.8.1 节。

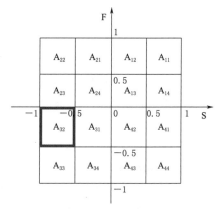

图 4.4 - 7   凉水河系统结构与
功能评价结果图

4.5　案例研究

4.5.1　浑河中上游河段生态保护与功能区划

4.5.1.1　浑河上游河段生态保护与功能区划

1. 概况

浑河是辽宁省境内最大的内河，发源于抚顺市清原县湾甸子镇的滚马岭，全长415km，流域面积11481km²。该流域地处温带半湿润季风气候区，大陆性气候明显。浑河是受控程度比较高的河流，干流上游建有大伙房水库，总库容为21.87亿 m³，是下游沈阳、抚顺、鞍山等7个城市的饮用水水源地；市区段由上游至下游所建的十余个橡胶坝或节制闸调节流量。

研究河段位于浑河上游的源头区，河流基本依山而行，具有部分自然形成的护岸林。河流源区森林植被良好，土壤侵蚀微弱，有一定的生态保护和综合治理工程的基础。存在的主要问题是河流两侧村庄主要以农田耕作为主，农耕产生的面源污染物对浑河上游水生态环境的保护有一定的威胁；部分河段由于道路修建和基础设施建设等人类活动的影响，岸边缓冲带受到一定的破坏。

2. 河流生态保护与功能区划

针对河段功能存在的问题提出河流功能区划的对策。为减轻农田面源污染等人类活动对河流系统结构的影响提出以河岸缓冲带修复与保护为主要目标的河流横断面规划与设计。该河段的生态保护与修复治理内容的定位是：在防洪安全的基础上，继承目前的河势与形态，重点维持保护其自然生态特色。

考虑到研究河段位于山区地段，河岸侧有部分农田，采取退耕还林、封山育林等措施：一方面，通过加强生态保护，降低人为干扰，达到保护河流水源和净化水质的目的；另一方面，通过流域生态环境自我调节，培育植被，达到涵养水源和生态保护的目的。浑河源头段具体功能区划为：从河道的中心向两侧河槽为"生态核心区"，此区域内房屋、畜圈要搬出，尽量保留自然河道，不提倡人工护岸；从"生态核心区"向外500m为"缓冲区"，此区域内可有农田和村庄，但农田不能使用农药，可使用生态杀虫（给予补偿），村庄的生活污水和垃圾要采取措施处理；从"缓冲区"向外2000m为"生态涵养区"，此区域内加强水土保持，不得随意砍伐树木。

4.5.1.2　浑河沈阳主城区段河流功能区划

本次功能区划范围为浑河沈阳主城区段，即东起沈抚界，西至谟家堡闸（浑河闸），南至规划城市道路，北至防洪堤，全长39km，隶属于沈河、和平、于洪、东陵、浑南、铁西六个行政区。

根据该段的社会经济发展状况，首先制定出现阶段的规划目标，即减轻人为活动干扰，缓冲都市化水文效应，提升水质，促进河流廊道资源使用上的兼容性，并改善河道的渠道化现象、保存及连接河流廊道、增加生物结构与栖息地多样性等。通过河流廊道的规划恢复提升河流廊道生态系统机制与功能，最终向可持续发展的河流廊道生态系统发展，并以迈向生态完整性为终极目标，浑河沈阳城区段河流廊道规划目标如图4.5-1所示。

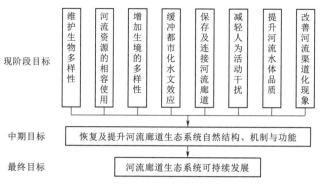

图 4.5-1　浑河沈阳城区段河流廊道规划目标

根据区划程序，将研究区划分为 5 个河段，并在每个河段中布置相应的测量点和横断面。评估成果见表 4.5-1。

表 4.5-1　　　　　　　　　研究区河流功能评估成果

序号	项　目	谟家堡闸—沈大铁路桥	沈大铁路桥—新浑河桥	新浑河桥—新长青桥	新长青桥—新东陵桥	新东陵桥—下伯官坝
1	水文	3	3	3	3	3
2	河流形态结构	5	4	8	10	9
3	河岸带状况	5	3	9	5	7
4	水质	6	5	10	11	12
5	水生物	2	2	2	2	2
6	自然功能得分	18	16	26	24	25
7	防洪安全	7	8	10	6	7
8	供水能力	24	24	24	24	24
9	调节能力	6	6	6	6	6
10	水环境容量	2	3	3	3	3
11	文化美学功能	2	5	7	3	2
12	社会功能得分	31	38	42	34	33
13	a_{ij}	$i=2, j=3$	$i=2, j=4$	$i=3, j=4$	$i=2, j=3$	$i=3, j=3$
14	功能分区建议	B：生境修复区	E：过渡区	D：开发利用区	B：生境修复区	C：缓冲区

从研究段的河流廊道现状和自然人文状况可以看出，谟家堡闸—沈大铁路桥，河廊栖地品质较差，人为冲击较小，开阔的河滩地为河流廊道的修复创造了条件，可以划分为生境修复区；沈大铁路桥—新浑河桥，人为冲击的属性在此河段为点状分布性质，受上游河段的影响和下游河段的功能需求，适宜划分为过渡区，可以划分为过渡区；新浑河桥—新长青桥，经过大规模的河道建设和开发利用，原有河道已改变其结构与形态，河廊栖地特征明显多样性贫乏，人为冲击属性由带状扩大成面状干扰，可以划分为开发利用区；新长青桥—新东陵桥，交通系统沿河廊往下游地带延伸，自然的河廊栖地多被取代为刚性堤坝，人为冲击属性为带状式干扰，可以划分为生境修复区；新东陵桥—下伯官坝，自然度

较高，人为干扰少，河道蜿蜒，自然的草生地与乔、灌木丛形态维持良好，受上游抚顺市河段利用的影响和下游河段的功能需求适宜划分为缓冲区，可以划分为缓冲区。河段现状特点分析及水功能区划成果的对比见表 4.5-2。

表 4.5-2　　　　　　　河段现状特点分析及与水功能区划成果的对比

河段划分	现 状 特 点	水功能区要求	区划建议
谟家堡闸—沈大铁路桥	河廊栖地品质较差，人为冲击较小，开阔的河滩地为河流廊道的修复创造了条件	过渡区 排污控制区 （水质目标未定）	生境修复区
沈大铁路桥—新浑河桥	人为冲击的属性在此河段为点状分布性质。受上游河段的影响和下游河段的功能需求，适宜划分为过渡区	农业用水区 饮用水水源区 景观娱乐用水区 （水质目标Ⅲ级）	过渡区
新浑河桥—新长青桥	经过大规模的河道建设和开发利用，原有河道已改变其结构与形态，河廊栖地特征明显多样性贫乏，人为冲击属性由带状扩大成面状干扰	农业用水区 饮用水水源区 （水质目标Ⅲ级）	开发利用区
新长青桥—新东陵桥	交通系统沿河廊往下游地带延伸，自然的河廊栖地多被取代为刚性堤坝，人为冲击属性为带状式干扰	农业用水区 饮用水水源区 （水质目标Ⅲ级）	生境修复区
新东陵桥—下伯官坝	自然度较高，人为干扰少，河道蜿蜒，自然的草生地与乔、灌木丛形态维持良好，受上游抚顺市河段利用的影响和下游河段的功能需求适宜划分为缓冲区	农业用水区 饮用水水源区 过渡区 （水质目标Ⅲ级）	缓冲区

4.5.2　济南玉符河功能分区与治理研究

4.5.2.1　概况

济南泉群众多、水量丰沛，被称为天然岩溶泉水博物馆。境内河流主要有黄河、小清河两大水系，还有环绕老城区的护城河，以及南北大沙河、玉符河、绣江河、巨野河等河流。济南市玉符河是济南市西部一条较大的季节性山洪河道，源于济南市历城区境内的锦绣川、锦阳川和锦云川，三川于仲宫镇汇入卧虎山水库，玉符河自卧虎山水库大坝，流经济南市历城、市中、槐荫、长清 4 区，于槐荫区北店子村汇入黄河，流域面积 827.3km²，全长 39km。济南市玉符河 G220 至河口段位于济南市槐荫区玉清办事处睦里村以南。在城市总体规划中，该区域位于济南市中心城区中主城区和西部城区的交界处，作为城市生态隔离区，起到生态水源涵养及保护的作用。

济南市是水利部确定的全国第一个水生态文明建设试点城市。根据《济南市水生态文明建设试点实施方案（2013—2015 年）》，按照"一核、两带、三区、六廊、九点"的生态格局，构建水管理、水供用、水生态和水文化"四大水利体系"，提升水生态自然文明、用水文明、管理文明和意识文明"四个文明"，加快形成"河湖连通惠民生，五水统筹润泉城"，实现"泉涌、湖清、河畅、水净、景美"的总体目标。为改善玉符河水生态环境，济南市人民政府在 2012 年将玉符河综合治理列入济南市水生态文明城市建设的十大示范建设项目。以河为轴修复生态，以水为魂促进文明，把玉符河打造成具有防洪补源、生态保护、旅游休闲等功能的绿色安全屏障、生态景观长廊、新型城乡协调发展示范区。本次治理实施方案起点为玉符河 G220 国道桥，桩号 29+600，玉符河入黄口，桩号 38+972，治理长度 9.372km，属济南市玉符河综合治理工程的一部分。

1. 区域特点

（1）地理位置优越。玉符河 G220 至河口段位于济南市中心城区中主城区和西部城区的交界处，北临"两带"——黄河和小清河滨水景观带、南接"六廊"之一——玉符河绿色生态景观廊道、毗邻"九点"之一——玉清湖，处于济南市主要水系交汇点，是连接济南市主城区和西部城区经济、人文、社会一体化的纽带。城市主干道经十西路（220 国道）于项目区南界横穿而过，车流人流穿梭不息，在玉符河国道桥上可以翘望项目区水生态景观，如图 4.5-2 所示。

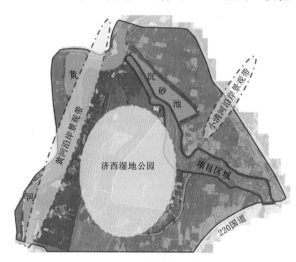

图 4.5-2 项目区周边景观位置关系示意图

（2）水系纵横交错。该段地势平坦，紧靠黄河，南水北调济平干渠渠道通过倒虹吸横穿而过，为长江水、黄河水、玉符河水等多水源汇集的自然洼地。项目区内水系补给关系复杂多变，独具特色，如图 4.5-3 所示。平水期，由于地势低洼，玉符河河道内水源主要为地下水渗流而出，以及玉清湖水库渗漏水量在睦里闸前汇合；小洪水来时，上游卧虎山水库放水以及周边汇水于睦里闸前汇流进入小清河河道；大洪水期，睦里闸关闭，入黄口拦河坝开启，玉符河洪水注入黄河，河段地势较低，可以起到滞纳洪水的作用。

（3）景观文化丰富。济南市历史文化悠久，人文与自然景观丰富，南部千佛山景区与城区泉群风景相得益彰。项目区周边西邻济西湿地公园，东接小清河景观带，北靠黄河景观带，资源丰富。玉符河 G220 至河口段位于各景观区的咽喉通道，可以作为各景观出入指示口，起到引流指示作用。

2. 主要问题

研究区段存在的主要问题具体表现如下：

（1）防洪安全不达标。玉符河 G220 至河口段受黄河回水影响，泥沙淤积，河道内淤积严重，淤积最深处达到 2.0m，入黄口以上 3.0km 形成倒坡，严重影响了河道行洪。河道内侵占现象严重，鱼塘、农田、房屋、厂房等违章设施较多，影响河道行洪。发生较大洪水时，洪水会经睦里闸倒灌进入小清河，给小清河防洪安全造成压力。

（2）水环境质量不乐观。近年来，由于加强玉符河流域污水排放管理，已无污染源直接排放进入河道，但是周边暴雨径流携带的污染物未能得到有效处理。同时现状河道内工

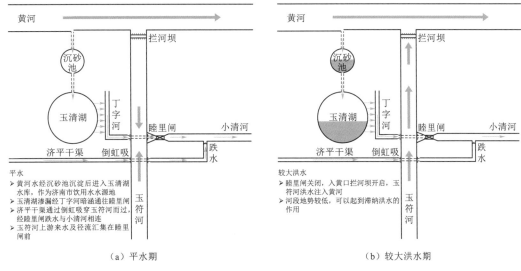

（a）平水期　　　　　　　　　　　　　（b）较大洪水期

图 4.5-3　平水期和较大洪水期水系补给关系示意图

业废料、生活垃圾、建筑垃圾及农作物秸秆等随意倾倒现象严重。

（3）河道生态系统不完整。河段河道生态环境较差，常年无水，河床裸露，河岸冲刷严重，水生动植物稀少，生物链不完整。乱砍滥伐、陡坡开荒、过度放牧、自然灾害等造成水土流失较严重。

（4）景观休闲需求不满足。玉符河 G220 至河口段周边绿化主要以护堤乔木为主，局部区域有芦苇等湿地植物生长，缺乏特色的水域景观，水文化氛围缺失。由于左右岸玉符河大堤和黄河大堤堤顶高程较高，难以接触水面，亲水生活空间不足，不能满足周边居民及游客的亲水活动需求。同时由于交通不便和引导不力，济西国家湿地公园游客较少，不能形成完整的旅游产业链。

（5）管理机制不健全。现场调研结果表明，河段河道占用较为严重，周边居民保护意识不强，放牧、滩地占用等现象多有发生，没有专门机构负责管理，缺乏有效的管理。

4.5.2.2　功能分区

根据项目区生态结构以及周边区域发展的功能需求，对总体区域划分为滨河景观区、湿地净化区、休闲游赏区、科普教育区以及水源保护区，如图 4.5-4 所示。

滨河景观区主要沿右岸黄河大堤，桩号 $29+600\sim35+800$，以营造多样的岸边景观为主，可以通过自驾车或自行车沿途欣赏，并在适当节点营造亲水平台，促进人与河流

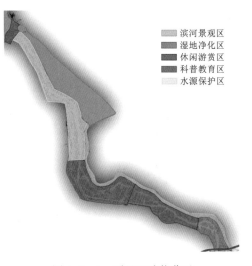

　滨河景观区
　湿地净化区
　休闲游赏区
　科普教育区
　水源保护区

图 4.5-4　项目区功能分区

的自然接触。

湿地净化区主要位于玉符河大桥下 1km,桩号 29+600～30+600,以营造多样的河流湿地,如边滩湿地、生态岛(eco - island),恢复水生植物,并建造生态浮床(ecological floating bed),净化水质。

休闲游赏区主要依托建设河流边滩公园,桩号 30+600～32+600,建立游船码头,可以通过游船在河道中穿梭,可以靠近河道中心生态岛。设有垂钓区,方便休闲、散步。同时包括入黄口景观节点,欣赏黄河沿岸风景。

科普教育区在睦里闸上下河段,桩号 32+600～34+800,以水源保护和湿地科普为主题,建设济南市水源保护教育基地,营造周边水系模型,宣传水源地和湿地保护。设有野外宿营地、观鸟平台、睦里闸展示点、木栈道等,可以开展科研考察等活动。

水源保护区在睦里闸下游至拦河坝段,桩号 34+800～38+800,功能区内以保护饮用水源地为主,为玉符河泄洪通道,对确保玉符河防洪安全发挥至关重要的作用。封育保护,避免人为干扰;降低周边湿地污染物浓度,尽量减少污染物向玉清湖水库的扩散。

4.5.2.3 综合治理

(1)生态堤岸,涵养水源。

1)采用生态护岸材料,并种植植物,利用植物的根系提高行洪大堤的抗冲能力。

2)沿河低洼地带建设休闲公园、湿地公园和体育公园,打造沿河公园体系。汛期,这些公园可以滞纳洪水,降低洪峰对两岸居民和企业的影响。

3)建设生态潜坝,提升水面,减缓流速,增加水力停留时间,补给地下水。

(2)截污清淤,生态恢复。

1)河道疏浚,清除河道垃圾,减小内源污染,并提高河道主槽的行洪能力。

2)恢复岸边植物缓冲带,降解雨水径流入河面源污染。

景观核心
景观节点
道路景观带

图 4.5-5 项目区景观总体结构

3)通过生态潜坝和河槽深挖,营造深潭浅滩,恢复多种形态的河流湿地。

4)建设生态浮床,净化水质。

(3)景观文化,复合水系。

1)通过生态潜坝和河槽深挖,营造广阔水面,修建生态岛,形成陆生、湿生与水生植物错落的河流湿地景观,建设集景观、休闲、娱乐于一体的河流湿地公园。

2)建设亲水性空间,例如,涉水平台,木栈道,亲水平台。

3)设立一些景观节点,将沿河的休闲公园、湿地公园等串联起来,形成一个整体的生态景观带,如图 4.5-5 和图 4.5-6 所示。

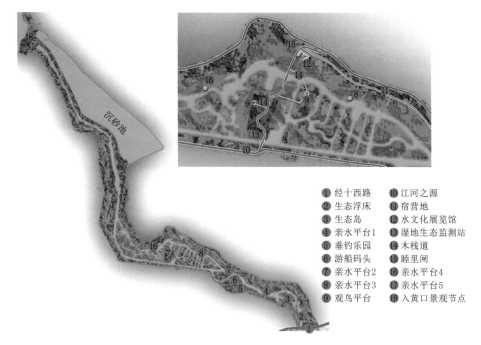

图 4.5-6　项目区主要景观节点

❶ 经十西路	❿ 江河之源
❷ 生态浮床	⓫ 宿营地
❸ 生态岛	⓬ 水文化展览馆
❹ 亲水平台1	⓭ 湿地生态监测站
❺ 垂钓乐园	⓮ 木栈道
❻ 游船码头	⓯ 睦里闸
❼ 亲水平台2	⓰ 亲水平台4
❽ 亲水平台3	⓱ 亲水平台5
❾ 观鸟平台	⓲ 入黄口景观节点

景观总体结构为"双核、两带、多节点"。"双核"为以科普教育为主的湿地生态公园和以休闲游赏为主的河滩湿地公园。"两带"指沿玉符河大堤和黄河大堤形成的两条景观带。"多节点"是指分布在各景观区内主要节点。

（4）先进管理，服务社会。管理是河流治理方案中重要组成部分。需建立有效的管理机制，保护河流湿地生态和滨水景观，促进相关产业的发展。

4.5.3　黄河下游生态保护与综合治理

4.5.3.1　概况

黄河是中国的第二大河。发源于青海高原巴颜喀拉山北麓约古宗列盆地，蜿蜒东流，穿越黄土高原及黄淮海大平原，注入渤海。干流全长 5464km，水面落差 4480m。流域总面积 79.5 万 km²。桃花峪至入海口为黄河下游。流域面积 2.3 万 km²，仅占全流域面积的 3%，河道长 785.6km，落差 94m，上陡下缓，平均比降为 1.11‰。黄河下游河道横贯华北平原，绝大部分河段靠堤防约束。由于大量泥沙淤积，河道逐年抬高，目前河床高出背河地面 4～6m，部分河段如河南封丘曹岗附近高出 10m，是世界上著名的"地上悬河"，成为淮河、海河水系的分水岭。另外，由于黄河下游河道不断变迁改道，以及海侵、海退的变动影响，黄河下游地区的河道长度及流域面积也在不断变化，这是黄河不同于其他河流的突出特点之一（黄河水利委员会黄河志总编辑室，1998）。

近年来黄河来水来沙量明显减少，小浪底水库调水调沙使得黄河下游主槽得到全线冲刷；黄河实现了多年不断流，下游生态系统得到了一定恢复。但黄河下游仍存在的一些问题：

1. "二级悬河"威胁防洪安全

人民治黄以来，特别是 1949 年中华人民共和国成立后，党和国家对黄河下游治理投入了大量的人力物力，通过多年不懈努力，形成了"上拦下排，两岸分滞"防洪工程体系，初步形成了"拦、调、排、放、挖"综合处理泥沙措施，扭转了历史上频繁决口、改道的险恶局面，保护了黄淮海平原安全和全国的经济社会稳定发展，累计产生的防洪效益高达 46715 亿元。但是，黄河又是一条水性特殊、复杂难治的河流。国务院批复的《黄河流域综合规划》（2012—2030 年）以及《黄河流域防洪规划》等对下游治理作出了规划部署，但由于黄河水沙情势变化和经济社会快速发展，黄河下游治理仍面临着重大挑战。

黄河下游不仅是"地上悬河"，而且是槽高、滩低、堤根洼的"二级悬河"。"二级悬河"的不利形态一是增大了形成"横河""斜河"的概率以及滩区发生"滚河"的可能性，容易引起洪水顺堤行洪，增大冲决堤防的危险；二是容易造成堤根区降雨积水难排，内涝导致农作物减产甚至绝收，土地盐碱化加重群众土地改良负担。虽然小浪底水库发挥了一定作用，使黄河下游窄河段过流能力增强、河道对洪水的沿程削峰能力减弱，但黄河滩地横比降远大于河槽纵比降的不利形态未得到有效解决。黄河的防洪问题仍然是黄河治理的头等大事。

2. 泥沙淤积严重

黄河下游河道泥沙淤积的集中性特别明显，一是集中发生在多沙年，如 20 世纪 50 年代的 1953 年、1954 年、1958 年、1959 年这 4 年，进入下游的沙量达 104 亿 t，河道共淤积 26.4 亿 t，占 50 年代总淤积量的 73%。二是集中发生在汛期，汛期淤积量一般占全年淤积量的 80% 以上。三是集中发生在几场高含沙量洪水，如 1950—1983 年 11 次高含沙量洪水总计历时仅 104d，来水量和来沙量分别占 1950—1983 年总水量和总沙量的 2% 和 14%，但下游河道的淤积量却占总淤积量的 54%，而且淤积强度大，平均每天淤积强度达 1880 万～6100 万 t。

粗泥沙是造成黄河下游河床淤积的主要原因。据 1950—1960 年泥沙实测资料统计分析，粒径大于 0.025mm 的泥沙占下游河道淤积量的 82%，其中粒径大于 0.05mm 的粗泥沙来沙量占总来沙的 1/4～1/5，但淤积量却占下游河道总淤积量的 50% 左右。因此，集中力量治理粗泥沙来源区，减少粗泥沙输沙量，可以有效地减轻下游河道淤积。

3. 黄河下游滩区治理难度大

黄河下游滩区属于河道的组成部分，按照河道管理有关规定，滩区内发展产业受到限制，经济以农业为主，农民收入水平低下，生活贫困。滩区群众为发展经济、防止小洪水漫滩，不断修建生产堤。生产堤虽然可以减轻小水时局部滩区的淹没损失，但却阻碍了洪水期滩槽水沙自由交换，进一步加速了"二级悬河"的发展，大水时反而加重了滩区的灾情，更不利于下游防洪。同时，为减少生产堤决口，地方政府对小浪底水库提出了拦蓄中常洪水保滩的要求，从而影响了水库防洪减淤作用的充分发挥。下游洪水泥沙处理与滩区经济社会发展矛盾日益突出，已成为黄河下游治理的瓶颈（张金良等，2018）。

4.5.3.2　功能分区治理规划

1. 山东段

黄河山东段位于黄河下游，自东明县流入山东省，流经 9 市 26 县（市、区），在东营市垦利区注入渤海，全长 628km，是两岸重要供水水源、过河口鱼类重要洄游通道以及水沙排泄重要通道。

"按照'重在保护、要在治理'的要求，坚决打好黄河流域生态环境保护主动仗，切实保护好黄河三角洲，促进河流生态系统健康，提高生物多样性。积极探索沿黄地区高质量发展新路，着力打造黄河安澜示范带、沿黄绿色发展先行区。"这是山东省委提出的明确要求，也是山东作为黄河与渤海联通生态廊道的担当。黄河山东段的生态保护和治理可考虑以下几个方面：

（1）结合山东省面临的黄河滩区居民的迁建问题，开展滩区治理与修复。同时兼顾防洪安全与生态建设的要求，发展生态农业、绿色养殖业及生态旅游业，构建黄河滩区生态涵养带。

（2）提高黄河防洪减淤效能，为黄河下游综合治理开发奠定基础。开展以黄河下游河道综合治理为标志的河道工程建设，加大黄河河口段治理力度；开展黄河现行清水沟流路与刁口河备用流路研究实验，逐步改善刁口河入海口生态环境。

（3）开展黄河下游引黄涵闸改建工程、东平湖河湖连通工程及黄河与东平湖的连通研究，进行洪水资源利用，提高山东省用水保证率。

（4）实施最严格的水资源管理制度，加强制度建设，强化制度执行督查，规范水资源管理流程；统筹协调生态保护和防洪工程建设及日常河湖管理之间的关系，加快推进《山东省黄河条例》立法进程；加快构建区域与流域协调统一、齐抓共管的河道管理长效机制。发挥河长制优势，加大河道清障力度，维持良好的黄河水事秩序。探索建立政府与河务部门联合管理机制，确保黄河防洪安全、工程安全、水环境安全。

2. 河南段

黄河自陕西潼关进入河南，横贯三门峡、洛阳、济源、焦作、郑州、新乡、开封、濮阳 8 市 26 县（市、区），河道全长 711km，其中孟津以下 464km 为设防河段，各类堤防总长 858km，两岸堤距一般为 5～9km，最宽处达 24km，现有险工、控导工程 183 处，坝、垛、护岸 4824 道。河南地处黄河"豆腐腰"段，推进黄河下游沿线生态环境治理，整合现有沿黄湿地保护区，打造统一的黄河生态廊道，其考虑如下：

（1）划定黄河下游生态廊道生态管控空间，综合考虑防洪要求、生态保护和生产发展的要求，适度划定生态廊道建设的范围。

（2）结合河南省面临的黄河滩区居民的迁建问题，开展滩区治理与修复。同时兼顾防洪安全与生态建设的要求，发展生态农业、生态牧场及生态旅游业，构建黄河滩区生态涵养带。

（3）统筹协调生态保护和防洪工程建设及日常河湖管理之间的关系。

（4）严格黄河下游生态廊道管控，构建区域与流域协调统一、齐抓共管的河道管理长效机制，强化制度执行督查，保护黄河生态廊道健康发展。

4.5.3.3 黄河下游区划治理

1. 黄河下游生态廊道规划

目前，尚无针对性系统的黄河流域生态保护治理规划。对黄河下游治理规划可依据第 4 章提出的"治理模式与功能区划相吻合的相容性修复规划"方法和第 5 章 5.2 节关于

"河流廊道规划"，将黄河下游生态长廊进行四维区划。从纵向、横向、竖向以及时间维度上进行系统性分区和规划，构建空间连通、时序连贯的黄河下游生态廊道，制定相应的治理修复方案。

2. 分级分区治理

（1）洪水分级设防。2017 年水利部科技委联合民盟中央的调研报告指出，黄河下游滩区缺少明确的防洪安全标准，是制约滩区经济社会发展的根本原因。对两岸大堤至主槽间的滩地进行再造，由大堤向主槽依次建设成三级滩（称"高滩"）、二级滩（称"二滩"）、一级滩（称"嫩滩"）等防洪标准和功能不同的分区（张金良等，2018）。

（2）泥沙分区落淤。根据泥沙在河流水体中的迁移运动特性及与河流水的关系，通过修建挡水建筑物等措施，改变水流的方向和速度，使黄河下游中的不同颗粒等级的泥沙按照防洪与生态要求，在横向和纵向上呈不同分区进行迁移、沉积和落淤；并制定不同区域泥沙处理措施，减轻下游河道淤积的同时，提供生态修复保障。

（3）生态分区修复。黄河下游滩区在历史时期发挥了重要的沉沙作用，但滩区也是 189.5 万群众赖以生存的家园，是区域重要的生态空间，在有条件实施水土保持、水沙调控等系统治理条件下，今后一段时期应将滩区的沉沙功能放在最次要的位置（田勇等，2019）。同时，分区提高滩区的生态质量。在黄河下游滩区可分区发展高效生态农业区、观光旅游区、缓冲区、生态核心区以及生态保护河口区等。

第5章

河流系统性治理的理论体系与方法

　　系统论的发展已经有 100 多年的历史。早在 20 世纪 40 年代，奥地利生物学家 Berta-lanffy 提出了《一般系统论》，后来系统论逐渐发展成一门独立学科，并广泛应用于经济、社会、管理以及生物等系统的研究中。自 20 世纪 60 年代开始，人们已逐渐引用系统论的概念来研究河流。本章基于系统论的理念，由宏观到微观、从纵向到横向尺度，依次由流域系统、河流廊道、孔隙结构，讨论河流连续体理论、廊道结构、孔隙理论，阐述河流系统性治理的基础和理论。

5.1　河流连续体理论与应用

　　Vannote 等（1980）提出了河流连续体概念（river continuum concept，RCC），预测沿河流长度方向物理、化学和生物特征的变化。这种理论认为由源头集水区的第一级河流起，以下流经各级河流流域，形成一个连续的、流动的、独特而完整的系统，称为河流连续体。它在整个流域景观上呈狭长网络，基本属于异养型系统，其能量、有机物质主要来源于相邻陆地生态系统产生的枯枝落叶和动物残体及地表水、地下水输入过程中所带的各种养分。

　　河流连续体是描述河流结构和功能的一个方法。它应用生态学原理，把河流网络看作是一个连续的整体系统，强调河流生态系统的结构和功能与流域的统一性。这种由上游的诸多小溪直至下游河口组成的河流系统的连续性，不仅指地理空间上的连续性，更重要的是指生态系统中生物学过程及其物理环境的连续。按照河流连续体理论，从河流源头到下游，河流系统内的宽度、深度、流速、流量、水温等物理变量具有连续变化特征，生物体在结构和功能方面与物理体系的能量耗散模式保持一致，生物群落的结构和功能会随着动态的能量耗散模式做出实时调整。所以，下游河流中的生态系统过程同上游河流有直接联系，也就是说，上游生态系统过程直接影响下游生态系统的结构和功能。这一理论还概括了沿河流纵向有机物的数量和时空分布变化，以及生物群落的结构状况，使得又可能对河流生态系统的特征及变化进行预测。

5.2　河流廊道理论

5.2.1　廊道的概念及结构特征

5.2.1.1　廊道的概念

　　廊道是不同于周围景观基质的线状或带状景观要素。按形状可分为线状廊道和带状廊道。线状廊道指全部由边缘物种构成的狭长条带；带状生态廊道指由较丰富的内部种和边缘物种共同构成的较宽条带。而根据其组成内容或生态系统类型，廊道又可分为森林廊道、河流廊道、道路廊道等。

河流廊道（river corridor）是景观生态学（landscape ecology）概念，与之相关的概念有基底（matrix）和缀块（patch）。河流生态学研究主张将河流及其两岸的水陆交错带即河流廊道视为一个系统整体，基底及缀块对其影响可看作系统外部输入；河流廊道是一个结构功能统一体，结构是功能得以发挥的物质基础；功能是结构演化的外在体现；河流廊道的组成要素、生态系统类型及形状决定了其内部结构与功能区别于其他类型的廊道。

河流是开放、动态、非平衡、非线性的生态系统，不断与周围基底、缀块发生着物质、能量、信息的传递与交流。因此，河流生态学强调河流及其附近的土地应视为一个系统整体。Forman（1995）首次将河流廊道定义为沿着河流分布的不同于周围基质的植被带，包括河道边缘带、洪泛滩地、自然冲积堤和部分高地。

5.2.1.2　廊道的结构特征

廊道的重要结构特征包括宽度、组成内容、内部环境、形状、连通性及其与周围缀块或基底的相互关系。廊道也可看作是条带状的缀块。在景观中，廊道常常相互交叉形成网络，使廊道与缀块和基底的相互作用复杂化。

河流廊道四维结构是指纵向、横向、竖向以及时序结构。与河流廊道四维结构相对应，各维度的结构特征包括：廊道数量、宽度、时序变化，缀块的位置与环境坡度、生物种类、植被密度，基底性质及特征等。景观空间异质性是河流廊道景观质量的主要体现，是空间缀块性和空间梯度的综合反映。空间缀块性包括生境缀块性和生物缀块性两类。生境缀块性包括气象、水文、地质、地貌、土壤等的空间异质性特征；生物缀块性包括植被格局、繁殖格局、生物间相互作用、扩散过程、疾病和生活史等。空间梯度（gradient）指沿某一方向景观特征变化的空间变化速率，如在大尺度上可以是海拔梯度，在小尺度上可以是缀块核心区至边缘区域的梯度。已有的研究表明，景观空间异质性与物种多样性具有正相关性。一个地区的生境空间异质性越高，即意味着创造了更为多样的小生境，能够允许更多的物种共存。因此，河流廊道的规划问题主要为如何通过缀块的恢复与配置，廊道数量、宽度、组成，景观连通度，关键点或区域等的规划设计来提高空间异质性（朱强等，2005）。

（1）基底。从系统整体的角度研究河流廊道，需对其所处的基底进行考察研究，包括动物种类及其利用廊道的方式、周围的土地利用方式、判断流向廊道的污染物的类型与强度。基底是景观中出现最广泛的部分。如图 5.2－1 所示，河流左岸的基底为大片农田，右岸的基底为森林。基底通常具有比另外两种景观单元更高的连通性，故许多景观的总体动态常常受基底支配。Forman 于 1995 年提出，面积上的优势、空间上的高度连通性和对景观总体动态的支配作用，是识别基底的三个基本标准。从系统角度，研究廊道或缀块的现状或演变

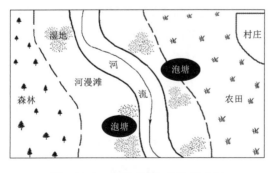

图 5.2－1　基底-廊道-缀块示意图

应充分考虑基底的影响和支配作用。

（2）缀块。镶嵌于基底中且与基底异质，而内部具有同质性和连通性的斑块，叫作缀块。景观中缀块面积的大小、形状以及数目对生物多样性和各种生态学过程都会有影响。如图 5.2-1 所示，泡塘、河漫滩湿地等被看作是森林基底上的缀块，村庄、泡塘、湿地等被看作是农田基底上的缀块。

Forman 将大、小缀块的生态学价值简要总结为大面积缀块的生态学价值体现为：①对地下蓄水层和地表水的水质有保护、涵养作用；②为生境敏感种的生存提供保障，为大型脊椎动物提供核心生境和躲避所；③为景观中其他组成部分提供种源；④能维持近乎自然的生态干扰体系，对环境变化起到缓冲作用。小面积缀块亦有重要的生态作用，体现为：①作为物种迁移传播以及物种局部绝灭后重新定居的生境和"踏脚石"，从而增加了景观的连通度；②为许多边缘种、小型生物类群以及一些稀有种提供生境（王薇和李传奇，2003）。显然，大生境缀块对保护许多对生境破碎化（habitat fragmentation）敏感的物种极为重要，但对于整个景观镶嵌体的结构和功能，大小缀块及其边缘效应和其间的相互关系都需考虑。

（3）廊道宽度。宽度对廊道生态功能的发挥有着重要的影响。在人地矛盾突出的区段，宽度成为廊道功能得以有效发挥的主要制约。太窄的廊道由于其易受自然及人为干扰而会对敏感物种不利，同时降低廊道过滤污染物的功能。此外，廊道宽度还会在很大程度上影响产生边缘效应的地区，对廊道中物种的分布和迁移产生影响。

（4）廊道构成。廊道的各组成要素及其配置，主要涉及植被体系的恢复与构建，并着重乡土物种缀块的恢复与保护。

（5）景观连通度（landscape connectivity）。景观连通度是指廊道上各点的连通程度，对于物种迁移及生境保护都十分重要。增加连通度是规划设计中的一项重要工作。在大小缀块间构建廊道，通过踏脚石和廊道将大型生物栖息地予以连通，可以增强物质流、能量流、信息流的传递，提高生物多样性。

（6）关键点（区域）。包括廊道中过去受到人类干扰以及将来的人类活动可能会对自然系统产生重大干扰或破坏的点或区域。关键点（区域）通常具有较高的生物多样性或生态系统更为脆弱，因而这类点或区域的剧烈变化会对景观格局造成较大影响。规划的目的是针对其具体特征，对可能的环境变化或人为干扰进行缓冲。

5.2.2　河流廊道的功能

5.2.2.1　一般功能

河流廊道的一般功能主要体现为自然生态功能，包括生物栖息地、通道、过滤或屏障、源与汇（董哲仁，2013）。

（1）生物栖息地。河流廊道特殊的空间结构，是生物觅食、生存、繁殖的场所。

（2）通道。河流廊道是水、泥沙、营养物质和能量的输送通道，是生物的迁移通道。

（3）过滤或屏障。廊道植被带对河流水体中的污染物、有害物质常常有过滤、拦截作用，从而降低河流中污染物的含量，起到净化作用。

（4）源与汇。源为相邻的生态系统提供能量、物质和生物；汇与之作用相反，从周围吸收能量、物质和生物。河岸在洪水来临时，作为汇，吸收泥沙形成淤积；同时，它常常是河流泥沙的来源。

河流廊道的结构是功能发挥的物质基础。连通性是河流廊道栖息地、通道功能得以发挥的结构基础。孤立的栖息地难以维持较高的生物多样性。当某一栖息地发生洪灾或受强烈人为干扰时，生物从通道迁移至相对安全的栖息地。水陆交错带是河流廊道过滤或屏障以及源与汇作用得以发挥的结构基础。

5.2.2.2　综合功能

廊道的综合功能包括社会与经济功能。社会与经济功能包括提供资源，蓄纳洪水，支持航运、休闲旅游、渔业养殖、农牧业等社会经济活动。廊道的功能在不同的时空尺度上具有不同的内容和特点。在大尺度上廊道功能特点主要体现为：连通生态功能区或流域内重要的生境缀块，作为生态系统物质、能量、信息传递的载体。在中尺度上廊道功能特点主要体现为：过滤、缓冲来自基底的干扰。在小尺度上廊道功能特点主要体现为：连通小型生境缀块，满足更多物种生活、迁徙的需求。另外在时间尺度上，随着季节更替，河流廊道使用者的生理活动发生变化，对廊道的使用方式、环境要求随之改变。

在廊道结构规划中经大尺度-中尺度-小尺度，由整体到局部，综合生物对廊道的各种功能需求，构建具有高度连通性的廊道体系。

基底条件包括：人类干扰强度、物种组成、可利用空间、环境本底等因素。根据基底类型，可大致将廊道功能分为 3 类：位于城市基底上的河流廊道、位于乡村基底上的河流廊道、位于城乡接合部基底上的河流廊道。

（1）位于城市基底上的河流廊道。城市的显著特点在于它的产业结构、人口密度、土地利用方式和对河流廊道内的水、土地、砂石、生态等资源的大规模开发，因而造成较为严重的水、大气、噪声等污染以及生境破碎化等。随着工业化、城市化的发展，人类被钢筋水泥的丛林包围、经受前所未有的生活节奏和压力。环境心理学家 Dubos 早在 1970 年即指出，非自然景观在满足人们精神享受方面已经走到了尽头，走向自然是人们最后的选择。因此，城市基底上的河流廊道，不仅发挥生物通道及阻抑、过滤各种污染的作用，提供城市发展需要的资源，还为人类休闲、亲水、回归自然提供了开放空间。

（2）位于乡村基底上的河流廊道。工业化对农村带来的突出改变是化肥、农药等的大量施用，随之而来的是农业面源污染对地表、地下水体的影响以及生活垃圾的大大增加。乡村基底上的河流廊道内通常生存着较多种类的野生生物，且易受面源污染、生活垃圾的污染。因此，在其发挥生物栖息地、迁移通道作用的同时，更重要的是对农业面源、生活垃圾污染起到过滤和拦截作用。

（3）位于城乡接合部基底上的河流廊道。城乡接合部体现出城市到乡村的过渡特征，往往兼有两者的污染特征。其上的河流廊道主要起到生物迁移通道及过滤、缓冲各种污染的作用。

5.2.3　河流廊道规划技术体系

5.2.3.1　河流廊道的研究指标

河流廊道的研究指标主要包括河道内、河岸和河床底质 3 个方面，现分述如下：

（1）河道内——鱼类。鱼类分洄游、食性、繁殖、栖息等类型。洄游类型在每年春夏涨水季节由中下游溯河洄游至上游进行产卵繁殖，在秋季降河洄游至下游或中下游深水处越冬。食性类型又分以水草、浮游植物、藻类为食的草食性鱼类，和以甲壳动物、软体动物、鱼类、水生昆虫或浮游动物为食的肉食性鱼类。

（2）河岸——植被。主要考虑植被的宽度、覆盖和多样性。植被多样性反映的是河岸植被的物种多样性和数量丰富度，以及河岸带植被受保护的状况和河堤受侵蚀的程度，河岸植被多样性越大，为河流生物提供的栖息环境越好，生物的种类和数量越丰富。

（3）河床底质——材料。底质（bottom material）是底栖生物最直接的栖息环境，直接影响其生存和繁衍，河流底质类型越多，能为河流生物提供的栖息空间越大，生物多样性就越丰富。河床底质可以分为以下几类：基岩、漂石（＞256mm）、卵石（64～256mm）、砾石（8～64mm）、细砾（2～8mm）、砂粒（0.06～2mm）、淤泥/泥浆（＜0.06mm）、植被（陆生或水生）。

5.2.3.2 河流廊道宽度的确定

河流廊道内部的栖息地质量、周边的栖息地质量、人类利用方式、目标保护物种和廊道的长度等因素决定了廊道的宽度。Csuti 认为森林的边缘效应的穿透能力为 200～600m，因此，廊道的宽度小于 1200m 就很难拥有一个内部生境。但廊道也不宜过宽，否则会增长动物的行走时间，增加暴露于捕食者的机会。Harris 和 Atkins 还根据廊道的功能周期确定最小宽度：廊道功能体现在星期和月的周期，建议廊道的宽度为 9～91.5m；廊道功能体现为年的周期，建议廊道的宽度为 91.5～915m；廊道功能体现为 10 年或 100 年的周期，建议廊道的宽度大于 915m。如果缺少详细的生物调查和分析时，廊道设计可参考以下一般的生态标准：最小的线性廊道宽度为 9m；最小的带状廊道宽度为 61m；河流廊道的最小宽度为 15m；带有高地的河流廊道的最小宽度为 402m；濒水的丘陵廊道最小宽度为 27.4m。但对于以休闲健康为主要目的的廊道或小道而言，其宽度主要从人体工程学角度考虑，一般认为，小道宽度：城市地区最小 4.3m，郊区 3.7m，乡村 3m；如果能够排除自行车和滑板类使用者，小道宽度：城市地区最小 3m，郊区 2.4m，乡村 1.5m（周年兴等，2006）。

确定河流廊道宽度应遵循 3 个步骤（Forman，1995）：①确定所研究河流廊道的关键生态过程及功能；②基于廊道的空间结构，将河流从源头到出口划分为不同的类型；③将最敏感的生态过程与空间结构相联系，确定每种河流类型所需的廊道宽度。

5.2.3.3 河流廊道的规划方法

河流廊道是结构与功能的统一整体：结构是功能得以发挥的物质基础，功能是结构演化的外在体现。人类对河流廊道的过度开发与利用造成廊道自然生态功能与社会、经济功能的失衡，功能失衡是结构恶性演化的外部反映。

河流廊道的各种功能随基底转换、廊道内部结构变化而在廊道空间上呈现一定的分异规律。通过评估各功能要素在廊道空间上的发挥情况，可分析各功能要素失衡程度；并定量评估廊道各区段综合功能发挥状况，据此根据综合评估结果的相似性和差异性，进行综合功能分区，针对各分区内的具体问题分而治之，制定规划目标与相关恢复治理措施、河流廊道综合功能区划与结构规划流程如图 5.2-2 所示。

在河流廊道综合功能区划与结构规划的基础上，为保证规划目标得以实现，需进行生

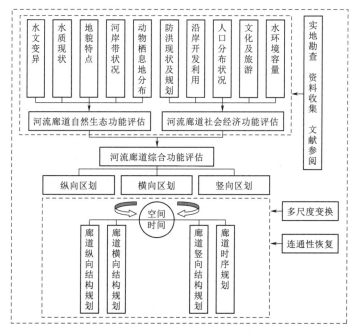

图 5.2-2　河流廊道综合功能区划与结构规划流程图

态系统管理，主要包括河流廊道生态系统监测和管理体制的建立和运行。生态监测主要包括对河流及河漫滩湿地水文、水质、生物及人类干扰的监测；监测点位应结合功能评估分析结果，并包括关键点或区域。在此基础上建立相应的管理体制，主要包括建立专门管理机构为河流廊道生态系统的各种变化做出实时反应与决策及完善公众参与机制，全面反映公众愿望，并对职能部门的管理进行监督。河流廊道生态管理体系如图 5.2-3 所示。

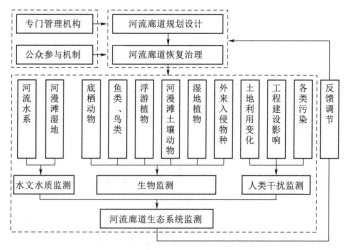

图 5.2-3　河流廊道生态管理体系

　　河流廊道现场调研工作的开展是必要的。实地调查与资料收集工作能让研究人员加深对课题实地情况的了解，通过补充收集当地区域河流、渠道、湿地现状等相关基础资料，可以为下一步工作的开展奠定坚实的基础。廊道现场调查数据记录表见示例 5.2-1。

示例 5.2－1

廊道现场调查数据记录表

采样点：＿＿＿＿＿＿＿＿＿　　　　　　　　　◎左岸　　◎右岸

日　期：＿＿＿＿＿＿＿＿＿

记录人：＿＿＿＿＿＿＿＿＿　　　　　　　　照片编号：＿＿＿＿

一、现场记录

1. 地形特征：□山区　□丘陵　□平原　□河口

2. 地理位置：□农村　□郊区　□城市

3. 河段形态：□弯曲　□顺直

4. 河床状况：□轻微侵蚀或堆积　□中度河床侵蚀或堆积　□极端河床侵蚀或堆积

5. 河床构成：□岩石河床　□卵石河床　□砾石河床　□砂质河床　□淤泥河床
　　　　　　　□其他（请指明类型：　　　　　　　　）

6. 河岸状况：□稳定　□轻微冲蚀　□中度冲蚀　□强烈冲蚀　□极端不稳定

7. 河岸植被情况：

左岸植被：□乔木　□灌木　□草本植物　□无

植被形态：□自然林地　□自然草地　□人工植物群落　□混植

右岸植被：□乔木　□灌木　□草本植物　□无

植被形态：□自然林地　□自然草地　□人工植物群落　□混植

8. 植被覆盖度：□95％～100％　□85％～94％　□65％～84％　□40％～64％
　　　　　　　□＜39％

9. 1km 以内植被显著不连续性的数目：□0～2　□3～5　□6～19　□≥20

10. 水域状况：□水潭　□瀑布　□沙洲　□湿地　□岛屿

11. 物理栖息地状况：□河道中有大量粗木残骸　□有少量可见粗木残骸　□无

12. 水生植物：□挺水植物　□浮水植物　□漂浮植物　□沉水植物　□无

13. 保护鱼类的设施：□鱼道　□育幼场　□其他

14. 护岸类型：（请指明：＿＿＿＿＿＿＿＿；　照片编号：＿＿＿＿＿＿）

15. 人为利用情况：

水利设施：□水库　□水力发电厂　□拦水坝/闸　□引水口、取水装置　□无

产业利用：□观光、休闲　□工业　□农业　□商业　□水产养殖　□住宅　□无

交通利用：□一般道路　□桥梁　□高速公路　□铁道　□停车场

废弃物处理：□家庭污水排放　□农业灌溉余水排放　□工业废水排放　□垃圾倾倒
　　　　　　　□废土倾倒　□其他

16. 人类活动需求：□居民点密集　□休闲游憩　□通行道路　□亲水　□生态教育
　　　　　　　　□无

17. 区位规划情形：□自然保护区　□风景规划区　□水源地　□河滨公园
　　　　　　　　□商业规划区　□保留区　□其他

二、数据采样结果

1. 采样点GPS坐标：X＿＿＿＿＿＿＿；　　Y＿＿＿＿＿＿＿；　高程：＿＿＿＿＿＿

2. 基流量水面宽度：_____（m）

3. 河岸宽度：_____（m）

4. 水流状况：

流速_____（m/s）；水深_____（m）；流量_____（m³/s）

5. 水质状况：

水温_____℃；pH_____；溶解氧_____mg/L；电导率_____μS/cm；浊度_____NTU；总磷_____mg/L

6. 鱼类调查：□有　□无　备注：种类_____；体长_____；照片编号_____

7. 河床中值粒径 D_{50} _____（mm）；平均粒径_____（mm）

5.2.4　松花江哈尔滨城区段百里生态长廊总体规划

为保全哈尔滨河流湿地生态系统及其生态地位，协调自然生态与经济社会发展的关系，哈尔滨市提出了水生态系统规划，并于 2010 年 3 月 15 日经水利部审批，同意在哈尔滨开展水生态系统保护与修复试点工作，其中哈尔滨松花江百里生态长廊的规划是核心内容。

该项目提出的"河流功能区划方法"在哈尔滨市"松花江哈尔滨城区段百里生态长廊总体规划"中得到应用，将哈尔滨松花江生态长廊自上而下分为三个功能区：生态保育区、生态景观区和生态保护区。鉴于哈尔滨地区四季分明冬季漫长的自然条件，规划提出了百里生态长廊的"四维结构规划"模式，从纵向、横向、竖向以及时序结构上对百里生态长廊进行了细致的规划设计。考虑到生态长廊中各种生物的自然需求和利用模式的差异，提出了"满足多种生物连通性需求的复合性生态廊道"的概念，并落实到了各江段的生态廊道规划中。通过改善哈尔滨市的生态环境，促进了其自然-社会-经济系统的可持续发展。同时，"万顷松江湿地，百里生态长廊"是哈尔滨得天独厚的资源，该项目的建设将创造人类与自然和谐发展的典范，提升城市形象。

5.2.4.1　概况

哈尔滨市地处中温带，位于东经 126°08′～127°13′，北纬 45°40′～45°59′，半湿润大陆季风性气候。松花江由西南向东北穿越哈尔滨市，市区位于松花江两岸，起于双城市与哈尔滨市的交界，终于哈尔滨大顶子山航电枢纽工程，全长 123km。属于冲淤型平原河流，江岸及江心分布有 15 宗形态各异的河漫滩（floodplain）及江心岛，河汊纵横，左岸有呼兰河汇入，右岸有运粮河、何家沟、阿什河、蜚克图河汇入。河流廊道范围：①有堤防段，廊道包括两岸堤防以内的水域、河漫滩、江心岛以及支流汇入口；②无堤防段，廊道包括河流、河漫滩、江心岛、支流汇入口及河漫滩以外的部分高地（强盼盼，2011）。

廊道的上游和下游分布有产黏性卵鱼类的索饵场、越冬场和产卵场，支流河口及整个江道是鳙鱼、鲢鱼等产浮性卵鱼类的洄游通道。江心岛及河漫滩植被种类多样，典型植被有乌拉苔草、柳树灌丛及部分森林植被（包括山丁子、稠李子等）。鸟类主要有喜鹊、麻雀、乌鸦等留鸟和燕鸥等候鸟。廊道周边重要的湿地有左岸的呼兰河口湿地、右岸的长岭湖湿地和白鱼泡湿地。

哈尔滨市辖 8 区、7 县、3 个县级市，研究涉及的行政区有道里区、南岗区、道外区、松北区、呼兰区及宾县、巴彦县。该段沿江共有排污口 11 个，间接排污口（即通过支流排入）163 个，水系污染严重，点源污染物主要为城镇生活污水。廊道上游和下游沿岸分布有村镇，产业主要包括种植业、渔业、牧业、养殖业。该段河漫滩地由于开垦耕作、过度放牧和私自建设等不同程度地破碎，原生植被减少，湿地特征退化。

哈尔滨市是东北地区的交通枢纽，江上已建的铁路桥、公路桥共计 6 座，拟建 3 座。跨江路桥将河流廊道分为数段。此外，路桥、堤防、护岸等工程的建设基本控制了松花江的流向。2008 年，大顶子山航电枢纽工程蓄水运行，旨在改善松花江水位连年降低造成的航运困难，运行后哈尔滨松花江水文等条件发生变化，并引起了河流廊道内生态系统的变化。

5.2.4.2 河流廊道综合功能区划

5.2.4.2.1 资料收集

为实现河流廊道综合功能分区的目的，收集研究区内自然生态、社会、经济等方面的资料，具体包括：①松花江哈尔滨站水位、流量长系列资料，研究区各控制断面平槽流速；②研究区水功能分区成果，历年水质评价报告；③研究区内河漫滩及江心岛的面积、高程、土地利用数据资料，地貌类型及面积统计数据，植被、鸟类调查资料；④鱼类种类、数量、"三场一道"（索饵场、产卵场、越冬场及洄游通道）分布；⑤研究区周边自然保护区、景区分布；⑥研究区内及周边人口密度、产业分布、排污量；⑦哈尔滨城市规划，防洪、旅游、生态城市建设等相关规划；⑧沿江调研图片、影像资料。

5.2.4.2.2 评价对象

研究区具有鲜明的平原区冲淤型河流特征，两岸及江心分布有面积广阔的滩涂及岛屿（图 5.2-4），以各滩涂及岛屿为评价对象，保证其面积完整、行政归属统一。

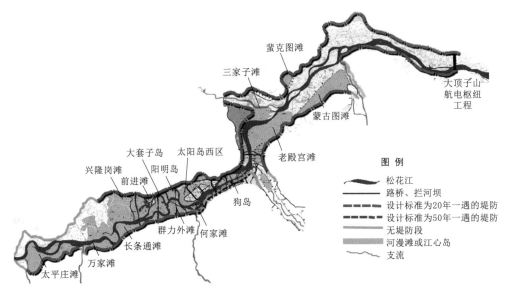

图 5.2-4　研究区内滩涂及岛屿分布图

5.2.4.2.3 研究区纵向功能区划

1. 层次分析法确定各指标权重

(1) 建立表 5.2-1 所示的层次指标体系。

表 5.2-1 河流廊道功能层次指标体系

功能要素	一级指标	二级指标	评价尺度
河流廊道自然生态功能 P_1	水文 I_1	水位变异值 N_1	水文控制断面
	流态 I_2	断面平槽流速 N_2	
	水质 I_3	水质评价现状 N_3	水质监测断面
	河岸带 I_4	低漫滩面积比例 N_4	河段或河漫滩
		岸坡稳定性 N_5	
		地貌类型 N_6	
		原生植被覆盖面积比例 N_7	
		植被结构完整性 N_8	
	动物栖息地 I_5	鱼类栖息地分布 N_9	
		鸟类栖息地分布 N_{10}	
河流廊道社会经济功能 P_2	防洪现状 F_1	防洪工程达标率 S_1	河段或河漫滩
		防洪体系完善度 S_2	
	沿岸开发与利用情况 F_2	开发利用面积比例 S_3	
		开发利用方式 S_4	
		COD 排放量 S_5	
	沿岸人口分布 F_3	沿岸人口数量 S_6	
	文化及旅游 F_4	已有景区数量 S_7	
		景区类型 S_8	
	水环境容量 F_5	水功能区全年水质达标率 S_9	

(2) 构造判断矩阵。河流廊道自然生态功能属性 P_1 与社会经济功能属性 P_2 具有同等重要性;通过两两比较自然生态功能属性 P_1 的各一级指标 I_1、I_2、I_3、I_4、I_5,得到如表 5.2-2 所示的判断矩阵。同样,可得 I_4 的各二级指标的判断矩阵,见表 5.2-3。

表 5.2-2 河流廊道自然属性之一级指标的判断矩阵 A_1

I	I_1	I_2	I_3	I_4	I_5
I_1	1	1/3	1/3	1/2	1/2
I_2	3	1	1	2	2
I_3	3	1	1	2	2
I_4	2	1/2	1/2	1	1
I_5	2	1/2	1/2	1	1

表 5.2－3　　　　　　　　　　I_4 之二级指标的判断矩阵 A_{14}

N	N_4	N_5	N_6	N_7	N_8
N_4	1	1	2	1/2	1
N_5	1	1	2	1/2	1
N_6	1/2	1/2	1	1/3	1/2
N_7	2	2	3	1	2
N_8	1	1	2	1/2	1

（3）判断矩阵的一致性检验。解得判断矩阵 A 的 $C_R＝0＜0.1$，通过一致性检验。A_1 的 $C_R＝0.002＜0.1$，通过一致性检验。解得判断矩阵 A_{14} 的 $C_R＝0.003＜0.1$，通过一致性检验。

（4）权重向量。利用方根法求得自然属性的各一级指标的权重向量 W_1，见表 5.2－4。同样可求得 I_4 的各二级指标的权重 W_{14}，见表 5.2－5。

表 5.2－4　　　　　　河流廊道自然属性之一级指标的权重向量

指标	I_1	I_2	I_3	I_4	I_5
权重	0.185	0.185	0.098	0.349	0.185

表 5.2－5　　　　　　　　　　I_4 之二级指标的权重向量

指标	N_4	N_5	N_6	N_7	N_8
权重	0.089	0.298	0.298	0.158	0.158

由 $W_1 \cdot W_{14}$ 可求得 I_4 之二级指标的综合权重值（表 5.2－6）。

表 5.2－6　　　　　　　　　　I_4 之二级指标的综合权重值

指标	N_4	N_5	N_6	N_7	N_8
权重	0.016	0.052	0.052	0.052	0.028

同样的方法可求得其他各二级指标的综合权重值（表 5.2－7）。

表 5.2－7　　　　　　　　　其他各二级指标的综合权重值

指标	N_1	N_2	N_3	N_9	N_{10}
权重	0.093	0.093	0.049	0.046	0.046
指标	S_1	S_2	S_3	S_4	S_5
权重	0.074	0.019	0.035	0.070	0.070
指标	S_6	S_7	S_8	S_9	
权重	0.093	0.012	0.037	0.093	

2. 二级指标分级量化

对于可以定量描述的指标，如低漫滩面积比例，按其对河岸带自然生态的影响，将所有被评价对象的低漫滩面积比例构成的区间分为五个子区间，对应五个等级；对于难以定量描述的指标，如河岸开发利用方式，按其对河岸带自然生态的影响，结合对所有被评价对象开发利用方式的调查统计，将其分为五个等级。

（1）研究区自然生态属性各二级指标分级量化（表 5.2－8）。

表 5.2 - 8 研究区自然生态属性指标集分级量化

指 标		赋 分				
		4	3	2	1	0
流态	断面平槽流速/(m/s)	1.0～1.3	0.8～1.0	0.4～0.8	0.2～0.4	<0.2 或 >1.3
水文	断面常水位变异值	>1.006	1.004～1.006	1.002～1.004	1.000～1.002	<1.000
水质	水质现状评价结果	Ⅰ类	Ⅱ类	Ⅲ类	Ⅳ类	Ⅴ类及劣Ⅴ类
河岸带	低漫滩面积比例/%	>50	30～50	100～30	1～10	<1
	原生植被覆盖面积比例/%	>70	50～70	20～50	1～20	<1
	地貌类型	>4	3～4	2～3	1～2	<1
	岸坡稳定性	稳定	轻微冲蚀	中度冲蚀	严重冲蚀	极端不稳定
	植被结构完整性	乔灌草多层次自然覆盖	灌木、草本自然覆盖	草本覆盖	农田	裸地
动物栖息地	鱼类栖息地分布	土著鱼类三场、一道	—	土著鱼类两场	—	无鱼类栖息地
	鸟类栖息地分布	多种鸟类的栖息地	—	一两种鸟类的栖息地	—	无鸟类栖息地

1）断面平槽流速。流速对鱼类等水生物生理周期有重要影响。但流速并非越大越好，而是有一个适宜区间。经调查，研究区内的代表性经济鱼类为产黏性卵的鲤鱼，土著特色鱼类为产浮性卵的松花江花白鲢及鳙鱼。鲤鱼产卵的适宜流速为 0.2～0.6m/s，花白鲢及鳙鱼产卵的适宜流速为 0.8～1.3m/s。研究区鱼类产卵一般为每年 5 月，此时冰雪消融，水体流速增大，水位上升，故以控制断面平槽流速为评价指标。按照代表性鱼类产卵的适宜流速，将其分为 5 个等级。

2）断面水文变异值。通过对研究区水文资料分析，1982—2009 年研究区的平均水位总体呈下降趋势，自 1998 年后进入连续枯水年，此后研究区年平均水位在 113.5～114.5m 间变动。2003 年大顶子山航电枢纽工程兴建，2007 年工程开始蓄水，此后库区水位被抬升，并维持在 116m 左右。将水位序列分为工程影响前（1982—2003 年）和工程影响后（2004—2009 年），通过工程影响后的常水位与工程影响前的常水位的比值，评价水位变异情况。工程影响后河流平均水位上升使自 1982 年来沿岸滩涂不断缩小的水域面积逐渐恢复，湿地特征因而逐渐恢复。故依据工程影响前后河流常水位的比值，分为 5 个等级。

3）水质现状评价结果。根据各水质监测断面总磷、总氮、pH、浊度、溶解氧等 20 个项目的监测值，依据研究区地表水功能区评价、水环境监测规范、地表水环境质量标准、污水综合排放标准、地表水资源质量评价技术规程，对水质进行全年现状综合评价，将评价结果分为五个等级。

4）低漫滩面积比例。低漫滩（low floodplain）指研究区内高程低于 116m 的部分，常水位下积水或被淹没，是自然生态逐渐恢复的沼泽湿地，是水陆交错带的重要组成部分。根据研究区内被评价对象的低漫滩面积比例划分为 5 个等级。

5）原生植被覆盖面积比例。将研究区内被评价对象的原生植被覆盖面积占其总面积的比例构成的区间，分为 5 个子区间，对应 5 个等级。

6）地貌类型。经图像分析与野外调查，研究区内分布有牛轭湖、泡沼、鬃岗、河口、自然堤等地貌因子，根据被评价对象含有的地貌因子类型数，分为 5 个等级。

7）岸坡稳定性。根据被评价对象岸坡是否遭受河流冲刷侵蚀及侵蚀程度，将其分为 5 个等级。

8）植被结构完整性。根据被评价对象含有的植被结构在竖向上是否完整，即具有乔木、灌木、草被多层次植被覆盖，并具有较高郁闭度的植被结构，将其分为 5 个等级。

9）鱼类栖息地分布。研究区内分布有鱼类的"三场一道"，即产卵场、索饵场、越冬场及洄游通道。根据被评价对象内"三场一道"的分布情况将其分为 5 个等级。

10）鸟类栖息地分布。结合野外调查，按研究区内鸟类栖息地的种数将其分为 3 个等级。

（2）研究区社会经济属性各二级指标分级量化（表 5.2-9）。

表 5.2-9　　　　　　　　　　研究区社会经济属性指标集分级量化

指标		赋　分				
		4	3	2	1	0
防洪	防洪工程达标率/%	>90	70~90	60~70	50~60	<50
	防洪体系完善度	完善	比较完善	一般	较不完善	极不完善
沿岸开发与利用情况	开发利用面积比例/%	<30	30~45	45~60	60~80	>80
	开发利用方式	自然区、饮水水源区	公园、风景区等旅游休闲项目	种植、养殖等农业项目	采砂业、种植等多种资源开发项目	永久性建筑、采砂、种植
	COD排放量/(万 t/a)	0~0.1	0.1~2	2~4	4~6	>6
沿岸人口	人口数量/万人	<30	30~50	50~80	80~100	>100
文化旅游	已有景区数量	>5	3~5	2~3	1~2	<1
	景观类型	以自然湿地、森林景观为主	—	兼有自然、文化景观	人文景观	—
水功能区	水功能区全年水质达标率/%	>90	70~90	60~70	40~60	<40

1）防洪工程达标率。现状防洪工程标准与规划防洪工程标准的比值，通过对被评价对象防洪工程达标率进行统计，将其分为 5 个等级。

2）防洪体系完善度。防洪体系包括工程措施与非工程措施，工程措施包括堤防、防洪墙等的修建，非工程措施包括泡沼、湿地等蓄滞洪区的利用。根据被评价对象防洪体系完善、有效程度可分为 5 个等级。

3）开发利用面积比例。河岸滩地被开发利用的面积与滩地总面积的比值，通过对研究区内滩地开发利用面积比例进行统计，将其分为 5 个等级。

4）开发利用方式。研究区内的开发利用方式包括永久性工程建设（如水利设施、路桥）、砂石采挖、开垦种植、公园景区、自然湿地观光区、自然保护区和水源保护区，主要侧重于沿岸土地利用方式，它决定了人类对河岸自然生态的干扰程度及其可恢复程度。根据对被评价对象的开发利用方式及其组合形式，分为5个等级。

5）COD排放量。COD为化学需氧量，其排放量可衡量开发利用对水体环境质量造成的影响，经调查统计将其分为5个等级。

6）人口数量。用以衡量对被评价对象的水资源、水环境及河岸带造成的压力，经统计，将其分为5个等级。

7）已有景区数量、景区类型。用以衡量旅游业对被评价对象的自然生态造成的压力，经调查统计，将其分为5个等级。

8）水功能区全年水质达标率。根据被评价对象全年现状水质评价结果，若评价结果高于水功能区水质标准，则为最高级，赋4分；若评价结果低于水功能区水质标准，且根据|评价结果-水功能区标准|水功能区标准的值将其分为5个等级。

（3）研究区各被评价对象纵向综合功能综合评价。对被评价对象U_i的二级指标进行赋分，各得分集为$\{V_{ij}, j \in [1, 19]\}$，然后与各二级指标的最终权重求内积，即$V_i \cdot W$，求得被评价对象$U_i$的综合评价结果，如图5.2-5所示。

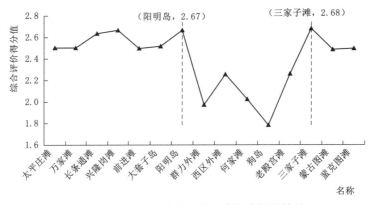

图5.2-5　研究区内各评价对象综合评价结果

（4）研究区内纵向功能分区结果（图5.2-6）。由评价结果可以看出：①综合得分最低的区段为哈尔滨主城区段，包括群力外滩、太阳岛西区外滩、何家滩、狗岛、老殿宫滩；②曲线在阳明滩和三家子滩两点分别发生陡降和陡升，故以此作为生态保护、修复区域与开发利用区的分界点；③考虑到阳明滩与主城区距离较近，故将其与大套子滩、何家滩等综合得分较低而距离主城区较近的滩岛合为过渡区，将老殿宫滩距离城区较近的部分划为过渡区；④老殿宫滩远离主城区的部分、三家子滩、蒙古图滩、蜚克图滩等在大顶子山航电枢纽工程建设运行后，被大面积淹没，人为干扰减少，划为生态保护区；⑤太平庄滩、万家滩、长条通滩、兴隆岗滩自然生态条件优越，主要受到农耕干扰，划为生态修复区。

5.2.4.2.4　研究区横向功能区划

研究区横向功能区划参照自然保护区区划方法与模式。

（1）生态核心区。包括研究区内的滩涂、岛屿中自然生态条件保持较好或较易修复的区域以及无大面积滩涂区段的水陆交错带。区内集中进行生态保护与修复，允许适度生态

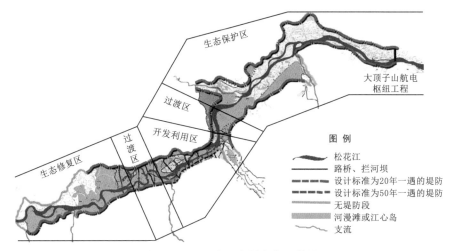

图 5.2-6 研究区内纵向分区结果

旅游，但禁止建设行为。

（2）缓冲区。研究区内的缓冲区分为水上缓冲区和陆上缓冲区。缓冲区内允许适度建设利用，如搭建草亭、栈道等，允许适度发展生态农业和观光旅游。

1）水上缓冲区。范围为近滩岛边岸深为 1.5～2.5m，100～300m 的水域。并在该区域内对影响滩岛边岸稳定性和引发污染的行为进行规范和限制。

2）陆上缓冲区。由于土地利用的矛盾和压力，陆上主要采用内部缓冲区。根据缓冲区的位置及结构特点，分为以下 3 类：①降噪缓冲带：针对内部有路桥穿过的滩涂，在路桥两侧构建缓冲带（图 5.2-7），过滤噪声、尾气、光等污染；②河漫滩内部缓冲区：利用河漫滩内部常年出露、生态本底条件较差的区域作为缓冲区（图 5.2-8），并尽量包括或构建完整的地形梯度，缓冲区面积与生态核心区面积成正比；③堤内缓冲带：对于堤防以内无大面积河漫滩、可利用空间狭小的区段，充分利用堤防岸坡，并尽量利用堤内高地、泡塘、沟渠等，保护水陆交错带。

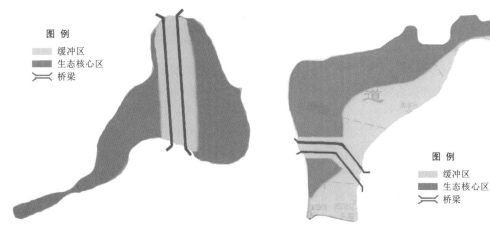

图 5.2-7 大套子滩岛横向综合功能区划   图 5.2-8 老殿宫滩横向功能区划

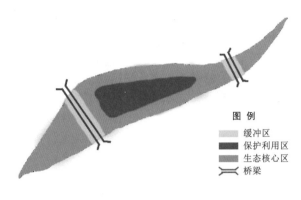

图 5.2 - 9 狗岛横向功能区划

（3）保护利用区。开发利用区内设置保护利用区（图 5.2 - 9），与该区主导功能相适应，利用方式主要为休闲、娱乐、健身等。

5.2.4.2.5 研究区竖向功能区划

（1）深水区（丰水期水深大于 3m）：①大型鱼类及产漂浮性卵的鱼类的索饵场、产卵场、越冬场及洄游通道；②哈尔滨松花江航线；③接纳不超过环境容量的污水排放。

（2）浅水区（丰水期水深不大于 3m）：①产黏性卵的鱼类的产卵场、索饵场；虾、蚌等小型水生生物，蛙等两栖类生物的栖息地；②哈尔滨居民的天然游泳场。

（3）水陆交错带（5 年一遇频率洪水淹没范围）：①蛙等两栖类动物、燕鸥等鸟类以及其他小型陆生动物栖息地；②蓄滞洪水；③拦截、缓冲干扰；④哈尔滨居民进行"三野"（野餐、野浴、野营）生活的场所；⑤生态旅游、休闲场所。

（4）陆地部分（水陆交错带以上至廊道外边界间的部分）：①兔等陆生生物的栖息地；②缓冲廊道以外的干扰；③支持哈尔滨居民及游客亲水、游玩设施的搭建。如图 5.2 - 10 所示。

图 5.2 - 10 竖向功能区划

5.2.4.3 河流廊道四维规划及治理

从四维方向上对研究区的廊道结构进行了规划，针对各功能区提出了主要的恢复和管理措施。

5.2.4.3.1 研究区纵向规划

1. 一级廊道规划

（1）总体布局。研究区廊道由江心滩岛链、两岸河漫滩、河流以及各次级廊道共同构成。三家子滩以下区段为大顶子山航电枢纽工程回水区，水面面积广阔，两岸滩涂普遍被水库回水淹没，形成开阔的浅水水域，并逐渐成为鱼类栖息地；原生耐旱植被（柳树灌丛中的旱柳、松江柳等，羊茅草-羊草群落）由于水文条件变化而向湿生、水生植被演替，出现了挺水植物（芦苇、慈姑等）、湿生植物（如泽泻类）、苔藓等（见图 5.2-11）。该区段廊道分为两条，分别移向边岸。在三家子上游区段，水面面积相对狭窄，江心岛与河漫滩错综排列，一级廊道主要包括江心滩岛链及两岸水陆交错带，如图 5.2-12所示。

（a）

（b）

图 5.2-11　三家子滩现状水域、植被

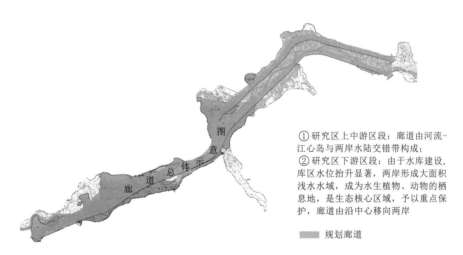

①研究区上中游区段：廊道由河流-江心岛与两岸水陆交错带构成；
②研究区下游区段：由于水库建设，库区水位抬升显著，两岸形成大面积浅水水域，成为水生植物、动物的栖息地，是生态核心区域，予以重点保护，廊道由沿中心移向两岸

▨▨▨ 规划廊道

图 5.2-12　研究区纵向规划总体格局

（2）鱼道规划。研究区上游的大型梯级电站有白山、丰满、尼尔基、大赉等，研究区内有大顶子山航电枢纽，其下游拟建依兰、悦来电站。松花江干流是草鱼、鲢鱼、鳙鱼等产浮性卵鱼类的洄游通道及产卵场，浮性卵的孵化需要适宜的流速（≥1m/s）、水温条件（≥20℃）和足够长（40～48h）的漂浮路径，而无鱼道设施的梯级电站阻断了鱼类的上溯洄游和浮性卵漂浮路线，降低了鱼类繁殖成功率，从而影响到物种的延续和生物量。故应在上述松花江梯级水电站补建鱼道，并辅以人工管理，对每年上溯洄游的鱼的种类、数量、洄游时间及相应的流速、水文条件做持续记录。

（3）水库联合生态调度。

1）洪水期调度。在汛前涨水期适时地联合调度上游大中型电站与大顶子山航电枢纽，进行"洪水脉冲"式放水，防止因水流流速过于均化而对生物的生长、繁殖（尤其鱼类）

产生不利影响；同时在主汛期还应采取措施，控制灾害洪水脉冲的破坏作用。

2）枯水期调度。枯水期要保证河流的最小生态流量，保证枯水期生态补水及城镇供水。通过计算得到各时期哈尔滨断面环境流量阈值（见表 5.2－10），在实际调度中，应保证各时期流量值不低于其对应的阈值。

表 5.2－10　　　　　松花江干流哈尔滨断面各时期生态环境流量下限值

河　流	控制断面	生态环境流量/(m³/s)		
		冰冻期	汛期	非汛期
松花江干流	哈尔滨	23.77	509.54	339.69

2. 次级廊道规划

次级廊道主要功能为连通相邻的生境。此外，在土地利用矛盾突出、堤防以内空间狭小的区段，次级廊道本身就是缓冲区。

根据研究区内次级廊道所在基底和所连通生境的特点及其所具有的复合功能，次级廊道主要有 3 种类型：

（1）相邻生境之间的连通廊道。功能主要为连通陆生小型动物栖息地，保护水陆交错带，吸收和降低农业面源污染。廊道长度由相邻生境缀块的距离决定，约为 1000m；廊道以堤防为外边界，宽度由外边界以内的可利用空间决定，在 60～200m 内变化，如图 5.2－13 所示。

（2）相邻生境之间且有支流汇入的连通廊道。河口是鱼类越冬洄游的通道，河口区栽植树冠较大、耐水淹的落叶乔木能为水生生物提供庇荫和营养物质，倒伏的树木、水中的大石常会形成天然的鱼类栖息地，并为动物越过河口提供踏脚石；草本植被可以吸收、降低支流汇入的污染物质（见图 5.2－14）。

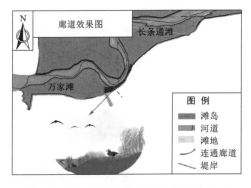

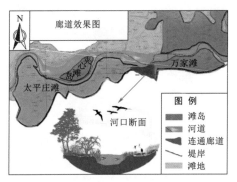

图 5.2－13　相邻生境间的连通廊道效果　　　图 5.2－14　相邻生境间且有支流汇入的廊道效果

（3）开发利用区堤防以内边岸与上、下游生境的连通廊道。根据水流特点，该区段分为顶冲区和非顶冲区。顶冲区堤防常年临水，常水位以上覆土栽植耐湿植物，堤顶作为廊道的一部分，连通小型陆生动物及鸟类栖息地，也为居民提供沿江休闲长廊；非顶冲区堤内有窄边滩，可以栽植芦苇等湿生植物，堤防岸坡可以覆土栽植灌丛、草皮，堤顶作为廊道一部分充分利用，如图 5.2－15 和图 5.2－16 所示。该区段江道束窄，空间局促，但具有很重要的生态连通作用。通过充分利用堤防岸坡、堤顶空间，构建完善的植被体系，缓冲城区各种污染和干扰，并保护水陆交错带。

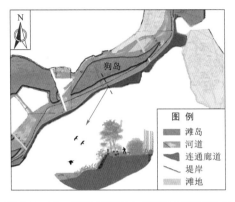

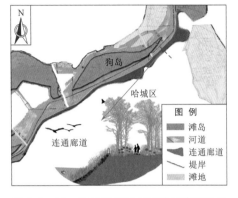

图 5.2-15 开发利用区内非顶冲区廊道效果　　图 5.2-16 开发利用区内顶冲区廊道效果

5.2.4.3.2 研究区横向规划

1. 生态核心区规划

（1）生态需水量。根据天然状态下不同水位河漫滩湿地的出露面积，设定湿地水源补给保证率为 80%，因此以 5 年一遇的洪水位下河漫滩湿地的水域范围为湿地水域恢复目标；以湿地生态良好时的平均积水深度为湿地地表积水深度恢复目标。根据多年平均降雨量、蒸发量等资料以及近自然状态下湿地地表积水、土壤含水等指标，估算各河漫滩生态需水量，见表 5.2-11。在来水较少（$P \leqslant 20\%$，即低于 5 年一遇洪水流量）的年份，应根据枯水程度实施生态补水。不同水位下河漫滩出露情况见表 5.2-12。

表 5.2-11　　　　　　　　　　　　　河漫滩年生态需水量

河漫滩名称	太平庄滩	万家滩	兴隆岗滩	长条通滩	大套子岛	群力外滩	前进滩
生态需水量 /（万 m³/a）	3023	882	7014	1650	1022	1258	556
河漫滩名称	阳明岛	西区外滩	何家滩	狗岛	老殿宫滩	三家子滩	蒙古图滩
生态需水量 /（万 m³/a）	420	721	87	416	393	244	22

表 5.2-12　　　　　　　　　　　　不同水位下河漫滩出露情况

河漫滩名称	面积 /hm²	常水位 出露面积 比例/%	2 年一遇 洪水位 /m	2 年一遇 出露面积 比例/%	5 年一遇 洪水位 /m	5 年一遇 出露面积 比例/%	20 年一遇 洪水位 /m	20 年一遇 出露面积 比例/%
太平庄滩	2186	98	117.80	81	120.00	19	121.30	0
万家滩	663	85	117.90	60	120.00	9	121.30	0
兴隆岗滩	5643	81	116.80	71	119.00	10	120.60	0
长条通滩	1059	94	116.90	81	119.00	5	120.60	0
大套子岛	768	84	116.80	52	119.00	8	120.60	0

续表

河漫滩名称	面积 /hm²	常水位	2年一遇		5年一遇		20年一遇	
		出露面积比例/%	洪水位/m	出露面积比例/%	洪水位/m	出露面积比例/%	洪水位/m	出露面积比例/%
群力外滩	763	95	116.50	79	118.90	0.8	120.40	0
前进滩	418	85	116.80	62	118.90	9	120.60	0
阳明岛	348	69	116.60	52	118.80	0	120.40	0
西区外滩	515	82	116.30	68	118.80	2	120.20	0
何家滩	74	70	116.00	70	118.50	3	120.10	0
狗岛	495	66	116.00	66	117.80	18	119.10	0.03
老殿宫滩	3619	7	116.00	7	117.00	0.8	118.40	0
三家子滩	1744	14	116.00	14	117.10	6	118.40	0
蒙古图滩	411	3	116.00	3	116.80	0.02	118.00	0.02

（2）生态恢复措施。在恢复湿地水循环的前提下，针对河漫滩受到的人为干扰方式提出相应的恢复措施，主要包括湿地地貌恢复、植被多样性恢复，具体措施见表5.2-13。恢复植被多样性的原则是加强乡土物种的培育与恢复，其作用是为鸟类等陆生动物提供栖息地，调节微气候，在高温等极端气候条件下为动物提供避难所。

表 5.2-13　　　　　　　　各功能区生态恢复措施

功能分区	滩岛名称	人为干扰方式	生态核心区恢复措施
生态修复区	太平庄滩	大片滩地被开垦为耕地，兼有放牧、房屋建筑；部分滩地被人为垫高	退耕禁牧，清除阻水障碍物及人为垫高，恢复原始地貌；在保证湿地水源补给的前提下以自然恢复为主
	万家滩		
	兴隆岗滩		
	长条通滩		
过渡区	大套子岛	农垦放牧，开发利用程度较高；有四方台大桥穿过	退耕禁牧，依地势由西至东逐渐降低的趋势，恢复森林植被-草甸植被-沼泽植被的多样性与变化性
	阳明岛		
	前进滩	有旧建筑	拆除旧建筑及阻水物，保证湿地生态需水量，自然恢复
	群力外滩	开发程度最高：路桥建设、农垦；西北角有水源地；三环路西侧跨江大桥在建	退耕还湿，对路桥等工程建设实施缓冲及补偿措施；滩地西部恢复为疏林草甸，加强水源保护；东部恢复为沼泽湿地
开发利用区	西区外滩	以垦殖为主，有临时建筑、桥梁	退耕还湿
	何家滩	自然状态保持较好	对可能的干扰源设置缓冲区
	狗岛	岛中上游段受城区干扰重；土壤沙化严重；岛上桥梁3座，其中1座在建，1座拟建	通过生态措施，改良沙化土壤；对城区声、气、光等污染设置缓冲；实施生态恢复

续表

功能分区	滩岛名称	人为干扰方式	生态核心区恢复措施
过渡区	老殿宫滩	受垦殖、桥梁、建筑、工业影响较重，土地出现沙化	改良沙化土壤；厂房搬迁；设置缓冲，实施生态恢复
生态保护区	三家子滩	以采砂、垦殖为主	自然恢复为主，设置缓冲区
	董克图滩	由于滩地大部分淹没，人为干扰可忽略	自然恢复
	蒙古图滩		自然恢复

（3）极端气候条件下生物保护。极端气候是一种影响强烈的自然干扰，因其突发性及极端性往往使自然生态系统受到极大破坏，为保证生态恢复过程，需防御可能的极端气候影响。

1）洪水。研究区受洪水影响频繁，洪水主要威胁到江心岛上生存的动物。可依据岛内地形起伏，在地势较高处人为营建小丘陵作为动物的避难所。根据设计频率洪水的淹没水深确定丘陵高度，并结合行洪要求，对丘陵的形状进行设计。丘陵内部空间可为动物或人类利用。

2）干旱、高温。可通过疏浚河汊保持滩岛水系与松花江干流的连通，实施人工提水满足生物需水。

3）严寒。极度严寒、冰雪覆盖的条件会使留鸟等陆生动物无法觅食，可实施人工给食，并号召沿江居民在住宅外放食。哺乳动物常在洞穴中度过冬季，干燥松软易于深挖的造洞环境至关重要，可在生态保护核心区和保护利用区适当创造这些条件。鱼类越冬需要足够深的水域环境，可构建局部深水区或沟通连接滩涂浅水区与河流深水区。

2. 缓冲区规划

（1）水上缓冲区。在点源污染排污口栽植香蒲、芦苇等挺水植物，吸收氮、磷及重金属。

（2）陆上缓冲区。

1）降噪缓冲带。河漫滩及江心岛桥梁穿越情况见表5.2-14和表5.2-15，通过踏勘，桥梁周边植被情况如图5.2-17所示。在路桥两侧营建具有一定高度、宽度和郁闭度的植被带，对路桥带来的噪声、尾气、光等干扰进行缓冲、过滤。

表 5.2-14   已建桥梁穿越滩岛情况

已建桥梁	对应滩岛	已建桥梁	对应滩岛
王万铁路	兴隆岗滩、长条通滩	滨州桥	太阳岛西区
四方台大桥	大套子岛	滨北铁路桥	狗岛
松花江公路大桥	西区外滩	四环东桥	老殿宫滩

表 5.2-15   拟建桥梁穿越滩岛情况

拟建桥梁	对应滩岛	拟建桥梁	对应滩岛
三环路西侧跨江大桥	阳明岛、群力外滩	哈伊公路桥、三环路东侧跨江大桥	狗岛

（a）　　　　　　　　　　　　　　　（b）

图 5.2-17　已建桥梁穿越情况

2）堤内缓冲带。对于堤防内可利用空间狭小的区段，通过将堤防迎水坡的混凝土板等不透水护坡改造为块石护坡后覆土植树植草，形成足够宽度的植被带；并对堤内低洼地进行沟通，形成沟渠。主要区段有上游过渡区，开发利用区内道里堤、道外堤、松浦堤段，下游过渡区，阿什河入口处，三家子滩。改造前后的堤内缓冲区如图 5.2-18 和图 5.2-19 所示。

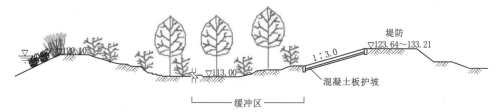

图 5.2-18　改造前的堤内缓冲区（单位：m）

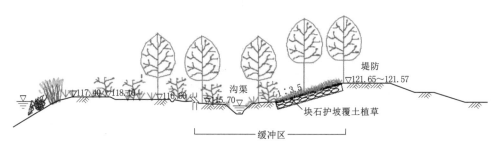

图 5.2-19　改造后的堤内缓冲区（单位：m）

3. 横向规划布局

（1）生态修复区。以断面松 29 为例，如图 5.2-20 所示，以水陆交错带、湿地为生态核心区，堤防以内设置陆上缓冲区，近岸 100～200m 内设置水上缓冲区。

（2）过渡区。以断面哈加 2 为例，如图 5.2-21 所示，水陆交错带为生态核心区，江心岛设置内部缓冲区，堤防以内设置陆上缓冲区，近岸设置水上缓冲区。

（3）开发利用区。以断面松 36 为例，如图 5.2-22 所示，水陆交错带为生态核心区，江心岛内部设置保护利用区，近岸设置水上缓冲区，堤防以内设置陆上缓冲区。

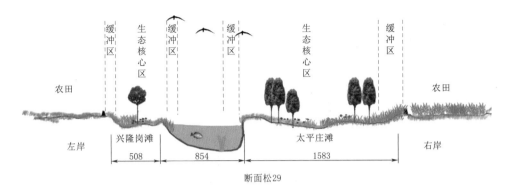

图 5.2-20 生态修复区横向规划布局效果图（单位：m）

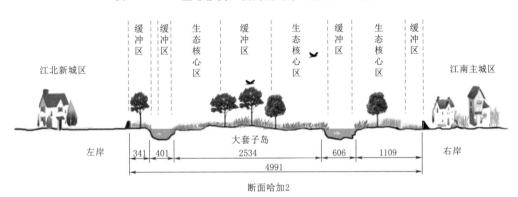

图 5.2-21 过渡区横向规划布局效果图（单位：m）

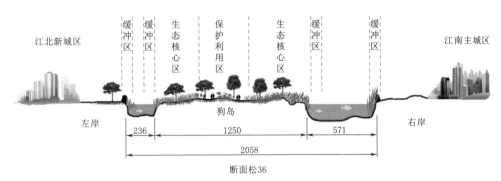

图 5.2-22 开发利用区横向规划布局效果图（单位：m）

（4）生态保护区。以断面松 47 为例，如图 5.2-23 所示，水陆交错带、湿地为生态核心区，近岸设置水上缓冲区。

5.2.4.3.3 研究区竖向规划

（1）根据研究区食物链结构，为不同层级空间的生物营建栖息地，形成竖向连通的物种结构与能量结构。调查中发现研究区内两种典型边岸：①河流长期冲刷稳定后形成的自然堤（见图 5.2-24）：常水位下高于水面，自然堤由砂土组成，土质较为松软易掏挖，

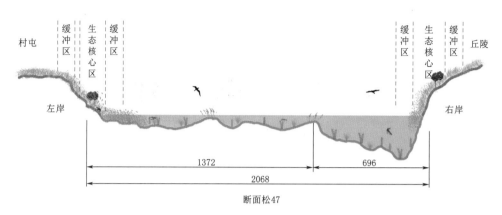

图 5.2-23　生态保护区横向规划布局效果图（单位：m）

故分布有大量燕子巢；河漫滩上地形多变，有沼泽湿地和疏林草甸，植被体系较为完整，有野兔等小型动物；河岸浅水区有河蚌等贝类，以及鱼虾蟹类；②长期淤积形成的沙滩（见图 5.2-25），坡度平缓，岸边浅水区河蚌等贝类丰富，因此鸟类数量较多。以上两种典型岸坡是经过自然演变而形成的稳定形态，无须再进行人为治理；对不稳定岸坡根据其冲淤特点可模拟构建这两种自然岸坡形态。

图 5.2-24　自然堤生态系统竖向结构

图 5.2-25　沙滩生态系统竖向结构

（2）在滩涂岛屿内的开发利用中，必须保证采用近自然材料或透水铺装材料。建议亭台等可采用木、竹、草等自然材料建造；步道可采用栈道、踏脚石等形式（见图 5.2-26）。一方面与自然景观和谐一致；另一方面不阻断地表与地下的水体、能量的交换。

图 5.2-26　观光区内辅助设施

5.2.4.3.4　研究区时序规划

对研究区进行实地调查及鸟、鱼生物资料的搜集与分析，了解鸟类、鱼类等动物的生活状态及人类对廊道的利用方式和强度随时间变化的情况。

（1）水面利用。松花江哈尔滨段 11 月下旬开始封江，冬季封冻厚度达 1.2～1.5m，水面面积为 268.59km²，此时江面成为各种冰雪运动、冰雕雪雕展览的空间。至次年 3 月下旬至 4 月开江，开江前应彻底清除会对江水造成污染的固体垃圾。

（2）河漫滩利用。冬季滩涂积雪深 20～60cm，低矮植被藏在雪被之下，动物踪迹罕见。可利用滩涂高岗地形开展天然滑雪场、自然探险等冬季运动项目，可搭建临时运动配套设施，春季来临时拆除。

（3）光污染控制。光污染（light pollution）分为 3 类，即人工白昼、彩光污染和白亮污染。夜间灯光会对一些物种构成生理上的压力和伤害。经证实，光污染会影响动物的繁殖与觅食。夜间飞翔的鸟类依靠星光和月光导航，灯光会令鸟类迷失方向，尤其是在雾天、雨天的后半夜。北美洲有 450 多种夜间迁移的鸟类发生过与高楼相撞的惨剧，其中还包括一些濒危物种。因此应控制夜间沿江及江面的光照范围及时间，尤其在鸟类迁徙季节，即 4—5 月和 9—10 月，应关掉不必要的光源，将光污染降到最低。

（4）禁渔期管理。鱼类洄游、产卵集中于 4—7 月，松花江流域将 6 月至 7 月上旬定为禁渔期，该时期应加强监管，防止偷渔。

（5）由于景观有随时序变化的特征，在河岸植被带的恢复中可适当考虑美学因素，从植物种配置的空间、颜色层次上营造富于变化、具有美学价值的景观。

哈尔滨现代植被中森林植被群落层次为乔木层—灌木层—草本层。乔木层有黄榆、山里红、山荆子、金刚鼠李、华北卫矛、稠李、接骨木等；灌木层有山杏、叶底珠、野玫瑰、兴安胡枝子、万年蒿等；草本层有艾、棉团铁线莲、远志、防风、火绒草、羊胡子苔草等。在河岸植被带构造过程中，可采取乔-灌-草的模式，优先选择以上乡土物种，并考察植被在形态、颜色层次上的变化，营建自然的、富于变化与美感的景观。

5.2.5　嫩江下游河流廊道修复治理

5.2.5.1　概况

嫩江纵贯松嫩平原西部，是松花江干流的北源，发源于大兴安岭伊勒呼里山中段南侧，源头为南瓮河，海拔 1030.00m，由北向南依次流经黑龙江省黑河地区、大兴安岭地区、齐齐哈尔市、大庆市，内蒙古自治区呼伦贝尔市以及吉林省白城市、大安市等地，在吉林省扶余市三岔河与第二松花江汇合，以下为松花江干流。河源至河口全长 1370km，流域面积 29.7 万 km²，位于东经 119°52′～126°30′，北纬 45°27′～51°38′，占松花江流域面积的 52%。

嫩江流域三面环山，地势北高南低，西高东低，呈独特的喇叭口状，西部为大兴安岭，高程 1000.00～1400.00m；东北部为小兴安岭，高程 600.00～1000.00m；南部为松嫩平原，高程 110.00～160.00m，整个地势由西北向东南倾斜。

在松花江流域乃至在东北地区，嫩江流域无论是在提供水资源还是在生态屏障方面都占有十分重要的地位。嫩江廊道景观多样，生物多样性较丰富。近年来，受两岸土地开发、城镇排放的废污水和非点源污染的影响以及现有的水利工程的影响，嫩江廊道功能遭到严重的破坏，水生态系统严重受损，影响流域的可持续发展。

5.2.5.2　河流廊道修复

配合嫩江区鱼类资源恢复和湿地的保护与修复，完成嫩江干流近 560km 的河岸植被建设及护岸改造，实现嫩江干流部分河段鱼类栖息环境。

1. 河岸带修复与管理

将河岸植被缓冲带划分为 3 个区：

（1）核心区。指与河水相邻接的河岸带范围，宽度根据平均河宽来设定，建议不少于 20m。此区域主要以柳树、芦苇、菖蒲等本地乡土树种和灌木为主来营造多种类型的植被护岸。应保证植被不受除定期养护外的其他任何干扰，以保证河岸带及其植被的稳定。

（2）第一缓冲区。位于核心区的外侧，其宽度是核心区宽度的 2～3 倍，为 40～60m。此区域仍选择本地河岸树种和灌木为优势种，应适当加强植被的管理，如乔、灌、草种植的科学搭配以及对立木定期砍伐（收获）和改良，同时应保持其他植被（林下灌木、草本）和枯枝落叶层不受干扰。

（3）第二缓冲区。位于第一缓冲区的外侧，是植被缓冲带的最外侧，其宽度一般是核心区宽度的 1～2 倍，为 20～40m。此区内应选择多年生的密植草地和灌木为优势种，且允许有适当的人为活动来促进沉积物过滤和养分吸收。

鉴于嫩江流域河流两岸有大面积闲置河漫滩，结合当地岸线规划，对嫩江干流开展间隔式植被缓冲带建设，并将已有混凝土构件护岸、干砌石护岸逐步改造为柔性护岸，在硬性护岸材料之间的空隙和缝隙内覆土并种植本地水生植物，河岸植被带的规划建设方案见表 5.2-16。

表 5.2-16　　　　　　　　　河岸植被带的规划建设方案

分　区	植　被　类　型	管　理　措　施
核心区	乔木：水曲柳、水蜡等；灌木：沼柳等	植被应定期进行养护，保证其不受干扰
	乔木：垂柳、洋白蜡等；灌木：锦带花等	
第一缓冲区	乔木：水曲柳、水蜡等；灌木：沼柳等	注重各种植物的多层次和混合配置；对已建植被带进行定期砍伐和立木改良
	乔木：垂柳、洋白蜡等；灌木：锦带花等	
第二缓冲区	以多年生密植草地和沼柳等灌木为主	对草地进行定期剪草和清理，并允许适度放牧
	以多年生密植草地和锦带花等灌木为主	

2. 栖息地修复

嫩江流域鱼类资源的恢复主要从鱼类栖息环境营造、人工增殖放流以及设立禁渔期和常年禁渔区三个方面进行。

（1）鱼类栖息环境营造。通过人工设计岸边或水中的丁坝，改变河流单调水流，创造出丰富多样的河流形态，以适宜多种鱼类生存。此外，还可以通过在主要产卵场附近区域增设人工渔礁、人工基质等实现鱼类栖息环境的营造。

重点对鱼类种类减少率较高的嫩江下游进行鱼类栖息环境的营造，在嫩江干流设计建设丁坝，并在嫩江流域的距齐齐哈尔市上游约 100km 的莽格吐鱼类越冬场和齐齐哈尔市至肇源县三岔河 400km 江段的鱼类越冬场增设人工渔礁，同时配合严禁人为不合理活动干扰等保护措施，以营造鱼类产卵栖息环境，同时对已营造的鱼类栖息环境实施维护和管理。

（2）人工增殖放流。对鱼类的人工增殖放流是指人为地将产卵的鱼类亲体采用人工采卵、孵化、培育成幼鱼，然后将这些幼鱼投放到天然水域中，使它们自行入河的过程。近期在完善现有放流站的基础上，根据鱼类的栖息节律，有重点地在嫩江干流建设新的放流站，增加鱼类人工增殖放流规模，以增加保护鱼类的入河系数和回归率，有利于恢复鱼类资源。

考虑嫩江下游流量和水位的变化对鱼类生长繁殖的影响，在每年 7—9 月向白沙滩下游投放鱼苗，投放的种类为鲤鱼、鲫鱼、翘嘴红鲌、团头鲂、乌鳢、鲶鱼等。每年向嫩江投放夏花鱼苗 600 万尾。

（3）设立禁渔期和常年禁渔区。近期规划将冰封期设为嫩江流域的距齐齐哈尔市上游约 100km 的莽格吐鱼类越冬场和齐齐哈尔市至肇源县三岔河 400km 江段鱼类越冬场的禁渔期，以保证鱼类顺利越冬，并根据《中华人民共和国渔业法》和《黑龙江省渔业资源增殖保护有关问题的规定》，将松花江流域内铁路桥梁、跨江公路桥梁，从桥梁中心线起上下游各 500m 干流水域划为常年禁渔区。

5.3　孔隙理论

目前，国内外工程技术人员已经开始研究生态护岸技术，并提出了多种生态护岸结构形式。河岸带是河流生态系统与陆地生态系统进行物质、能量、信息交换的一个重要过渡区，是两者相互作用的重要纽带和桥梁。动物在河岸带中寻找着适应自身需要的空间，如具有安全、隐蔽、保暖、方便特点的孔隙、洞窟等。同时，动物对于环境选择具有春夏秋冬、白昼黑夜的时间变化性，对于孔洞的空间利用也有许多规律，如避寒取暖、避暑乘凉、避光、避害、便于生息等。动物对于孔隙的时空利用特点如下。

（1）安全方便。有些动物喜欢利用现成的孔隙，便利省力。如洞穴猫头鹰专挑小动物遗弃的地上洞穴居住。如果遇到土质疏松的地面，洞穴猫头鹰还会自己挖洞。鱼类大都寻找水中石块或岸边石壁形成的内部流速小的孔隙作为栖身与繁殖的地方。

（2）长期使用。长期使用的孔隙一般被用作动物的巢穴，这一类的孔隙往往是动物精挑细选或亲自修建。在洞口朝向上主要选择避光、避寒、背风、朝阳的位置。在选址上其洞穴的外部大都向阳、隐蔽、干燥，而内部又多室相连，清洁卫生。

（3）暂时使用。有些孔隙只是生物暂时利用的，这类孔隙往往可以被不同的生物重复利用。例如鸟类只有在繁殖期间，才到鸟巢中产卵、孵卵、育雏，当过了繁殖期后，它们就离开巢穴。有的鸟在下一年的繁殖期，可能再来此处进行繁殖。再如冬季，寄生昆虫和捕食性昆虫大都躲藏在隐蔽的洞穴里或树皮的缝隙中，而度过寒冷之后，则离开躲藏地。

只有对河流水生物群落及孔隙空间利用规律进行分析，为生物设计可利用的孔隙，才能发挥生态护岸的真正作用，创造出河水清澈见底、鱼虾洄游、水草茂盛的适应各种生物生存的河道，进而重建良性循环发展的生态系统。

本书中的孔隙（hole）是指河流中的木块、树根、深潭、浅滩、悬垂植物、卵石、块石或人工材料等形成的孔隙结构，是未封闭的几何空间，这些空间构成了鱼类等水生动物不同生命阶段不可或缺的栖息地。从材料上来说，孔隙可分为硬性孔隙和柔性孔隙。硬性孔隙主要是由河岸上的天然或人工硬性材料（如块石、混凝土、木桩等）形成的固定形状孔隙结构。柔性孔隙主要是由岸边土壤、植物根系、悬垂的叶茎等形成的可变形状孔隙结构。

5.3.1　孔隙的生态功能

（1）提供避难场所和营巢条件。利用孔隙保护自己及后代不暴露在捕食者眼下，是常见的防御行为，是鱼类和甲壳类等动物利用或创造孔隙的主要目的。在静水时，鱼类有喜欢利用孔隙作为栖身空间的特性，特别是在遇到危险时，孔隙就成了十分重要的藏身场所。

（2）降低流速，提供生存条件。洪水来临时，河流流速加大，由于自身适应流速能力的限制，鱼类等水生动物不得不寻找流速较低的地点。但是，连续硬质护岸会造成河岸的平滑，降低了河岸糙率，使流速增大。而孔隙结构可以拦截碎屑，形成滞水区，有效地提高糙率，为幼鱼生长和成鱼栖息提供场所。在干燥季节水位降低的时候，当河流流速减慢，细小碎屑就残留下来，提供了日后的营养。

（3）遮蔽阳光。悬垂的植物及块石提供荫凉，可以降低河水的局部光亮和温度。对于一些如鱼类等不能调节体温的冷血动物而言，遮阴变化的选择条件十分重要。银大马哈鱼在夏天为了避免高密度的遮阴，往往选择开放式块石孔隙藏身；而硬头鳟会选择植物形成的阴凉处。

（4）提供通道。孔隙为植物的根茎生长提供了空间，同时也使水和空气能够自由流通。孔隙内植物（包括草类及水生植物等）的生长会形成绿色覆盖，为生物提供安全通道。此外植物的根茎可深深地伸到孔隙中，起到保护河岸稳定的作用。

（5）有助于食物链的形成。食物链是一种通过食物建立起来的互相依赖的关系，它联系着群落中的不同物种。河流中很多藻类、贝壳类、鱼类和昆虫喜欢栖息在河底或岸边的孔隙中，因此孔隙结构有利于食物链的形成。保持食物链的动态平衡和稳定可以使各种水生生物得以在不断变化的环境中生存和发展，为生物多样性提供基础条件。

5.3.2　孔隙结构对改善河流生境的作用

按照 McCain 方法，可以把河流生境类型划分为 22 个，其中比较重要的有 4 种，即湍流区、缓流区、回水区和跌水区。湍流区流速很快，表层水流会有紊流现象。水流可以运输昆虫，为鱼类提供食物源；表面破碎的石块可以提供孔隙，躲避掠食者。缓流是河流中流速很慢的区域，表层水流平缓，通常情况下，缓流河流生境种类丰富。木桩、树根、大石块或河岸等会引起回水区，在障碍物附近形成漩涡水流。跌水区是由河流出现集中落差而形成的，跌水下游常常有水深较大的冲刷坑，常常是幼鱼和成鱼躲藏的地方。孔隙结构对河流生境的改善作用归纳起来主要有以下作用：

（1）满足不同阶段的生长条件。水生生物生存的每一个阶段都需要不同的栖息地条件。以鱼类生境为例，鱼类生境是鱼类赖以生存的空间，直接或间接完成生长阶段的地方。鱼类为了完成其生长阶段，有3个基本要求需要满足，即有食物、可繁殖和有躲避掠食者的遮蔽区。而孔隙的生态功能恰好能够满足这3个基本要求。

（2）提高生境的复杂度。复杂的生境可以提供充足的覆盖物，对于许多物种的幼体来说，是十分重要的地区。孔隙结构是鱼类栖息地的重要组成部分。鱼通常会占据结构复杂、捕食者无法追踪的位置藏身。由于鱼类对于自然遮蔽结构具有强烈依赖性，一些学者对人工材料结构也进行了研究，如树桩、塑料、织布、夹板等，发现鱼类丰度在复杂的结构中更高（Lan et al.，2004；Weight，2004）。1996—1997年，巴西学者Brotto等在水下设置了5种不同维数的有孔管道结构，选择了两种鱼类进行观察，发现其中一种鱼在复杂、较大的人工结构中数量明显增加（Brotto et al.，2001）。

5.3.3　孔隙的结构特征

生态护岸孔隙具有相对性和动态性的特征。相对性是指对于同一个孔隙来说，不同种类、大小、生长阶段的利用对象对孔隙的利用率是不同的。动态性包括两层含义：①孔隙体积的动态性，随着河流的搬运作用和碎屑沉积，以及河岸自身的变化等因素，孔隙的形状在不断发生改变，特别是土壤和植物等形成的软性孔隙，形状变化会更明显；②利用者的动态性，同一位置的孔隙结构可以被不同的生物重复利用。

孔隙按照开口的封闭程度可以分为半开式（一面开口，另一面封闭）和贯通式（两面开口）；按照分叉与否可以分为无叉式和有叉式；按形状可以分为直线式和弯曲式。孔隙分类如图5.3-1所示。

生物根据其不同的需要，在孔隙形式的选择上有时会固定一种，有时会利用多种。如分叉式和弯曲式孔隙孔口狭窄，内部空间较大，通常被小动物利用为巢穴，而贯通式和半开式则常常被用作暂时的庇荫、休息和逃避危险的场所。动物会根据自己的需要和身形大小，选择适宜的孔隙，因此，生态护岸在孔隙设计上，应该避免单一形状，最好多

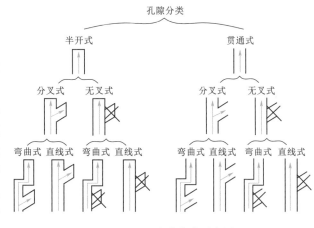

图5.3-1　孔隙分类示意图

种孔隙形状相间，大小各异，或者把孔隙结构物多排、交错放置，让更多种类的动物利用。

目前对"孔隙理论"的研究与应用尚有许多工作要做。尽管已经有生态护岸陆续投入使用，但对于生态护岸的生态学机理，还没有具体的相关报道，特别是大规模、系统的研究还未起步。

动物、微生物的生存和发展与植物是相互依存、相互促进和相互制约的关系。植物是生物生态系统的第一生产力，它通过光合作用将无机物转化为有机物，供一切生物生命活动所需，其生长是生物生态群落和生物生态系统形成的基础，是河道及周边的生态系统具有生机和可持续性发展的基础。动物的居住空间均是在自然环境中寻找适应于自身需要的空间，其几何特征为具有安全、隐蔽、保暖、方便的孔隙洞窟等。同时动物对于环境选择具有春夏秋冬、白昼黑夜的时间变化性，对于孔洞的空间利用也有许多规律，如避寒取暖、避暑乘凉、避光、避害、便于生息等。这些研究要素构成了孔隙理论。研究护岸孔隙理论，可从生态机理上对生态护岸进行理论指导和科学分析，营造出让更多物种正常栖息、繁衍的河岸带孔隙空间。

5.3.4 孔隙理论的应用实例

在河流治理修复中，可以设计利用带孔隙的块体。一旦块体放置了，块体周围的环境条件就会发生变化，浮游生物会固着在块体的庇荫面。这样，依靠有机质的鱼群也会形成。块体周围会出现漩涡、水流加速区、块体侧壁的水流上升区、周围空间的庇荫处等。这些现象会促进浮游生物聚集，促进水草和水藻的生长，为基底多样性提供条件。下面介绍一种多孔栖息单元式生态护岸的设计。

5.3.4.1 多孔栖息单元式生态护岸外观

多孔栖息单元式生态护岸外观结构如图 5.3-2 所示。

该护岸的结构由中空混凝土柱 1、填料 2、植生孔 3、底部过鱼孔 4 和镂空孔 11 构成，其特征在于中空混凝土柱 1 呈立方体，壁上有镂空孔 11；后壁 5 具有植生孔 3，与底部 7 相连；底部 7 具有两个同等大小的四角形底部过鱼孔 4；具有左右互锁的右壁插孔 9 和左壁插耳 12，上下互锁的底部插槽、底部插槽前分格、底部插槽后分格和前上部插耳 10a、中上部插耳 10b、后上部插耳 10c；底部插槽位于中空混凝土柱 1 的底部；前上部插耳 10a 和中上部插耳 10b 位于中空混凝土柱 1 的上部四角，后上部插耳 10c 位于背部固定件上。中空混凝土柱 1 在施工时要插入填料 2。填料可根据河流所要恢复的主要物种来确定，一般情况下放入填木。木头有营造局部小生境的重要作用，

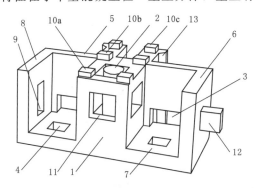

图 5.3-2 多孔栖息单元式生态护岸外观结构图
1—中空混凝土柱；2—填料；3—植生孔；4—底部过鱼孔；
5—后壁；6—左壁；7—底部；8—右壁；9—右壁插孔；
10a—前上部插耳；10b—中上部插耳；10c—后上部插耳；
11—镂空孔；12—左壁插耳；13—背部固定件

由于木头随着时间增加不断腐烂，营养物质逐渐释放到河水中，促进周围有机质生长和微生物聚集，形成食物链。中空混凝土柱 1 外壁的镂空孔 11 与内部填木之间形成了缝隙，为鱼类捕食提供了场所。一段时间以后，植生孔 3 中的植物生境形成，将取代填木的作用。填木消耗后，中空孔转变为水生生物栖息的场所。

后壁 5 的植生孔 3 与背面土壤相通，一方面提供了水生植物生长需要的土壤，另一方面，由于不是每种动物都利用现成的孔隙，一些鸟类和昆虫需要利用河边泥土自行修筑巢穴，因此提供了昆虫等栖身和上陆的土壤。

护岸块体底部 7 位于植生孔 3 下方，承载植生孔 3 上植被生长之前少量塌落的土壤，并为植物生长提供最初的扎根条件。底部 7 还有两个等大的底部过鱼孔 4，鱼类等水生动物可在其中自由游动。把护岸块体分排搭接之后，底部 7 起到了挡板的作用，对于水生动物来说可以躲避敌害。此外，藻类等也可以在底部 7 上固定着。

护岸块体右壁 8 上的右壁插孔 9 和左壁 6 上的左壁插耳 12、底部插槽和前上部插耳 10a、中上部插耳 10b、后上部插耳 10c 起到了侧向和纵向连接的作用。由于左壁插耳 12 尺寸小于右壁插孔 9，前上部插耳 10a、中上部插耳 10b 和后上部插耳 10c 的尺寸小于底部插槽、底部插槽前分格和底部插槽后分格，所以允许有一定的变形，便于在河流弯曲段进行安装。例如，当护岸块体宽度为 0.6m，护岸块高度为 0.6m 时，拼装的角度为 47°～90°；当护岸块体宽度为 0.6m，护岸块高度为 0.4m 时拼装的角度为 35°到 90°，因此增加了稳定性和护岸块的适应性。

该护岸块体充分考虑了孔隙的生态作用，为水生动植物生长提供了需要的空间；根据生态学原理，营造局部小生境；根据水力学原理，提高了护岸糙率，减缓了流速。在满足护岸稳定的前提下，可以解决硬质护岸对河流生态系统的破坏问题。护岸块体安装简单，有多种安装样式，适合河流的直线段和弯曲段，垂直岸坡或倾斜岸坡，可广泛用于大、中、小型河流的河道治理与河流生境恢复中。

5.3.4.2　多孔栖息单元式生态护岸块体实施方式

1. 水平方向的施工

安装时，从一端开始逐块衔接，第一排块体的左壁插耳 12 插入相邻块体的右壁插孔 9 中。安装之后需要用细土填充植生孔 3，并撒入草籽，用回填土填埋背部固定件 13，起到固定的作用。在每个护岸块的中空混凝土柱 1 内放入填料 2 之后，安装第二排护岸块体。安装时要注意上下部位的咬合，左右仍然利用插槽依次衔接。第三排等以此类推。

多孔栖息单元式生态护岸块内部互相嵌连，允许一定角度的变形，如图 5.3-3 所示。W 为护岸宽，L 为 n 排护岸总高（$n \geqslant 1$），S 为连接变形缝长，R 为曲率半径，$S = W \cdot L / R$。由于右壁插孔 9 和底部插槽 14 允许的最大连接变形缝 S 长为 0.15m，因此可以计算出布置成 n 排护岸时的最小允许曲率半径 R，计算结果见表 5.3-1。在最小允许曲率半径情况下铺设的护岸块体俯视

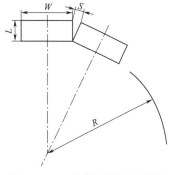

图 5.3-3　弯曲河岸护岸铺设
变形角度示意图

图如图 5.3 - 4 所示。直线段护岸铺设平视图见图 5.3 - 5 所示。

表 5.3 - 1　　　　　　　　　　n 排护岸时的最小允许曲率半径计算结果

护岸块体排数 n	1	2	3	4	5	6	7	8	9	10
允许曲率半径 R/m	4.8	9.6	14.4	19.2	24	28.8	33.6	38.4	43.2	48

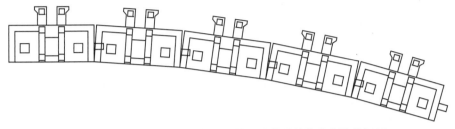

图 5.3 - 4　在最小允许曲率半径情况下铺设的护岸块体俯视图

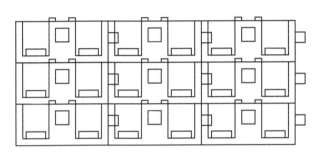

图 5.3 - 5　直线段护岸铺设平视图

2. 垂直方向的施工

施工时，根据岸坡的角度可以选择不同的垂向安装样式，如图 5.3 - 6 所示。底部插槽 14 内设置的底部插槽前分格 16 和底部插槽后分格 15 允许护岸块拼装成 5 种样式。以下对这 5 种样式进行说明。

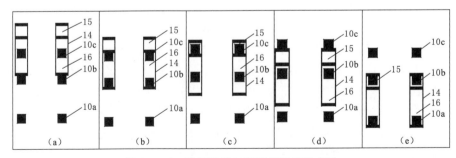

图 5.3 - 6　底部插槽与插耳的连接样式图

样式 1 [见图 5.3 - 6 (a)]，中上部插耳 10b 紧紧顶住底部插槽前分格 16，后上部插耳 10c 插入底部插槽前分格 16 内，底部插槽后分格 15 内不插插耳。

样式 2 [见图 5.3 - 6 (b)]，中上部插耳 10b 和后上部插耳 10c 均插入底部插槽前分格 16 并紧紧顶住前分格 16 的两头,底部插槽后分格 15 内不插插耳。

样式 3 [见图 5.3-6 (c)],后上部插耳 10c 插入底部插槽后分格 15 并紧紧顶住后分格 15 的前部,中上部插耳 10b 插入底部插槽前分格 16。

样式 4 [见图 5.3-6 (d)],中上部插耳 10b 插入底部插槽前分格 16,前上部插耳 10a 紧紧顶住底部插槽后分格 15,底部插槽后分格 15 内不插插耳。

样式 5 [见图 5.3-6 (e)],中上部插耳 10b 插入底部插槽前分格 16 并紧紧顶住前分格 16 的后部,前上部插耳 10a 插入底部插槽前分格 16,并紧紧顶住底部插槽前分格 16 前部。

此外,还可以根据实际需要确定护岸块体的宽度和高度。例如当护岸块体宽度为 0.6m,而护岸块高度从 0.6m 变化为 0.5m 和 0.4m 时,拼装的倾斜角度见表 5.3-2,垂直岸坡铺设剖面图如图 5.3-7 所示,倾斜岸坡铺设剖面图如图 5.3-8 所示。

表 5.3-2　　　　　　　　不同护岸块体高度下可拼装的倾斜角度计算结果

高度/m	样 式				
	1	2	3	4	5
0.6	47°	53°	61°	73°	90°
0.5	42°	48°	57°	70°	90°
0.4	35°	42°	51°	65°	90°

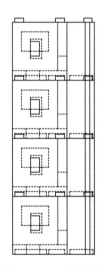

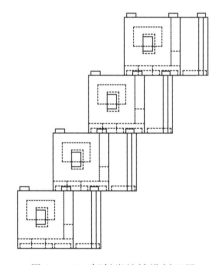

图 5.3-7　垂直岸坡
铺设剖面图

图 5.3-8　倾斜岸坡铺设剖面图

第 6 章

河流系统性治理的工程技术措施

本章主要介绍常用的河流系统性治理的生态手段和方法，包括生态护岸、植被缓冲带、人工湿地、人工岛/生态浮床、鱼道、人工鱼礁，并提出多种修复技术的复合方法等，以达到净化河流的水质、修复河流栖息地环境、改善景观等目的。

6.1　生态护岸

护岸是为防止河道岸坡受冲刷失稳而在坡面上所做的各种铺垫和栽植的统称（刘黎明等，2007）。生态（型）护岸是利用植物或者植物与土木工程相结合，除能防止河岸塌方之外，还能使河水与土壤相互渗透，增强河道自净能力，产生一定自然景观效果，对河道坡面进行防护的一种河道护坡形式。因此，生态（型）护岸是传统（型）护岸的改进，它更加突出河岸的生态功能，符合河岸生态的一般规律（陈丙法等，2018）。生态护坡也称植物固坡或坡面生态工程，可理解为在坡面上种植植物，达到稳定坡面和防止坡面被侵蚀的效果。目前国内外学者对于生态护坡和生态护岸没有统一的定义，两者在概念上也没有严格的区别和界限。

6.1.1　布置原则

（1）从水利功能的角度讲，护岸工程应该满足安全、经济和结构稳定性原则。因此，必须对护坡材料和结构进行抗倾覆验算、变形验算、稳定性验算以及承载力验算等分析以确保护坡的安全。

（2）从景观功能的角度讲，护岸是河流景观的重要组成部分，护岸的设计既要着眼于整体，通盘考虑上下游的功能特点，又要重视局部的地区差异性，尽量创造出能融入自然并且与周围景观相协调的特征（河川治理中心，2004），因此应该满足整体性和协调性原则。

（3）从生态功能的角度讲，护岸具有栖息地、过滤、屏障和通道的功能（王薇等，2003），要满足生物对孔隙的要求和植物对生态位的要求。"孔隙"原则表明任何生物的繁衍生息都离不开孔隙，同时孔隙还可以增加透水性，促进地表水和地下水自由交换。"生态位"原则主要是针对植被护坡而言。种群在一个生态系统中都有自己的生态位，生态位反映了种群对资源的占有程度及种群的生态适应特征。

（4）从亲水功能的角度讲，亲水设计要在各类生物的栖息环境和人类的日常生活之间，如自然教育、环境绿化美化、岸边旅游休闲等寻找一个最佳平衡点，建立一种尊重自然、爱好自然、亲近自然的新模式。护岸的功能及其布置原则见表 6.1-1。

表 6.1-1　　　　　　　　　　　护岸的功能及其布置原则

一级功能	二级功能	布置原则
水利功能	防洪排涝、供水输水、航运	安全、经济、结构稳定性原则
景观功能	景观建设、场所和形象功能	与周围环境的整体性和协调性原则
生态功能	生物繁衍、栖息地、廊道	孔隙和生态位
亲水功能	休闲娱乐、运动、划船、休憩	安全亲水原则

6.1.2　布置要素

（1）材料和结构。生态护岸的材料分天然材料和人造材料两大类，其中天然材料有植被、木材和石材；人造材料有混凝土、浆砌石、土工合成材料等，见表 6.1-2。

表 6.1-2　　　　　　　　　　　生态护岸的材料及其特性

	材料	特点	应用范围	应用实例
天然材料	植被	加强坡面稳定，防止滑坡坍塌，缓解风浪淘蚀；生态性和景观性好	迎水坡或背水坡	乔木、灌木和草本层次结合；疏丛型、密丛型和根茎型草种相互搭配
	木材	整体性和柔软性，能适应河床变形，生态性较好	一般用于护脚工程	沉枕沉排，材料有柳枝、芦苇、秸秆材料等
	石材	能够抵抗比较强的冲刷和侵蚀，使用灵活，适应河床变形，施工简便	山溪性河流或河流上游护岸或护底	块石、方石、卵石。块石可松散堆积也可整齐排列；方石较庞大，一般以阶梯或竖直方式砌放；卵石一般铺在河底做护底或河际护岸
人造材料	混凝土	强度高、耐老化、稳定。但渗透性不好，生态环保性较差	城市排污河段，冲刷较严重的险工段，亲水娱乐设施的构筑	混凝土板、模袋混凝土、预制钢筋混凝土、铰链混凝土排、混凝土预制框架
	植被型生态混凝土	生态、环保，同时可利用附着在其表面的各种微生物来净化水质	城市河道护坡	生态混凝土预制块做成砌体结构挡土墙
	生态植草砖	孔隙率高、透气又透水	边坡、道路、停车场、屋顶、广场	植物生长护岸砖、植物生长鱼巢砖和植物生长墙等
	土工材料固土种植基	采用土工材料加固土体，并在边坡上种植植物	河道、公路、水库等边坡保护	土工网、土工格栅、土工单元等固土种植基
	土工织物	高分子材料或生物材料编织而成的织垫或模袋。强度高、可塑性好、耐磨、造价低、材料来源广	可作为护坡、护底防冲材料。配合压枕可作为软体排使用	土工织物软体排，土工织物滤层，土工膜防渗。可生物分解的土工合成材料，如黄麻、椰壳纤维、木棉、稻草、亚麻等天然纤维

生态型护岸从结构上划分，主要有天然材料护坡、人造材料复合植被护坡、多孔隙结

构和笼系结构等，见表 6.1-3。这些材料和结构大多满足多孔隙和柔性的特点，满足不同功能的河段推荐采用的护坡材料和结构型式见表 6.1-4。

表 6.1-3 生态护岸的结构及其特性

结 构 类 型	应 用 实 例	特 性	应 用 范 围
天然材料护坡	草皮护坡，土壤生物工程	自然、生态、环保	护坡、护脚
人造材料复合植被护坡	土工网复合植被、网格反滤生物护坡、水泥生态种植基、绿化混凝土	自然、景观、生态、抗冲刷	冲刷不很严重的河道、公路、水库等边坡
多孔隙结构	空心混凝土块，如鱼巢护岸、萤火虫护岸、生态砖	预制构件，施工方便；抗冲刷；满足生态性和景观性	城市含沙量较少的景观、生态型河道
笼系结构	方形、矩形、梯形或三角形的笼内装天然石料。结构类型有木石笼、铁丝石笼、竹石笼、预制钢筋混凝土杆件和面坡箱状石笼	生态、环保、整体性好、挠性大、抗冲刷能力强、适应地基变形能力强、消浪性能好	护岸、护脚；丁坝工程；城区河流或海岸防护的挡土墙

表 6.1-4 满足不同功能的河段推荐采用的护岸材料和结构型式

河 流 分 类		护岸承担的功能	宜采用的材料和结构类型
山区性河流		抗冲刷，防侵蚀	笼石结构或钢筋混凝土结构并辅以生物措施
平原河流	中小型河流	排污区段	混凝土护岸
		亲水及休闲娱乐	石料、混凝土、木材及植被
		生态及景观	石材和木材组合护坡 石材和植被组合护坡 预制混凝土构件和植被组合护坡 生态混凝土和植被等
	大中型河流	抗冲刷 耐腐蚀 防止崩岸	石材和木材组合，如沉柴帘、柴枕、沉梢坝等；土工织物和混凝土、沙子、石块组合，如模袋混凝土及各种软体排等；钢筋混凝土结构、笼石结构

（2）设计流程。河道护岸设计涉及水文、水动力学、结构力学、材料力学、生态学、景观规划及城市建设等一系列相关知识，属于交叉性学科，设计过程比较复杂，设计流程如图 6.1-1 所示。

6.1.3 典型功能的护岸结构

6.1.3.1 生态功能

护岸生态功能设计是按照生态学原理，在保证护岸结构强度的同时，为河流中的各种生物创造有利的生息环境。可以考虑采取分区设计的方法。河流的岸坡区域一般可以划分为 3个，即死水区、水位变动区和无水区（罗利民等，2004）。死水区是指坡脚到枯水位之间的区域，这段区域常年浸泡在水下，是水生生物最活跃的地区；水位变动区是指枯水位与设计高水位之间的区域，该区域受丰水期与枯水期的交替作用，是水位变化最大的区域，也是受

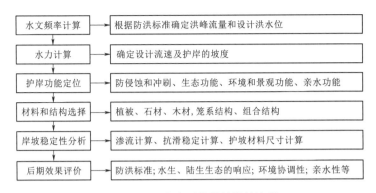

图 6.1-1   生态型护岸的设计流程

风浪淘蚀最严重的区域，该区是两栖类动物、昆虫类和鸟类活动最频繁的区域；无水区是指洪水位到坡顶之间的区域，该区域是陆生生物的主要活动区。根据岸坡的分区，采取相应的材料和结构来设计，两种典型的生态功能结构设计如图 6.1-2 和图 6.1-3 所示。

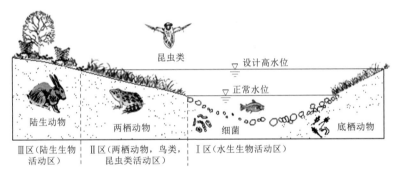

图 6.1-2   自然型生态护岸结构设计示意图

图 6.1-2 和图 6.1-3 中，Ⅰ区为水生生物活动区，设计以保护这些生物栖息和活动为目的。根据孔隙原理，该区要尽可能地创造孔隙。可以采取自然块石或卵石护坡，如果坡度比较大，冲刷较严重，可以用铁丝将块石串接起来。卵石的大小以 20～30cm 为宜，这样设计出的生态护岸可以融入周围风景中（河川治理中心，2004）；也可以采用人造多孔隙材料来满足要求，如空心混凝土预制块。该区护岸的坡度，根据工程经验，一般选 1∶2.5，从易于接近水边的角度考虑，这个坡度也能满足要求。

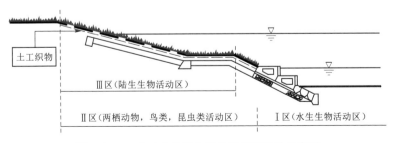

图 6.1-3   人工自然型生态护岸结构设计示意图

Ⅱ区是两栖动物、鸟类、昆虫类的活动觅食区，护岸的设计要满足这些生物的生存需要。可以采用草皮加筋技术来满足要求，如生物工程、三维土工网复合植被技术、网格反滤生物工程等。植物的搭配宜选择混合种，一方面可以满足不同的功能要求，另一方面可以形成一定的景观效果。然而从生态学上考虑，混合种的根系处在土壤同一深度时往往会遇到根系竞争的问题。因此在配植时，要注意使疏丛型、密丛型和根茎型草种相互搭配，混播时要注意植草比例。

Ⅲ区是陆生生物活动区，可以采用大型乔木、灌木和草本植物层次结合，这样既可以为动物提供隐蔽藏身的场所，又可成为城市自然景观的一部分，同时还可以为行人提供郊游、散步的空间。

6.1.3.2　亲水功能

亲水功能设计的目的是创造人与水接近的条件，因此要充分研究和分析大众心理行为，选择行为发生的合理区段进行相应的空间形态设计，促进人们亲水行为的发生。首先要考虑亲水的角度和位置，角度和位置是影响亲水程度的主要因素；其次是亲水空间和景观小品的设计，亲水空间可以利用亲水广场、亲水平台、亲水布道、亲水栈桥等来营造。

相比较而言，亲水小品的设计更需匠心独用、精心设计，例如，利用块石或小卵石缩减河宽以增加流速，提供活泼且安全的水域；在基流水量时搭配小水道，在河床设置亲水空间，营造民众亲水的机会；设计残疾人坡道、盲道，方便弱势群体的使用等。

另外，护岸的坡度是影响人们亲水内容的关键。护岸坡度自然是越平缓越好，但是，如果过于平缓的话，会使护岸的表面幅度显得过大。一般认为坡度在 1∶2～1∶3 之间时，人类驻足观赏景物，休息会感到明显不舒服；坡度缓于 1∶5 时休息、驻足会感到比较舒服；当坡度在 1∶5～1∶20 之间时，人们甚至可以在此缓坡上做轻微的运动，例如，球类运动、跑步、放风筝等娱乐活动，如图 6.1-4 所示。因此，当护岸坡度为 1∶2 时，护岸与水面的高度差为 2m，超过这一数值时，最好采用设置台阶等方法来设计。

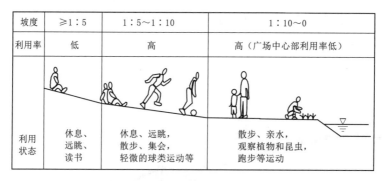

图 6.1-4　岸坡利用率大小示意图

6.1.3.3　景观功能

水流、护岸、水闸、堰、丁坝、桥、码头、河边公园、高河滩等都是河流景观的组成部分，对城市居民的生活环境、地区自然和精神风貌会产生巨大的影响。护岸的景观设计可以从视觉高度和长度、形态多样性、横断面结构几个方面来考虑。

（1）视觉高度和长度。视觉高度是与眺望距离、位置有关的一个数值，并不是护岸的绝对高度。视觉高度过高时，会使人产生只见护岸不见河流的感觉，严重影响河流的景观效果。在实践设计中可以通过一些手段来调节视觉高度，如对护岸肩部和水际部位做适当处理或将护岸绿化，将护岸沿水平方向分成若干台阶来降低视觉高度。研究表明（河川治理中心，2004）：垂直方向视角值超过 4°，便容易给人过高的印象。因此为了缓和视觉高度过大的印象，最好从望护岸的位置及其与护岸距离的关系来考虑，使护岸垂直方向的视角尽可能不大于 4°，如果将台阶与水面的高度差控制在 1m 以内的话，会有效地加强护岸与水边的一体感。

（2）形态多样性。河流在人们脑海里的形象是一条蜿蜒曲折的水流，如果采用直线条过多的平面形状，会给人一种人工水道的感觉，因此在构思和设计护岸的平面形状时，尽量设计一些徐缓曲折的形状。可以考虑加入一些设计要素，如阶梯设施、无落差护槽和接缝，让护岸肩部高度沿纵断面产生变化等手段。图 6.1-5 演示了一种满足生态、亲水和景观等多种功能的生态型护岸的结构设计方法，部位 A 处于铺草皮的堤防坡脚处，如果对该部位进行倒圆处理，变成圆滑的曲线，那么构成的景观可以与高水位河槽连成一体，使其看上去显得自然流畅。部位 B 是护岸的肩部，处于护岸轮廓线的位置，构成这一轮廓线的部分容易引人注目，如果设计不当会给人生硬呆板，与周围景观不协调的感觉，因此，弱化该部位给人的印象是非常重要的。在肩部插入绿化块或对肩部做倒圆处理，是模糊弱化的有效方法（河川治理中心，2004）。

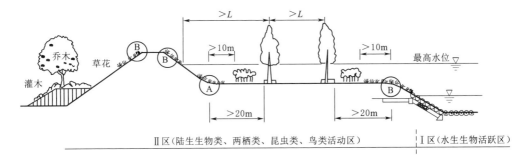

图 6.1-5　多功能生态型护岸结构设计示意图

$L=20+0.005Q$，其中，Q 为洪峰流量，m^3/s；L 不足 30m 时取 30m，大于 70m 时取 70m。

（3）横断面（cross section）。断面形式的选择与河流担负的功能和地形条件等有密切的关系，尤其是城市河流通常受制于空间的大小，在选择断面形式时要因地制宜。常用的河道断面形式有矩形断面、梯形断面、矩形复式断面、梯形复式断面等，表 6.1-5 对这些断面形式的特点和适用性进行了分析。

表 6.1-5　　　　　　　　　　　　河道横断面形式及其适用性

项　　目	矩形断面	梯形断面	矩形复式断面	梯形复式断面
河流规模	小型河流	中小型河流	大中型河流	大中型河流
流域面积/km²	>1000	<5000	>1000	>1000
地理条件	地形狭窄	地形较窄	地形较开阔	地形开阔

项　目	矩形断面	梯形断面	矩形复式断面	梯形复式断面
承担功能	行洪和蓄水	行洪、蓄水、生态	行洪、蓄水、景观、生态、休闲娱乐等	行洪、蓄水、生态、景观、休闲娱乐、亲水等
断面特点及适用性	过水断面小，洪水位高，一般采用不透水衬砌，适用于人口密集的城镇地区	过水断面小，洪水位较高，采用预制混凝土块或干砌石或自然草土护岸	过水断面大，洪水位较低，不需修建防浪墙，枯水期间可充分利用河滩地，但不利于亲水	过水断面大，洪水位低，一般不需修建高大的防浪墙，枯水期间可充分利用河滩地，可满足生态、景观、亲水等要求

6.2　植被缓冲带

国内外学者认为河岸带位于河流和陆地交界处，具有独特的植被、土壤、地形地貌、水文特征、复杂的生态过程，是面源污染进入河流的最后一道屏障，起到河流缓冲带的作用。张广分（2013）选取潮白河作为对象，对植被缓冲带上的草本、灌木和草灌等不同植被对不同浓度的氮、磷去除效果进行研究；王敏等（2010）定量研究了去除农田氮磷污染物的能力和滞缓地表径流的能力；李林英等（2010）通过改变缓冲带内怪柳、白花三叶草和沙棘的配置方式研究了不同植被配置方式对径流中固体颗粒悬浮物去除效果的影响。

6.2.1　植被缓冲带含义

植被缓冲带也称绿化缓冲带、植物保护带、植被过滤带、保护缓冲带等，是水土保持和面源污染控制的生物治理措施的总称，是一个土壤-微生物-植物生态系统（王庆海等，2012）。

河岸植被缓冲带是设置在河岸的缓冲区域，缓冲带内种植植被，从而缓冲由地表水流和地下径流携带的污染物进入河流水体。一般地，河岸植被缓冲带的结构形式多为由河道向岸边爬升的缓坡，并在缓坡上根据各高程水深变化范围布置适应性的植被带。构成缓冲带的主要植物种类很多，对应的种植区域也各不相同，所以可分为以下几种类型：①缓冲草带，主要植物种类是草本植物，一般以条状的形式构建在地表径流汇入到河流之前的区域，相对宽度较短；②缓冲林带，主要植物种类涵盖了乔木、灌木、草本的全部层次，是缓冲带中占地面积最广、植物结构最完整的；③缓冲湿地，植物种类相对来说比较单一，主要是水生植物，一般在水体附近的低洼地带设置。

6.2.2　植被缓冲带的作用

缓冲带具有很重要的作用，主要体现如下：

（1）植被缓冲带能够稳固堤岸，减少侵蚀。一方面植物覆盖度的增加使得原本光滑的地表变得粗糙，降低了地表径流系数，径流形成时会在植物根系附近留存一段时间并向地下渗透；另一方面植物盘根错节的根系对表层土壤起到加固的作用，能够有效阻止表土被水流冲刷到其他地方。

（2）植被缓冲带起到缓冲作用，削减污染，保护水质。径流中的泥沙在通过密集的植被缓冲带时被植物根系拦截并沉降。同时，河岸植被缓冲带可以削减、渗透、吸收、吸附营养物质和污染物，削减地表径流与地下潜流中的氮、磷等营养物质与污染物。研究表明，河岸植被缓冲带能有效地削减氮、磷等营养物质和农药等污染物。

（3）植被缓冲带能够明显改善周围地区的空气状况、地表温度湿度和太阳辐射环境，也能对局部小气候环境产生有利的影响，尤其对小流域的温度影响最大。因为大部分太阳辐射被植物吸收用于光合作用，还有一部分辐射被反射回大气层。夏季时植被缓冲带附近区域的温度能够降低2℃左右，空气湿度则有小幅度的提升。在寒冷季节水温会随着植被吸收辐射热量的传入而得到提高，河道附近水体蒸发量减小，空气对流强度也相对减轻。

（4）植被缓冲带可为生物迁移和物质能量的流动提供通道。植被缓冲带因为处在陆地和水体的过渡区域，所以是动植物良好的生存栖息场所和生长迁徙的重要通道，能够帮助两栖和哺乳动物自由地活动于水域和陆地之间。

（5）植被缓冲带的植物生长凋零后的枯枝落叶会落入到水体中，这些物质分解后的各种营养物质保障了河溪湖泊中的各种动物、植物和微生物能够很好地生存繁殖。此外植被缓冲带内部的广阔空间和生态位可以容纳多物种共同生活，河岸系统物种多样性得到显著提高。有研究表明，植被缓冲带中动植物种类数量要明显多于其他生态系统。

（6）植被缓冲带能够塑造优美的河岸自然景观，并给人类提供舒适的亲水、休闲场所。

6.2.3　缓冲带布置

2005年，建设部以第145号令发布了《城市蓝线管理办法》，将江、河、湖泊、湿地等城市地表水体保护和控制界线称为城市蓝线，并以法律形式予以保护。2019年8月，生态环境部印发了《生态保护红线勘界定标技术规程》，明确了对生态空间范围内具有重要水源涵养、生物多样性保护等特殊作用的重要区域，必须强制性严格保护，将生态红线作为了保障和维护国家生态安全的底线和生命线。目前在水域岸线管理保护和岸线利用规划中均应执行上述规定。缓冲带作为特殊的重要岸线区域，在布设中可分为草地、灌木、乔木以及两类以上植被构成的复合带。草地类型具有较好的污染处理效果，但时效性较差；灌木、乔木类型对污染的控制更为长效。而河岸植被缓冲带通常选用乔、灌、草相结合。靠近道路的河岸带不仅起着缓冲区的作用，还具有道路绿化带和护岸的双重功能。

6.3　人工湿地

6.3.1　人工湿地的概念及分类

湿地一般是指由水、处于水饱和状态下的基质和水生植物及微生物等组成的、处于水陆交界处、拥有独特水文特征的复杂生态系统（王世和，2007）。缔结于1971年的《湿地公约》对湿地的定义是：天然的或人工的，长久的或暂时性的沼泽地、泥炭地或水域地带，静止或流动的淡水、半咸水、咸水体，包括低潮时水深不超过6m的水域。

湿地类型主要包括沼泽湿地、湖泊湿地、河流湿地、浅海及滩涂湿地等，其对生态系统多样化、提供水源和补给地下水、调节气候、净化水质、防洪等有着重要的作用，而且湿地还具有很大的美学价值和野生价值（尹军等，2006）。

人工湿地（constructed wetland）区别于自然湿地，其主要特征是人类活动的强制性参与，特别是在湿地建设及运行管理方面。它是一种人工建造和调控的湿地系统，通过其生态系统中的基质、植物和微生物的物理、化学及生物的交叉作用来处理污水（李文奇等，2009）。

人工湿地具有投资少、建设运营成本低廉，污水处理系统组合的多样性、针对性，处理污水的高效性，以及独特的绿化环境景观功能等优点。同时，人工湿地也具有占地面积相对较大，受气候条件限制较大，容易产生淤积、饱和现象等缺点。

根据植物的存在状态，人工湿地主要分为以下 3 种类型：浮水植物系统、沉水植物系统和挺水植物系统（尹军等，2006）。按照不同的布水方式及水流在湿地中的流动状态，挺水植物系统又可分为自由表面流系统（Free Water System，FWS）和潜流系统（Subsurface Flow，SSF），其中潜流系统分为水平潜流人工湿地（Horizontal Subsurface Flow，HSF）和垂直流人工湿地（Vertical Subsurface Flow，VSF）。

（1）自由表面流人工湿地。表面流人工湿地是最接近于天然湿地的人工湿地，通常在自然的沼泽、河流浅滩、蓄滞洪区等基础上，加以特定植物的修饰、必要的工程措施（防渗土层等）以及简单的维护操作（植物收割、改善夏季的卫生条件等）而构成。

自由表面流人工湿地中（图 6.3－1），污水以比较缓慢的流速和较浅的水深流过，虽然水体的停留时间长，但污染物处理效果不是很理想，大部分依靠生长在水体中的各种挺水、浮水和沉水植物以及底土中的微生物群落的物理、化学及生物作用，使污水得到净化。表面流人工湿地的卫生条件较差，夏季易生臭味、滋生蚊蝇，影响到周围环境；在冬季，水体结冰的问题也限制了其污染物的去除效果及单独应用，多与水平潜流人工湿地或垂直流人工湿地联合应用，用作前处理或后处理修饰等方面。一般表面流人工湿地被更多地使用在控制面源污染，恢复和重建河流、湖泊湿地，净化受污河、湖水等方面。这类湿地多注重的是与自然环境的融合性、生态系统的多样性等，从保护、利用、恢复目前日渐萎缩和退化的自然湿地面积的角度而言，它们不失为一种经济的、生态的处理方式。

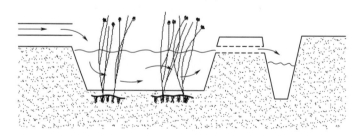

图 6.3－1　自由表面流人工湿地示意图

（2）潜流人工湿地。

1）水平潜流人工湿地。相对于表面流人工湿地，水平潜流和垂直流人工湿地的最大表观特点就是床体的大量基质填料和相对严格的运行操作。污水经管道均匀布水后近似水平流过填料床体，并于尾端设置能简便调节湿地内水位的结构（见图6.3-2）。水平潜流人工湿地具有受污负荷大、处理效果好等优点，已被广泛应用于美国、日本、澳大利亚、德国、瑞典、英国、荷兰和挪威等国家。

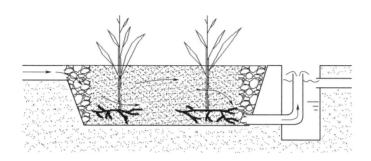

图6.3-2　水平潜流人工湿地示意图

水平潜流人工湿地的优点是水力负荷和污染负荷大，对污染物质的去除效果好。相对表面流人工湿地而言，湿地中的污水在处理过程中被表层土覆盖，处理效果受气候、季节的影响较小，并且运行得当可有效防止蚊蝇滋生和产生臭味（谢龙等，2009）。其缺点是控制相对复杂，脱N、除P的效果不如垂直潜流人工湿地等。

2）垂直流人工湿地。顾名思义，污水在这种类型湿地中的流动方式是垂直的，即水流从上而下或者从下而上穿过湿地填料床体，通过填料基质、植物根系以及微生物的联合作用，达到净化污水的目的（见图6.3-3）。

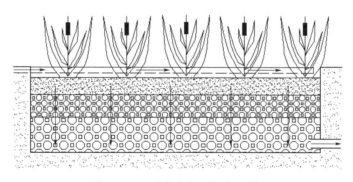

图6.3-3　垂直流人工湿地示意图

垂直流人工湿地分为上行流和下行流两种，最为常见的形式是下行流人工湿地，且多采用间歇运行方式，污水从湿地表面流入，逐步经基质垂直渗流到底部，在进水间歇期，空气可进入到填料空隙中，因而与水平潜流湿地相比，系统内充氧更充分，更有利于硝化反应的进行，而且提高了有机物的去除能力。栾晓丽等对垂直流和潜流型人工湿地脱氮除磷效果进行了研究，结果表明复合垂直流人工湿地对COD、NH_4^+-N、TN和TP的去除效果均优于潜流人工湿地，且下行流比上行流湿地单元的去除率高（栾晓丽等，2009）。

6.3.2 人工湿地组成

1. 基质

对于水平和垂直潜流人工湿地而言，基质是指填充于湿地床体的固定植物根茎并有一定空隙的物质，又称填料、滤料，一般由土壤、砂、砾石、石灰石、粉煤灰、页岩、铝矾土、膨润土、沸石等介质以及工业副产品如炉渣、钢渣和煤渣的一种或几种所构成。此外，随着人工湿地技术的发展，一些新颖的、拥有更好的处理性能的材料被用于人工湿地基质，如塑料等有机物料、活性炭、蛭石等。基质除了作为湿地的骨架支撑植物及为微生物提供附着表面外，在人工湿地处理过程中，还具有吸附、沉淀、过滤、离子交换等重要的作用，且不同的材料对污染物有着不同的处理性能。例如，沸石具有铝硅酸盐骨架结构的微孔，在处理污水时表现出很好的阳离子交换性能，由于微孔的较大的比表面积，可以附着较大的膜面积，也在一定程度上增加了微生物的数量，进一步加强了对污水的处理能力。

基质的一些几何特性直接或间接地影响着人工湿地的水力条件及污染物的最终处理效果，因此是评价填料性能优劣的一个重要指标。基质的几何特性包括比表面积（specific surface area）、孔隙率及填料因子，即填料比表面积与孔隙率三次方的比值。比表面积指单位体积填料具有的总表面积，它影响填料提供的气、液传质面积和微生物的附着面积，其值越大，填料的性能也就越好；孔隙率指单位体积的填料中空隙所占的体积比，它跟水力传导系数有着内在的联系，且直接影响着人工湿地的设计；填料被液体浸润后，填料因子反映了其流体力学特性，其值越小，液体的流动阻力就越大（王世和，2007）。刘汉湖对沸石和玄武岩的理化性能及两者对污染物的静态吸附做了实验研究，结果表明沸石填料较玄武岩填料粒径和空隙发育好，沸石对 N 的吸附平衡时间较玄武岩短且对 N 和 P 的最大吸附量较大，吸附性能优于玄武岩。

2. 植物

湿地中有着种类众多的水生植物，大多是本地优势植物种群，具有较强的适应性及处理污水的能力。按照其形态及生活习性，湿地植物可以大致分为挺水型（emergent）、漂浮型（free - drifting）、浮叶型（floating - leaved）和沉水型（submergent）4 种类型。

（1）挺水植物。种类繁多，植株比较高大，绝大多数有明显的茎、叶之分。植株大部分生长于水面之上，下部或基部沉入水中，根埋于泥中。多生长于岸边的浅水处，如荷花、芦苇、香蒲、鸢尾等。

（2）漂浮植物。植株漂浮于水面，根系悬垂在水中，常依附于挺水植物和浮叶植物，也能在水面比较平静的湖湾内形成群落。常见的漂浮植物有睡莲、喜旱莲子草、玉莲、槐叶萍、满江红等，多用于水面景观种植。

（3）浮叶植物。多位于较深的水体，体内储藏的气体使其茎叶漂浮于水面，植根于水底的泥土之中，如凤眼莲、浮萍等。

（4）沉水植物。生长在水体中心地带，植物完全沉于水气界面以下，根部扎在底泥或漂浮于水中，对水深的适应性最强。沉水植物适应于水下弱光条件，对水质有一定要求，常与其他类型的植物共同生长，也可形成沉水植物群落。因为污染物形态及浓度会影响其光合作用，因此沉水植物耐污能力较弱，常见种类有眼子菜科、金鱼藻科和茨藻科。

人工湿地中植物的作用可归纳为 3 个方面：①直接吸收污水中或经微生物转化而来的有机营养物质、吸附或富集重金属及有毒有害物质；②为根区提供氧气，供给好氧微生物，为其提供适宜的氧化还原环境；③增强并维持人工湿地介质的水力传输。胡胜华等（2010）研究了武汉三角湖复合垂直流人工湿地（IVCW）对重金属的去除效率，通过对人工湿地进出水水质大约一年的监测观察发现，IVCW 湿地系统在处理富含高浓度 N、P 的污水时，对 10 种重金属的去除率为：Cd＞As＞Mn＞Pb＞Zn＞Cr＞Cu＞Ba＞Li＞Ni。Lim 等（2003）的研究表明在种植香蒲的人工湿地试验中，Zn、Pb 和 Cd 的浓度对氨氮的去除效率有显著影响，但对 COD 无明显影响；其中 Cd 对氨氮去除率的影响分别是 Pb 的 5 倍、Zn 的 20 倍，且香蒲对 Zn、Pb、Cd 和 Cu 有明显的富集作用。

随着社会经济的发展和人民生活水平的逐渐提升，人工湿地不再局限于单纯的污水净化，其生态友好特性及景观美学价值越来越受到人们的关注。人工湿地的景观价值多体现于表面流人工湿地，如湿地公园、滨湖人工湿地、河滩人工湿地等，比较著名的如成都活水公园、杭州西溪国家湿地公园、沙家浜国家湿地公园、郑州 CBD 湿地公园等。吴彩芸等（2009）通过研究杭州长桥溪水生态修复公园的湿地植物，充分考虑水生植物的多样性，采取多层次配置水生植物、搭配景观跌水、融合园林小品等方式提高湿地的景观价值，达到融于自然、人水和谐的目的。

3. 微生物

相对于人工湿地的基质和植物而言，微生物是人工湿地最为重要的组成部分，对湿地生态系统中物质转化、能量流动起着重要作用。它在基质和植物根茎的表面形成生物膜或微生物絮凝体，通过自身的生化作用达到对污染物的吸附及降解。在人工湿地中，微生物种类繁多，不同种类对污染物的处理效果不同，主要包括细菌和真菌两种类型。它们直接吸收和转化或者捕获污水中的溶解性组分，并经同化和异化作用将其转化为自身或湿地植物所需的物质。由此可知，研究人工湿地的微生物对人工湿地的处理效率等有着非常重要的意义。

目前，对人工湿地微生物的研究方向有微生物种群时空分布、微生物酶活性、遗传多样性等。周元清等（2011）从微生物群落的研究方法、结构与组成、调节作用与环境因素的关系等方面对不同类型人工湿地微生物群落研究做了总结，指出分子生物学方法已经成为研究人工湿地微生物多样性的重要工具，微生物群落从多到少依次是变形菌、噬纤维菌-黄杆菌菌群、放线菌和厚壁菌等研究进展。蒋玲燕等（2006）对潜流人工湿地微生物的多样性进行了研究，通过运用聚合酶链式反应（Polymerase Chain Reaction，PCR）和变性梯度凝胶电泳（Denature Gradient Gel Electrophoresis，DGGE）技术和 Shannon 指数分析，记录了不同类型人工湿地的微生物群落结构及分布情况，得出潜流人工湿地中微生物种群多样性随着水流方向先增加并逐渐减少的结论。靳振江等（2011）通过研究处理重金属废水的人工湿地微生物，发现随着时间的推移，真菌数量一直在下降，细菌数量先升高后降低，放线菌和真细菌则与细菌变化相反；碱性磷酸酶活性降低，蔗糖酶和脲酶活性则先下降后升高。

6.3.3　人工湿地去污机理

人工湿地由其组成部分基质、植物和微生物三者之间通过物理、化学及生物作用处理污水中污染物，主要包括有机物、氮、磷、悬浮物及重金属等。

1. 有机物的去除机理

污水中的有机物分为可溶性和不可溶性两类。可溶性有机物（Dissolved Organic Matter，DOM）经过植物根区微生物的进一步分解直接被植物作为营养物质吸收并转化，不可溶性有机物则被人工湿地过滤、沉淀，随之被截留下来由微生物分解出去。植物根区附近的水环境依次呈现为好氧、缺氧和厌氧状态，即人工湿地中存在好氧和厌氧的区域或界面，此处氧化还原电位变化幅度大，较容易发生有机物氧化还原反应，降解有机污染物。

（1）好氧降解（aerobic degradation）。有机物去除过程中的好氧反应过程由化能异养微生物和自养微生物共同作用降解，因为前者的新陈代谢速率高于后者，所以好氧降解过程主要依靠异养微生物完成。好氧过程的主要限制因素包括污水中有机物（有机物特性，如可降解性 BOD/COD 值等）和溶解氧的含量，只有当两者均充足供应时，好氧过程才能高效运作。有研究表明，生化需氧量（BOD）与化学需氧量（COD）的比值为 0.3～0.8、与总有机碳（TOC）的比值在 1.2～2.0 之间时，生活污水中有机物的可降解性较高，见表 6.3-1。

表 6.3-1　　　　　　　　　特征废水不同参数的比例

废 水 类 型	BOD/COD	BOD/TOC
处理前	0.3～0.8	1.2～2.0
预处理后	0.4～0.6	0.8～1.2
最终出水	0.1～0.3	0.2～0.5

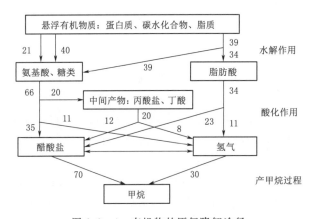

图 6.3-4　有机物的厌氧降解途径

（2）厌氧降解（anaerobic degradation）。厌氧降解由异养细菌在缺氧环境下完成，分为两个步骤：第一步，在产酸菌作用下将污水中的有机物质转化为自身细胞物质，有机酸和乙醇；第二步，由产甲烷菌继续氧化将有机化合物转化为新的细胞物质，甲烷和二氧化碳（图6.3-4）。

人工湿地中有机物的去除受多种因素的影响，如 pH、温度、溶解氧浓度、进水有机物负荷等。唐娜等（2009）研究了中试规模的人工湿地中有机物的去除，探讨了进水 COD 浓度、总悬浮物浓度（TSS）、总有机碳（TOC）以及 BOD 等因素对有机物 COD 的去除影响，并分析了沿水流方向人工湿地中 COD 的变化。Galvao 等（2012）研究了水平潜流人工湿地对突然改变的有机负荷的响应，以分析其对污染物负荷的缓冲能力。结果表明，人工湿地对有机污染物负荷有一定的缓冲作用，但却是建立在降低去除率的代价之上。杨长明等（2010）对无锡城北污水处理厂和人工湿地的组合系统的污染物去除率做了研究分析，发现其对各类污染物都有较好的去除效果，溶解性有机碳（DOC）基本能够反映水体中的 COD 和 BOD_5，而且表面流人工湿地对溶解性有机质（DOM）的去除效果明显高于潜流人工湿地。

2. 氮的去除机理

氮是污水中最主要的污染物之一，以有机氮和无机氮的形式存在，它通常会导致水体中溶解氧的减少、水体富营养化，其不同的存在形态甚至对水下生物产生毒害。人工湿地中，氮的去除机理主要有氨化、硝化、反硝化、微生物摄取、植物吸收、氨挥发和吸附等过程（Saeed et al., 2012），如图 6.3-5 所示。

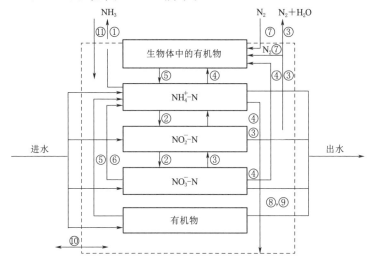

图 6.3-5 人工湿地污水处理系统中氮的形态转化图
①—NH_3 挥发；②—硝化；③—反硝化；④—生物吸收；⑤—氨化；⑥—硝酸盐氨化；⑦—固氮；
⑧—离子交换；⑨—吸附；⑩—与周围水体交换；⑪—降水径流带入的氮

（1）氨化。氨化作用（ammoniation）是人工湿地氮转化的第一个步骤，特别是在当进水中所含有的氨基酸等有机氮化合物丰富的情况下，即氨基酸通过氧化脱氨基作用生成氨气。随着基质床体深度的增加，氧气的供应越来越少，由反应条件可知，氨化作用随床体深度增加而减缓。氨化作用的理想 pH 范围为 $6.5 \sim 8.5$，且研究发现温度每升高 10℃（不影响生物酶正常活性的温度范围内），氨化反应速率会增加 1 倍。

（2）硝化、反硝化。硝化、反硝化作用是人工湿地去除氮污染的主要途径，当人工湿地进水中的氮元素主要以 $NH_4^+ - N$ 的形式存在时，氮的转化过程首先是硝化及反硝化作用。

硝化反应（nitration）是一个耗氧的两步骤过程。首先在亚硝化菌群的作用下，$NH_4^+ - N$ 被转化为 $NO_2^- - N$；其次，$NO_2^- - N$ 经过硝化菌类的氧化转化为 $NO_3^- - N$。硝化过程不单纯是氮在水体中的转化，期间还包括亚硝化菌类和硝化菌类的同化作用，即有小部分氮被上述菌类转化为自身细胞物质。硝化作用受环境中各种因素的限制，诸如温度、pH、氧浓度、微生物量、碳源等。总体上，硝化作用的最适宜温度为培养液中 25～35℃，土壤中 30～40℃，最适宜 pH 为 7.0～8.6。除了上述两种菌类外，自然界中的放线菌、球形节杆菌、藻类、芽孢杆菌、真菌、假单胞菌等也可以进行硝化反应，只是其硝化速率不如硝化菌类的高（Saeed et al.，2012）。

在人工湿地总氮的去除过程中，反硝化作用较硝化作用更为重要。有机化合物作为电子供体将电子传输给硝化反应生成的 $NO_3^- - N$，生成 N_2、N_2O 或者 NO。典型的反硝化细菌有芽孢杆菌、球状菌、螺旋菌等，另外，变形杆菌、气杆菌等只能将 NO_3^- 转化为 NO_2^-。反硝化过程是缺氧反应，溶解氧 DO 的含量应低于 0.3～0.5mg/L 或者更低氧含量，甚至缺氧的环境。反硝化过程中有碱性物质产生，且其适宜温度为 15～30℃，低于或高于这个温度范围，反应速率均会降低。

贺峰等研究了复合垂直流人工湿地系统中的硝化与反硝化作用，在污水依次经过下行流和上行流人工湿地时，硝化与反硝化交替占主导地位，最终氮转化为气态形式从污水中释放（贺峰等，2005）。结果表明，硝化作用和反硝化作用强度变化沿水流方向呈显著负相关，作用过程中的微生物量与其作用呈显著正相关，且硝化作用与其微生物量的变化更为一致。

（3）生物摄取。作为生物生长的必须营养元素，人工湿地中氮的部分去除是依靠微生物及植物的吸收完成的。污水中的无机氮，如铵态氮、硝态氮及小分子氨基酸等，会被植物和微生物直接摄取并最终转化为生物体蛋白质的合成。植物对氮的摄取受各种因素的影响，如湿地系统的配置、污染物负荷、污水类型、季节等。

（4）氨挥发。氨挥发是人工湿地除氮的一个物理过程，即 NH_3 从水体经水面释放到外部环境中。氨挥发作用受到湿地 pH 的限制，当 pH 大于 9.3 时，NH_4^+ 会转化为 NH_3 并释放出去；当人工湿地的 pH 低于 7.5～8 时，基本无明显氨挥发现象。

除此之外，近期研究发现传统污水处理过程中的新型除氮机理，主要包括局部硝化-反硝化、厌氧氨氧化及 Canon 机理（基于硝酸盐的完全自养型亚硝酸去除），但这些途径所需的最佳操作条件和环境参数在人工湿地中尚无从得知，因此这些新的除氮途径目前还未能实施于人工湿地（Saeed et al.，2012）。

3. 磷的去除机理

人工湿地中磷的去除同样经过了物理、化学及生物作用，最终通过收割植物、更换填料基质等方式去除污水中的磷污染物。人工湿地中，根据废水是否被水解或消化，磷主要以正磷酸盐、有机磷酸盐和聚合磷酸盐的形式存在。因为有机磷酸盐和聚合磷酸盐都可在湿地中转化为正磷酸盐，所以人工湿地中磷的去除就转化为正磷酸盐（PO_4^{3-}、HPO_4^{2-}、$H_2PO_4^-$）的去除问题上。人工湿地中磷的去除途径包括沉积、沉淀和吸附、微生物吸收积累及植物的摄取等，见表 6.3 - 2。

表 6.3 - 2　　　　　　　　　　　　　人工湿地中磷的去除途径

项　　目	途　　径	备　　注
物理	沉积	固体重力沉降
化学	沉淀	不溶物的形成或共沉淀
	吸附	吸附在基质或植物表面

续表

项　目	途　径	备　注
生物	植物摄取	条件适宜，植物摄取显著
	微生物吸收积累	微生物吸收取决于生长所需，积累量与环境中的氧状态有关

（1）沉积（sedimentation）。沉积作用是指污水中的可溶性磷酸盐在重力的作用下，沉降并储存在人工湿地内部的过程。人工湿地的水流流速较缓，而且有填料基质及植物根系的阻拦作用，所以给悬浮物及植物腐殖质提供了较好的静止沉积条件，而此两者正是人工湿地中磷的主要存储场所。

（2）沉淀（sediment）和吸附。人工湿地对磷的去除包括吸附、螯合、离子交换和化学沉淀等作用，其中贡献最大的当属基质的沉淀和吸附过程。沉淀作用是指污水中的磷与基质中的阳离子形成固体并最终沉淀的过程，过程受基质的 pH、Fe、Al、Ca 矿物等的影响；吸附作用通常是指通过配位体交换，磷酸根离子被吸附停留在基质表面的过程，受基质的活性基团、基质颗粒的比表面积、吸附位的数量、氧化还原电位（ORP）、有机质和土壤中磷本底值等因素的影响。沉淀和吸附是完全不同的两种除磷机理，但在人工湿地基质除磷的过程中，这两种除磷机理是同时发生的，并且很难将两者区分开来。

Sakadevan 和 Bavor（1998）对人工湿地中的几种填料基质做了试验研究，并通过观察各种基质的 Freundlich 和 Langmuir 吸附等温线，描述其吸附特性，结果发现：Freundlich 较 Langmuir 吸附等温线更适合描述填料的吸附特性，且冶炼炉渣和试验土样对磷的吸附作用（分别是 44.2g/kg 和 4.2～5.2g/kg）比沸石（2.15g/kg）和两个人工湿地的表层土（1153mg/kg 和 934mg/kg）要强。Xu 等（2006）对人工湿地中的九种基质做了磷吸附研究，并由 Langmuir 曲线中磷的最大吸收值估算了人工湿地基质除磷的使用年限，相比砂砾的 9 个月使用期限，冶炼炉渣可达 22 年之久。

（3）微生物的吸收积累。磷是生物体必需的重要元素，广泛存在于所有的细胞当中并参与几乎所有生理上的化学反应，在微生物体内一般以有机磷的形式存在。微生物对磷的吸收作用包括正常吸收和过量积累。

微生物对磷的正常吸收即同化作用，在充足有效的无机氮源环境下，自养型微生物需要足够的阳光和水温，异养微生物则需要适量的有机碳源才能保证同化作用的正常运作。磷的过量积累发生在人工湿地微环境氧含量（末端氧含量大于 1mg/L）及湿地进水的碳源（五日生化需氧量与总磷比值大于 20 或者与可溶性磷的比值介于 12：1 和 15：1 之间）比较充足的情况下，而且厌氧状态下微生物会释放磷。当微生物死亡后，其体内吸附的磷会迅速分解释放，但微生物将有机磷水解并无机化，是磷被基质吸附沉淀及植物摄取的关键步骤。

（4）植物摄取。如同无机氮对植物的重要性一样，湿地大型植物对磷的摄取虽然不及对氮的摄取，但无机磷（HPO_4^{2-}、$H_2PO_4^-$）也是植物生长必需的营养元素。污水中或被湿地微生物消化降解的无机磷被植物吸收后，经同化作用转化为植物体的有机成分，如 ATP、RNA、DNA 和磷脂等，随着湿地植物的收割而被去除。

Drizo 等（2000）对以页岩为填料基质的水平潜流人工湿地中磷和铵的分布做了研

究，并且对比了有植物和没有植物时，植物和页岩基质对磷和铵的处理性能，结果表明，尽管 $NO_3^- - N$ 的出口浓度都很低，但种植芦苇的湿地对磷和 $NH_4^+ - N$ 的处理能力（浓度为 $0.5\sim1.0g/m^3$）明显高过没有种植芦苇的湿地（磷和 $NH_4^+ - N$ 的浓度分别为 $0.5\sim16.5g/m^3$ 和 $10\sim30g/m^3$），说明了植物对污水中磷去除的重要性。李林英等（2010）通过研究植物吸收在人工湿地脱氮除磷中的贡献，结果佐证了 Drizo 等的研究成果，有大型湿地植物的人工湿地总磷的去除率（$54.6\%\sim62.8\%$）显著高于没有植物的人工湿地（44.3%）。而且在所研究的植物当中，香蒲对磷的去除能力高于芦苇、菖蒲，但植物对磷的摄取只占人工湿地总磷去除量的 $1.3\%\sim41.2\%$，对总磷的去除不占主要地位。

6.3.4 发展与应用

德国学者 Käthea Seidel 和 Reinhold Kickuth 分别于 20 世纪 60、70 年代发现芦苇等大型水生植物具有去除污水中有机污染物的作用，为人工湿地技术的发展及随后的应用奠定了基础。随后，二人提出著名的根区理论（root zone method），即高等水生植物在人工湿地污水处理中的重要作用：为根区周围的微生物提供富氧微环境及保持并提高人工湿地的水力传导性能。

20 世纪 70 年代，人工湿地技术开始在美国兴盛，但当时湿地的机构等仅局限于天然状态的河滩、池沼等。随后，美国召开了一系列的人工湿地技术研讨会议，提出了人工湿地的去污过程、机理和相关设计规范与数据。1996 年，在奥地利召开的第 4 届国际湿地研讨会上，一种新型生态水处理工艺诞生。

随着人工湿地技术的不断完善，相关的理论实验研究也日趋多样化、系统化，近 50 年来，人工湿地技术逐渐从试验研究转化为成功的、广受世界各地欢迎的实践应用，诸如野生动植物栖息地的保护、人为污水、雨水径流、工矿及冶炼厂废水等的处理（Wei et al.，2012）。Hanna 等（2007）通过研究波兰的人工湿地工程案例的设计及运行参数，指出：除温度因素外，过高的污染物设计去除率以及不合理的设计和运行方式等是所研究人工湿地的弊端所在。

自 1989 年第一个完全用于污水处理的人工湿地开始运行至 1999 年底，捷克大约有 100 个人工湿地相继投入使用。Vymazal 等（2010）对捷克的人工湿地做了系统的数据研究，包括湿地的类型、占地面积、处理对象，并对比捷克与其他国家人工湿地的污染物去除率；其中，Ondřejov 和 Spálené Poříčí 是捷克最早的两个水平潜流人工湿地，Vymazal 逐年对比了其对 BOD_5、COD、TP、$NH_4^+ - N$ 等的去除能力，发现两个人工湿地的运行状态良好。Merlin 等（2002）通过长达 6 年的运行监测，对该人工湿地的水力停留时间、污染物及细菌的去除效率、植被的生长状态、去污过程等做了全面的研究探讨，针对人工湿地的优化设计和运行提出建议。Babatunde 等（2008）系统地总结了爱尔兰人工湿地的发展历史、应用现状及前景，用实际工程案例做详细分析，并通过 Web of Science 考察了 1992—2002 年各国发表文献，最后对人工湿地做了两点建议：建立人工湿地数据库，加强信息流通及有选择地统一设计规范。2010 年，Vymazal 等在其论著中对世界各地的水平潜流湿地做了总结研究，足以说明人工湿地技术出现之后，其影响已经遍及世界的大部分国家的各种污水的处理，水处理研究与应用在生态工程方面的长足发展和进步。

在我国，"生态工程"这一概念首先被马世骏教授提出，其后于 1984 年详细阐述了社会-经济-自然复合生态系统的概念、衡量指标及研究程序（Zhang et al.，2009；马世骏等，1984）。我国人工湿地系统的研究始于"七五"期间，较发达国家晚起步十几年。

随着理论技术的发展及逐渐深入，人工湿地的小试试验、工程应用也蓬勃发展起来。生态环境部华南环境科学研究所在深圳建设了白泥坑人工湿地，湿地占地 189 亩，处理规模为 3100m³/d；北京昌平于 1988—1990 年间建成了处理规模为 500m³/d 的表面流人工湿地；天津生态环境科学研究院也于 1987 年建成了占地 90 亩、日处理污水 1400m³ 的芦苇床湿地工程。之后，人工湿地开始结合湿地植物的景观特性，诸多着眼于人互动的湿地公园走入人们的视线。1997 年成都开始建设世界第一座城市综合性环境教育公园——活水公园，将景观娱乐性、环保教育理念融入工程案例之中。除此之外，沙家浜国家湿地公园、杭州西溪国家湿地公园、太湖湿地公园等也陆续建成，在处理环境污染问题的同时其景观娱乐等特点也为人们所津津乐道。

由于人口众多，人均土地资源有限，我国的人工湿地较外国的设计表面水力负荷偏高，且有研究对比我国与国外的人工湿地成本与各种污染物的处理效率，结果表明：在高负荷的情况下，我国人工湿地的平均处理效率反而均略高于国外的（Zhang et al.，2009）。

目前人工湿地的研究及应用主要体现在以下几个方面：

（1）各种污染物的处理。人工湿地对常规污染物如氮、磷、有机物的去除研究由来已久。Vymazal 等阐述了有机物的去除机理并对世界各地 400 多个水平潜流人工湿地的运行处理状况进行了研究（Vymazal et al.，2010）；陈明利等（2006）从植物、微生物、基质和水力学特点等几个方面论述了人工湿地的去污机理进展。随着人工湿地被广泛应用于各种污染物的处理，如重金属、杀虫剂等，其去除机理的研究不再局限于传统污染物的研究。Katherine 等（2011）就人工湿地对污水中砷（As）的去除机理了充分的研究，分别从沉淀、共沉淀、吸附、甲基化等作用以及植物的摄取方面做了阐述，并对影响砷去除过程的因素进行了分析讨论。

（2）微生物群落。人工湿地对污染物的去除作用中最重要的是微生物的作用，因此对微生物的群落特性的研究有助于深入解剖污染物的去除机理、效率及其他相关的问题。这些研究包括微生物群落的分布、数量、多样性和酶等方面。随后分子技术被广泛地运用到其中，梁威等（2010）总结论述了国内外分子技术在微生物群落中的发展。

（3）寒冷地区的应用。低温是限制人工湿地技术在寒冷地区发展的主要因素，主要表现在植物的枯死、微生物活性降低、湿地床体结冰等方面。因此，对湿地的保温措施以及设计、运行操作等方面的研究颇多。保温措施包括植物覆盖、冰雪覆盖、地膜或温棚覆盖等，运行操作包括曝气、间歇式运行等。

6.4　人工岛/生态浮床

6.4.1　概念

人工岛技术又称生态浮床技术、生态浮岛技术、生物浮岛技术等。它是运用无土栽培技术原理，以高分子材料为载体和基质，采用现代农艺和生态工程措施综合集成的水面无土种植植物技术。

在 20 世纪 50 年代初，为预防大雁种类灭绝而增加其栖息地，美国生态学家 Gurney 首次研究了人工浮岛。德国在 1979 年构建了首座人工浮床。日本专业研究者们于 1995 年在霞浦在隔离水域上设置人工生态岛，使该水域水质有了明显好转。80 年代起，国内一些学者在北京什刹海、太湖、五里湖等污染水域开展了生态浮岛技术的探索性研究。宋祥甫等先后在北京、上海、杭州、无锡等城市进行生态浮床治理城区污染河道试验（宋祥甫等，1998）。李兆华等（2007）利用生态浮岛技术，开展了"水上草园""水上菜园""水上花园""水上稻田"等方面的研究，取得较好成果。目前，国内外利用生态岛技术在很多水域进行水体修复，对于该技术的研究日趋成熟，在基质选择、载体材料、植物选择等方面都已经有了较成功的经验和借鉴。生态浮岛作为一种有效改善污染水环境、美化景观的措施，是水环境修复的重要发展方向之一。

6.4.2　分类及组成

根据植物与水体是否接触，生态浮床技术可分为干式和湿式两种。干式浮床的植物与水有距离，可以栽种大型的木本、园林植物构成鸟类的栖息地，同时形成一道靓丽的水上风景。但是生态浮床的净化主体植物与水不接触，对水体没有净化作用，所以一般作为景观布置或是防风屏障使用。湿式浮床植物与水接触，植物根系吸收水体中各种营养成分，降低水体富营养化程度，还可以利用植物的选择吸收性去除水体中的重金属物质。相比较而言，湿式浮床技术更适用于河道污水的治理，在河道污染治理中更为常见。

常用的生态浮床组成部分包括浮床框架、浮床床体（多个浮床单体组装而成）、浮床基质、水生植物。随着科学技术的不断发展，生态浮床技术也日新月，如梯级生态浮床技术、太阳能动力浮床技术、复合式生态浮床技术等都得到了发展和应用。

6.4.3　修复机理及净化效果

（1）修复机理。生态浮岛技术治理水环境与生态修复的机理主要有以下几方面：①植物在生长过程中对水体中 N、P 等植物必须元素的吸收利用；②植物根系和浮床基质等对水体中悬浮物的吸附作用和对水体中的有害物质的富集作用；③植物根系释出大量能降解有机物的分泌物，从而加速有机污染物的分解；④微生物对有机污染物、营养物质的进一步分解，使水质得到进一步的改善；⑤最终通过收获植物体的方法将 N、P 等营养物质以及吸附积累在植物体内和根系表面的污染物搬离水体，使水体水质得到改善，从而为高等水生生物的生存、繁衍创造生态环境条件，为最终修复水体生态系统提供可能。

（2）净化效果。目前生态浮床的应用研究中，在水生植物和生物填料选择方面的水质净化效果研究有大量报道。卜发平等（2010）利用美人蕉和菖蒲生态浮床净化微污染源水的研究结果表明，两种生态浮床具有较好的水质净化效果，美人蕉和菖蒲浮床对 TN、TP、COD_{Mn} 的平均去除率分别为 42.5%、48.1%、42.3% 和 36.2%、44.2%、36.3%，使得经过生态浮床处理的水质都能满足集中式饮用水水源地水质标准的要求。茅孝仁等（2011）选取大聚藻、美人蕉、黄菖蒲和鸢尾这 4 种常用于生态浮床的水生植物作为研究对象，研究表明：不同水生植物的水质净化能力相差较大，4 种水生植物的氮去除率为 38.6%～89.9%，磷去除率为 29.3%~75.3%；大聚藻和美人蕉可作为优选的生态浮床水生植物，黄菖蒲和鸢尾由于其较强的耐寒性可进行组配使用，其净化效果排序为：大聚藻＞美人蕉＞鸢尾＞黄菖蒲。根据不同植物的特性选择适当的植物进行组合搭配来处理污水，可以获得更好的净化效果。廖建雄等（2019）对浮床植物多样性及组合的研究表明，生态浮床的系统生产能力随着多样性的增加呈下降趋势，但是 N、P、COD 的去除率随多样性增加而显著增加。

随着生态浮床研究的不断深入，单纯依靠植物的作用对水体的净化能力有限，科研人员近年来进行了新型生态浮床的探索。戴谨微等（2018）和柏义生等（2018）进行复合型生态浮床的研究，在生态浮床的水下部分悬挂生物填料，提高生态浮床的单位体积生物量，对水体污染物具有较好的去除效果。另外，传统生态浮床可以结合人工介质与微曝气系统来进行河流治理修复，这种设计提高了处理效率，并在一定程度上降低了成本。

6.5 鱼道

在河流中，有一部分鱼有着洄游产卵的习性。现代人工修建的河道三面较光滑，河道中的流速较快，致使鱼类很难回到其熟悉的地方产卵。为此，在一些河道中应该修建鱼道，确保洄游鱼类的繁殖和栖息。鱼道是沟通鱼类等洄游上下游通道连贯，保证鱼类等水生生物的能够顺利地翻越闸、坝或天然障碍物而设置的一种水工建筑物，在维系水生生物种群之间交流与河流上下游连续性发挥着重要的作用。

据相关文字记载，最早的鱼道出现在 300 多年前的法国。1662 年法国贝阿尔恩省颁发了规定，要求在修建的堰坝上建造供洄游鱼类上、下通行的通道。1870 年，日本在其境内的一条瀑布上修建了一座过鱼通道，使洄游鱼类能更好地进入十和田湖内。1883 年，英国在柏思谢尔地区泰斯河支流的胡里坝上设置 80 多个池室建成鱼道。1909—1913 年，比利时工程师丹尼尔通过试验与研究，提出丹尼尔式鱼道，被广泛地应用在堰坝工程的鱼道建设中。1938 年，美国在哥伦比亚河上建成了 Bonneville 坝，该工程修建了世界上第一座池堰式鱼道。1943 年，加拿大和美国合作在加拿大的弗雷赛河上修建了著名的鬼门峡鱼道（Hill's Gate），是世界上第一座真正意义上竖缝式鱼道。1999 年，美国在其境内的詹姆斯河 Bosher 大坝建造了一条安装了电视摄像系统的竖缝式鱼道。至 20 世纪末期，鱼道的建设数量飞速增长，北美地区大概有 400 余座，日本则有 1400 余座（联合国粮食及农业组织，2011）。

我国鱼道的建设始于 20 世纪 50—60 年代，晚于其他国家。1958 年规划江苏省富春江的七里垅水电站时首次提出鱼道的建设，并进行了相关的生态环境调查和水工物理模型试验。1960 年，在黑龙江兴凯湖建成了新开流鱼道。1963 年水电部和水产部联合颁布了《在水利建设和管理上注意保护增殖水产资源的通知》，1974 年水电部和农林部又联合召开了"水利工程过鱼设施经验交流会"，进一步总结经验，推动了水利建设中水产资源的保护、增殖以及鱼道建设工作。20 世纪 80—90 年代，在葛洲坝水利枢纽过鱼设施的建设上产生了分歧与争论，这段时期鱼道的建设进入了停滞期。21 世纪初，我国的水利工程建设进入高峰期，随着人们对生态环境保护意识的增强及珍稀鱼类濒临灭绝情况的加重，鱼道的建设进入了二次发展期，建设了很多鱼道，诸如北京南沙河上的上庄鱼道、吉林珲春河上的老龙口鱼道、西藏狮泉河鱼道、湖北汉江上的崔家营鱼道、广西西江上的长洲鱼道、江西赣江上的峡江鱼道等。

2013年9月17日水利部发布《水利水电工程鱼道设计导则》（SL 609—2013），2014年5月10日国家能源局和环境保护部共同下发《关于净化落实水电开发生态环境保护措施的通知》（环发〔2014〕65号），两份文件都明确要求建设水利枢纽工程的同时要建设科学合理的过鱼设施，认真落实该项工程，监测和记录运行期间的过鱼效果，不断优化设施的结构，做好鱼道设施后期运行管理的工作（祁昌军等，2017）。鱼道是维护工程建设与河流生态环境之间和谐共存的纽带，该项保护措施得到了国际"生物多样性保护条约"的认可和大力推崇，同时鱼道建设的内容也列入我国科学和技术发展规划的纲要中。

6.5.1 鱼道分类

鱼道可分为水池式鱼道、槽式鱼道、竖缝式鱼道、梯级鱼道以及复合式鱼道等。下面对不同形式鱼道的特点进行简要阐述。

（1）水池式鱼道。由一连串连接上下游的水池组成，各水池用短渠连接。水池式鱼道接近天然河道情况，利于鱼类通过，但抬高水头不大，一般为3~10m，且要地形合适，否则开挖量很大。

（2）槽式鱼道。这是一种最简单的过鱼建筑物，为矩形断面的槽。为了保证水深和限制流速，在槽式鱼道中设置不同类型的人工加糙，称为旦尼尔槽式鱼道（见图6.5-1）。

其优点是宽度小，在2m以下，坡度陡，1:4~1:10，长度短；缺点是流量大，流态较差，紊流严重，仅适用于较强劲的鱼，常用在2m以下的水位差处。

（3）竖缝式鱼道。它是现在鱼道建设中应用比较广的形式。竖缝式鱼道是指在水槽两个边墙上设置隔板和导板，使两者之间形成竖缝，从而将水槽分为一系列池室的鱼道。根据竖缝的位置和数量可将竖缝式鱼道分为同侧竖缝式鱼道、异侧竖缝式鱼道和双侧竖缝式鱼道（见图6.5-2）。竖缝处水流的收缩扩散、池室内的回流和延长主流路径都是竖缝式鱼道的消能方式，消能效果也较为良好。

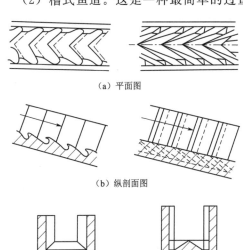

（a）平面图

（b）纵剖面图

（c）横剖面图

图6.5-1 两种加糙方式的旦尼尔槽式鱼道

竖缝式鱼道内水流特性呈明显的二元性，能适应喜好不同水深的鱼类的上溯，但也只能适应目标鱼类游泳能力相差不大的情形。

（4）梯级鱼道。由阶梯式底板和横隔板的水槽组成，形成一系列梯级水池，如图6.5-3所示。由于隔板的作用，一系列水池中水位成阶梯状。为了过鱼，在隔板上设孔，有的在隔板顶部一侧，有的可在隔墙底部一侧。梯级水池和鱼道路线的拐角处，都是

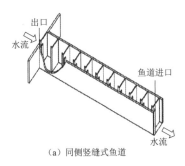

（a）同侧竖缝式鱼道

（b）异侧竖缝式鱼道

（c）双侧竖缝式鱼道

图 6.5-2　竖缝式鱼道示意图

鱼通过孔后的休息场所。鱼道的尺寸、阶梯的数目、跌水的大小、孔的形状和位置，都要随水流流速和洄游鱼习性确定。

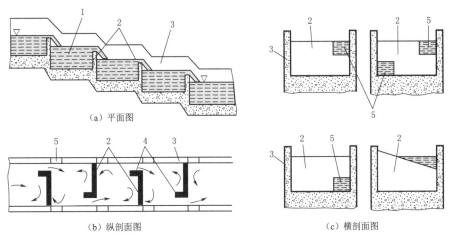

（a）平面图

（b）纵剖面图

（c）横剖面图

图 6.5-3　梯级鱼道示意图

1—水池；2—横隔板；3—纵向墙；4—防护门；5—游入孔

（5）复合式鱼道。鱼道的设计要考虑到河川特性、鱼种、水文状况、放水量等因素，有水路、导壁、阶段、隧道、升降机、闸门等设计，以适应不同地方与不同鱼类的需要，因此设计中常采用复合式。

复合式也称组合式，可以根据目标鱼类的生活习性和游泳能力灵活地组合，组合式鱼道具有一定的优势但是也会出现较为复杂的流态，需要合理的组合。组合式鱼道可以适应多种目标鱼类的上溯洄游，可以增加过鱼的种类和数量。

（6）新型鱼道。以往传统工程鱼道一般通过建设内部结构（如隔板、孔、缝等）来形成适宜的水流流态和水流流速，使得鱼类能通过河道障碍物顺利上溯。新型鱼道则更注重适合鱼类生活环境，可分为仿自然式鱼道和仿生态式鱼道。仿自然式鱼道是一种将天然的漂石、砂砾等布置在宽浅明渠中以接近天然河道的水流特性的鱼道，此类鱼道的水流特性更加符合目标鱼类的生活习性，因此具有较高的过鱼效率。仿生态式鱼道秉承了传统鱼道的基本形式，在传统鱼道的基础上对材料和结构型式进行了优化，利用天然的漂石、卵石等做成生态石笼布置在渠道内，底部铺设砂石、卵石以增加糙率进行消能。此类鱼道不仅更加符合目标鱼类的生活习性，还能降低对生态环境的影响、保护和修复河流的生态廊道功能。

6.5.2　鱼道的布置原则

（1）鱼道进口布置的一般原则如下。

1）进口应设在经常有水流下泄、鱼类洄游路线和经常集鱼群的地方。

2）进口附近水流不应有漩涡和水跃。

3）进口应能在过鱼季节适应下游水位的变化。

4）进口底槛高程在过鱼季节下游水位变化时应保证有 1.0～1.5m 的水深。

（2）鱼道出口布置的一般原则如下。

1）出口应远离枢纽中泄水和引水建筑物。

2）出口在过鱼季节应能适应上游水位变化。

3）出口高程应保证能从上游进水入鱼道。

4）出口高程应保证在过鱼季节上游水位一般变幅时有 1.0～1.5m。

5）出口一定范围内不应有妨碍鱼类继续向上游洄游的不利环境。

6.5.3　鱼道的设计流程

鱼道设计工作开展之前，应制定切实可行的工作方案，按照"鱼类资源调查→过鱼对象确定→过鱼对象生态习性研究→过鱼对象流速测试（见表 6.5-1）→鱼道设计参数确定→鱼道初步设计→模型试验→鱼道设计方案确定→鱼道实施及优化→原型试验→鱼道运行过鱼监测→鱼道持续研究"一整套工作方案，保障鱼道设计工作有序地推进。

表 6.5-1　　　　　几种鱼类的感应流速、喜好流速和极限流速

鱼类	种类	体长/m	感应流速/(m/s)	喜好流速/(m/s)	极限流速/(m/s)
溯河洄游性鱼类	中华鲟	成鱼	—	1.00～1.20	1.5～2.5
	大麻哈鱼	—		1.30	5
	虹鳟	0.096～0.204	—	0.70	2.02～2.14
		0.245～0.387	—	0.70	2.29～2.65
	刀鲚	0.10～0.25		0.20～0.30	0.40～0.50
		0.25～0.33		0.30～0.50	0.60～0.70
	美洲鲥[①]	0.40		0.40～0.90	＞1.00
降海洄游性鱼类	幼鳗	0.05～0.10		0.18～0.25	0.45～0.50
半洄游性鱼类	鲢鱼	0.10～0.15	0.2	0.3～0.5	0.70
		0.23～0.25	0.2	0.3～0.6	0.90
		0.40～0.50	—	0.90～1.0[②]	—
		0.30～0.40	—	—	1.20～1.90[③]
		0.70～0.80	—	—	1.20～1.90[③]

续表

鱼 类	种 类	体长 /m	感应流速 /(m/s)	喜好流速 /(m/s)	极限流速 /(m/s)
半洄游性 鱼类	草鱼	0.15～0.18	0.2	0.3～0.5	0.70
		0.18～0.20	0.2	0.3～0.6	0.80
		0.24～0.50	—	1.02～1.27②	—
		0.30～0.40	—	—	>1.20③
	青鱼	0.26～0.30	—	0.60～0.94②	—
		0.40～0.58	—	1.25～1.31②	—
		0.50～0.60	—	—	>1.30③
		64.4	—	1.06②	—
	鯆鱼	0.40～0.50	—	<0.80②	—
		0.80～0.90	—	—	1.20～1.90③
	鲤鱼	0.37～0.41	—	1.16②	—
		0.40～0.59	—	1.11②	—
	鲂鱼	0.10～0.17	0.2	0.3～0.5	0.60
	鲌鱼	0.20～0.25	0.2	0.3～0.7	0.90
洄游性蟹	河蟹幼蟹	体宽 0.01～0.03	—	0.18～0.23	0.40～0.50

① 我国尚无鲥鱼的相关数据，美洲鲥鱼的数据供参考。

② 数据来源于中国科学院水生物研究所室内试验成果。参考该鱼类顶水流游动30min以上的游速确定。

③ 数据来源于富春江大比例（1∶1.5）模型试验中鱼类克服孔口的流速值资料。

6.5.4 鱼道观测及运行

（1）鱼道原体观测的目的。

1）了解鱼道进口附近鱼类的活动规律、鱼道进鱼情况和过鱼效果。

2）实测鱼道进口和隔板过鱼口的流速，观察鱼道各部水流流态，发现鱼道运行中存在的问题，提出改进措施。

3）调查坝上鱼类资源的变化情况，评价鱼道的效益。

4）积累鱼道原体运行资料，为以后设计过鱼建筑物提供参考。

鱼道观测室通常布置在上游出鱼口附近，在该处所观测计数的鱼类已游完鱼道全程，也可布置在鱼道中段便于交通及管理的位置。观测室一般为两层楼房，底层为鱼道观测房，主要用来放置摄像机、计数器等设备。底层不设亮窗，用绿色或蓝色防水灯来照明。在鱼道侧壁上设置两个玻璃观测窗，用来观测鱼类洄游情况，电子计数器用来记录洄游鱼类的种类及数量，摄像机可将鱼类通过鱼道的实况录下来，供有关人员及游客观看，并可为今后对鱼类洄游规律和生活习性的研究以及鱼道的建设提供依据。上层为参观陈列室，游客可通过投影电视观看到鱼道中鱼类的洄游情况，四周墙壁上可陈列主要洄游鱼类的介绍、库区情况等。

（2）鱼道的运行。鱼道的运行以正常设计水位运行为主，有时可以控制运行。控制运行即在某种上、下游水位组合情况下，将鱼道下游闸门关闭，闸门底部保留一定的开度，而鱼道出口闸门全开。此时，上游来水量大于下泄流量，鱼道内水位逐渐升高，流速减小，已进入鱼道的幼鱼、小蟹即可顺利上溯。在一定水位组合情况下，可调整下游闸门开度，使鱼道出口处平均流速为 0.1～0.3m/s，在此流速下，幼鱼、鳗、小蟹及要求低流速鱼类均可大量上溯。根据以往经验和资料显示，控制运行比鱼道正常运行省水 50% 以上，又能适应低流速鱼类上溯。

鱼道投入运行后，必须加强维修和保养。要经常检查鱼道各闸（阀）门及启闭设备，保证能随时使用；经常清除鱼道内的漂浮物，防止堵塞隔板过鱼孔；随时擦洗鱼道观察室的玻璃窗，保持一定的透明度。对所有观测计数仪器设备，要注意防潮，以备随时使用。严格禁止在鱼道进出口停泊船只及在鱼道内捕鱼、排入污水等。

6.5.5 鱼道设计案例

下面以船钉子鱼保护为例，阐述竖缝隔板式鱼道的设计。

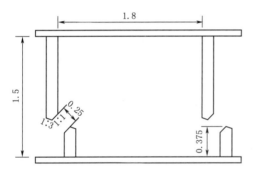

图 6.5-4 鱼室结构平视图（单位：m）

1. 鱼道设计

（1）主要参数的确定。保护鱼类基本信息：保护鱼类为船钉子鱼，体长为 10～24cm，喜好流速 0.3m/s 左右，极限流速为 0.6～0.9m/s。

设计水头差：过鱼季节闸上下游最大水头差 3.5m。

（2）鱼道水力计算。

1）池室净宽 B。鱼道净宽尺寸越大，每级鱼道内的平均流速就越小，利于鱼类的中间休息；但净宽尺寸越大，鱼道造价也就越高。《水利水电工程鱼道设计导则》（SL 609—2013）规定池室净宽不宜小于主要过鱼对象体长的 2 倍，考虑到所过鱼类的习性，并参考国内外已建鱼道的经验，认为鱼道净宽取 1.5m（见图 6.5-4），能满足过鱼要求且比较经济。

2）池室水深 h。在其他条件一定时，鱼道越深，需要的鱼道出鱼口数量就越少，相对减少了建设出鱼口的投资和施工难度，但鱼道深度的增加，同时又增加建设鱼道主体的投资。根据过鱼对象体长及池室消能要求确定，设计水深可取 0.5～2.5m。为兼顾表层鱼类和底层鱼类，所以池室水深取为 1m。

3）鱼道每级净长 l。鱼道净长尺寸越大，每级鱼道内的平均流速就越小，利于鱼类的中间休息；但净长尺寸越大，鱼道总长度就越长，鱼道造价也就越高。考虑到所过鱼类的习性，并参考国内外已建鱼道的经验，鱼道净长取 1.8m（见图 6.5-4），能满足过鱼要求且比较经济。

4）竖缝宽度 b。参考国内外现有鱼道的设计，竖缝宽度取 0.25m。

5）隔板水位差。

$$\Delta h = \frac{v^2}{2g\varphi^2} \tag{6.5-1}$$

式中：Δh 为隔板水位差，m；v 为鱼道设计流速，m/s；g 为重力加速度，m/s^2；φ 为隔板流速系数，可取 $0.85\sim1.00$。

经计算，$\Delta h=0.022$m。

6）鱼道底坡 I。当上下游水位差一定时，鱼道的坡度越大，所需鱼道的级数就越少，鱼道的总长度相应较小，鱼道的建设费用也就越低；然而，鱼道的坡度越大，鱼道中水的流速就越大，鱼类就越不容易通过鱼道。鱼道底坡可以根据下式确定：

$$I=\frac{\Delta h}{l+d} \tag{6.5-2}$$

式中：I 为鱼道底坡；Δh 为隔板水位差，m；l 为池室净长；d 为隔板厚度，取 0.2m。

经计算，鱼道底坡 $I=0.0111$。

7）鱼道池室数量 n。鱼道池室数量 n 可按下式计算：

$$n=\frac{H}{\Delta h}-1 \tag{6.5-3}$$

式中：n 为鱼道池室数量；Δh 为隔板水位差，m；H 为鱼道最大设计水位差，m。

经计算，鱼道池室数量 $n=140$。

鱼室平面布置示意图如图 6.5-5 所示。

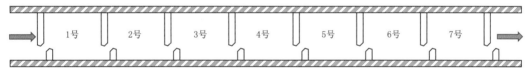

图 6.5-5　鱼室平面布置示意图

8）鱼道流量 Q。鱼道流量 Q 可按下式计算：

$$Q=\frac{2}{3}\mu s h_0^{\frac{3}{2}}\sqrt{2g} \tag{6.5-4}$$

式中：Q 为鱼道流量，m^3/s；h_0 为池室内下游水深，取 1m；μ 为流量系数，取 0.25；s 为竖缝宽，取 0.25m。

经计算，鱼道流量 $Q=0.18$m^3/s。

9）鱼道单位水体功率耗散 E。鱼道单位水体功率耗散 E 可按下式计算：

$$E=\frac{\rho g \Delta h Q}{V}<[E] \tag{6.5-5}$$

式中：E 为鱼道单位水体功率耗散，W/m^3；$[E]$ 为允许单位水体功率耗散，W/m^3；V 为池室水体体积，m^3；Q 为鱼道流量，m^3/s；ρ 为水密度，kg/m^3。

经计算，鱼道单位水体功率耗散 $E=7.92$W/m^3。

10）鱼道总长 L。鱼道总长 L 可按下式计算：

$$L=n(l+d)+m(\Delta l+d) \tag{6.5-6}$$

式中：m 为休息室个数；Δl 为休息室池室净长，取 6m。经计算，技术鱼道长 $L=336$m。

加上生态鱼道 200m，鱼道总长 536m。

2. 鱼道隔板局部模型试验

鱼道隔板局部模型试验可以评价池室的流速分布和水流流态。由于竖缝式鱼道存在射流、涡流等水流流态，所含水力学信息较为丰富，通常采用三维数学模型计算，如目前应用较广的 Flow – 3D、Fluent 等。图 6.5 – 6 为 $0.5H$ 水深时池中的平面流速云图及流场图。由图可见，主流流速基本在 $0.3\sim0.8\text{m/s}$ 之间，回流区流速基本小于 0.2m/s，竖缝位置最大流速为 0.91m/s。池室内流速流态适合鱼类洄游上溯。

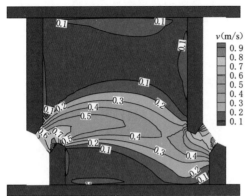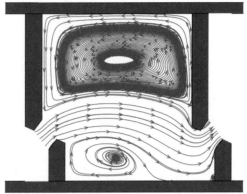

图 6.5 – 6　$0.5H$ 水流流场分布图

3. 鱼道整体模型试验

鱼道整体模型试验是测试鱼道出口水深和流量的相关关系，研究不同水位组合条件下鱼道的水力特性，探讨极限条件下鱼道隔板过鱼孔流速沿程变化和池室水位沿程变化规律。当鱼道出口水深为 1.0m 时，鱼道进口水深不小于 0.74m 时（见图 6.5 – 7），竖缝内流速不会超过正常水深条件下的流速，满足鱼类上溯的水力条件；当鱼道出口水深为 0.50m 时，鱼道进口水深小于 1.88m 时（见图 6.5 – 8），竖缝内流速不会低于鱼类感知流速，洄游鱼类能顺利找到进鱼口，满足鱼类上溯的水力条件。

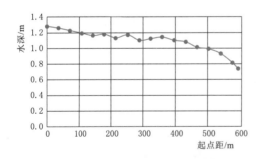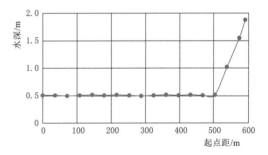

图 6.5 – 7　出口水深为 1m 的鱼道水深　　　　图 6.5 – 8　出口水深为 0.5m 的鱼道水深
　　　　　　　沿程变化　　　　　　　　　　　　　　　　　　沿程变化

4. 鱼道原体观测

因水体可见度一般为 $30\sim50\text{cm}$，因此需在观测窗外的水池中，设一道拦鱼导网，将通过该水池的鱼拦至可见度内，以便计数、观测通过鱼道的鱼类。工程将观测段与鱼道休息池进行了结合布置。除此之外，观测室内还配备了通风、照明、除湿、温控等设施。

6.6　人工鱼礁

6.6.1　含义

人工鱼礁（artificial reef）就是人们在水中设置的构造物，其目的是改善水流环境，营造动、植物良好的环境，为鱼类等游动生物提供繁殖、生长发育、索饵等的生息场所，达到保护、增殖鱼群和提高渔获量的目的。

6.6.2　集鱼的机理

（1）人工鱼礁使水流向上运动，形成上升流的翻耕作用，促进水体交换，不断补充营养物质，为浮游生物的生长创造良好条件。其也有利于各种生物的附着和滋生，吸引鱼群前来觅食。

（2）人工鱼礁产生阴影，许多鱼类喜欢阴影，所以游到人工鱼礁附近隐蔽逗留。

（3）人工鱼礁为鱼类提供了躲避大风大浪和天敌伤害的藏身之地。

6.6.3　人工鱼礁的建造方法

首先要为人工鱼礁选择合适的地点，一般选在比较平坦离水边不太远的地方，用钢筋水泥构件，根据鱼儿喜欢洞穴的特点，把鱼礁块制成圆洞形、三角形、多面体形、半球形、漏斗形等各种各样的"鱼儿公寓"。鱼礁块的大小也多种多样，日本多采用直径 1.5～1.8m，高 1～1.8m 的圆筒形。植石治理法适用于河床比降大于 1/500、水流湍急且河床基础坚固的地方。遇到洪水，植石带不会被冲失；枯水、平水季节又不会被砂土淤塞的河道。河流上的固底鱼礁如图 6.6-1 所示。

图 6.6-1　河流上的固底鱼礁

6.7　河流系统性治理复合技术

在实际进行河流生态环境修复时，趋向于使用上述方法的组合，形成系统性复合技术。下面介绍的多种复合修复技术，均是根据河流的特点和诸多治理修复工程实践，研发的一系列季节性河流治理修复技术。

6.7.1　河流悬浮物降速促沉清除技术

6.7.1.1　概述

河流水与悬浮物之间表现为整体联系和相互影响的关系，悬浮物在水流中向两个方向迁移运动，一方面是随水流向河流下游水平迁移，另一方面受地球引力作用向垂直于水流方向做垂向运动。当水流速度较大时，水流挟沙能力较大，悬浮物随水流向河流下游迁移；而当水流流速较小时，水流挟沙能力显著减小，在这种情况下，悬浮物受重力作用做垂直运动，向河床迁移，也就是沉积。

北方干旱半干旱气候地区，河流上中游地区植被条件差，水土流失大，河道比降大，河流季节性明显，汛期降雨量大，大量土壤颗粒随降雨径流过程进入河道，随水流向下游迁移。针对这样特殊的气候和环境特点，河流悬浮物的治理因地制宜，提出了悬浮物降速促沉技术。该技术利用悬浮物在河流中的迁移运动特性及与河流水的关系，通过修建挡水建筑物等措施降低水流速度，促使悬浮物沉积，从而减少河流悬浮物，达到净化水质的目的。悬浮物降速促沉技术首先是在河道中修建多级挡水建筑物，减缓水流速度；其次在每两级挡水建筑物之间再修建悬浮物拦截沉淀池，减缓流速并沉积悬浮物，当悬浮沉积物填满拦截沉淀池后，采用人工方法将其从池中抽离，进行二次利用。

6.7.1.2 案例研究

此案例源于"老虎山河入境悬浮物治理工程项目"。老虎山河上游内蒙古自治区矿山开采的尾矿库，矿渣随降雨径流进入老虎山河，导致悬浮物严重超标。该案例研发采用了"河流悬浮物降速促沉清除技术"，通过修建多级石笼坝和悬浮物拦截沉淀池，减缓水流流速，分级截留悬浮物，有效地降低了悬浮物含量。

1. 概况

老虎山河是大凌河的一级支流，发源于努鲁尔虎山脉内蒙古自治区敖汉旗金厂沟梁镇横道子村。在内蒙古自治区敖汉旗四家子镇李家营子南与热水汤河汇合后转而南流，始称老虎山河。汇合点以下其流向基本由北向南，流经的地区主要包括内蒙古敖汉旗、辽宁省建平县、朝阳县以及朝阳市，最后于朝阳市龙城区大平房镇，在距离阎王鼻子水库 5km 处流入大凌河。大凌河是辽西最大的河流，北源出凌源市打鹿沟，南源出建昌县黑山，大凌河全长 397km，流域面积 23500km²。

老虎山河流域降水、蒸发、水文等基本结构特点以及工程区概况、水功能区划情况见表 6.7－1，河流悬浮物治理案例的工程位于工程区段一。

表 6.7－1 老虎山河流域特征值及研究区特性

老虎山河	工程区段一	工程区段二
大凌河水系一级支流	位于老虎山河朝阳县二道湾子—贾家店段	位于老虎山河龙城区大平房镇，锦承铁路桥至黄花滩公路桥下游 200m
流域面积：1472km² 河流全长：74.2km 年降水量：450.8mm 年蒸发量：1143mm 平均流量：2.57m³/s	河段长度：3.4km 河床比降：4.5‰ 设计河宽：120m 水功能区：渔业用水区 水质标准：Ⅲ类	河段长度：1km 河床比降：5.42‰ 设计河宽：230m 水功能区：饮用水水源保护区 水质标准：Ⅲ类

老虎山河流域地处温带半干旱季风气候区，6—8 月降雨集中，非汛期降雨量少，全年月平均蒸发量均大于降水量，年蒸发量达到降水量的 2.5 倍。老虎山河上游源自内蒙古自治区，虽然流域面积较小，跨省河流区域间用水矛盾突出，上游内蒙古矿山开采产生大量的尾矿矿渣，随径流冲刷进入河道，造成悬浮物含量严重超标。下游注入阎王鼻子水库，阎王鼻子水库是朝阳市水源地，因此老虎山河水功能区划为饮用水水源保护，需要保

证水质不得低于Ⅲ类地表水质量标准。

老虎山河河滩地多为裸露，湿生植物难以生长，而汛期虽然降雨量和径流量大，有时瞬时的洪水过程使滩地植被进一步破坏，导致水土流失严重。河道比降大，汛期降雨量大，使得河道两岸大量的泥沙和污染物直接通过径流进入河道，使水体受到两岸面源污染物的污染，随水流向下游迁移，老虎山河入朝阳县北沟门断面悬浮物含量高达 13398mg/L，对河流系统结构造成了极大的破坏。老虎山河治理前现场调研图片如图 6.7-1 所示。

图 6.7-1 老虎山河治理前现场调研

工程区段一位于老虎山河上游，悬浮物含量超高，导致河道淤积严重，下游阎王鼻子水库水质恶化等问题同样非常严重。工程区段二位于朝阳市龙城区大平房镇附近（见6.7.2 节），由于河道多年淤积，行洪能力下降，加之堤防防洪标准较低，对两岸居民生活与工业生产造成了极大的影响。同时，随着两岸社会经济的逐步发展，居民对河道亲水、景观及休闲娱乐有了更多的需求，需要修复河道较为自然的景观和修建休闲设施。水生生物栖息地状况也不容乐观，缺乏必要的觅食、避难和繁殖场所。

工程区段河流系统结构严重受损，河流功能不能满足当下社会经济发展的需求。因此本河段的主要问题是河流系统结构的破坏，解决该问题的首要任务是降低河道内的悬浮物。

2. 悬浮物降速促沉技术

治理修复工程位于朝阳市老虎山河工程区段一，即朝阳县二道湾子—贾家店段。工程措施主要包括 4 级石笼坝挡水和 3 个悬浮物拦截沉淀池。河段设计下挖 1.5m，工程平面布置图如图 6.7-2 所示。

图 6.7-2 朝阳县老虎山河入境悬浮物治理工程平面布置示意图

石笼坝（gabion dam）结构：石笼坝分为上、下两层，上层为梯形，堰顶宽 3m，高度为 75cm，下层为矩形，高度为 75cm。上游第一座坝为 A 型，底宽 10m，其余 3 座坝为 B 型，底宽 13m。坝总高为 1.5m，如图 6.7-3 所示。上层坝中心设有深 20cm、长 80m 的过水槽，使净化的水流从石笼坝顶溢流。上层坝向两侧河岸延伸 50m 至堤防边缘，总长 220m，下层坝自塘边向两岸延伸 10m，总长 140m。石笼上游坝脚处采用抛石护脚，增加石笼坝的稳定性。

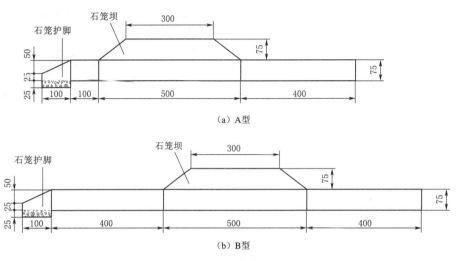

图 6.7-3　石笼坝结构示意（单位：cm）

三个沉淀池宽 120m，沿河长方向从上至下长度依次为 220m、140m 和 140m，池子有效容积分别为 37890m³、19890m³ 和 19890m³。①号池用于沉积粗粒径的悬浮物，②号、③号池用于沉积细粒径的悬浮物。悬浮沉淀物在坝前的拦截沉淀池沉积，粒径大于 0.08mm 的悬浮物沉积率约为 54%，沉积量为 632.91m³/d。工程建成后沉淀池共可容纳悬浮沉淀物 7.77 万 m³，工程每运行 122d，悬浮沉淀物将堆满预设的沉淀池，需要进行清淤。

工程前后老虎山河悬浮沉淀物的粒径含量见表 6.7-2。下游水体悬浮沉淀物含量由工程前的 13398mg/L 降为 6163.08mg/L，悬浮物含量降低了 54%。工程后老虎山河悬浮沉淀物中极细砂占 56.15%，粉粒占 43.85%。悬浮物中的粗砂、中砂、细砂基本上转化为了粗粉粒，尤其是细砂的变化最明显，说明该措施对细砂及以上颗粒的悬浮物效果显著。

表 6.7-2　　　　　　　　　　　老虎山河悬浮沉淀物的粒径含量

颗 粒 名 称		粒径/mm	治理前占比/%	治理后一年占比/%
砂粒	粗砂	0.5～1	1.25	0
	中砂	0.25～0.5	1.22	0
	细砂	0.1～0.25	24.81	0
	极细砂	0.05～0.1	57.56	56.15
粉粒	粗粉粒	0.01～0.05	15.16	43.85

项目实施后，老虎山河的悬浮沉淀物含量减少，河流水质良好，形成了优美的生态景观（见图 6.7-4）。保障了老虎山河的生态环境，加强了流域水污染治理、水土流失治理

和生态环境治理，河流水质满足水功能区划目标，河流生态系统得到有效保护，保障了下游大凌河和阎王鼻子水库的供水安全。其原生态的景观可促进并带动朝阳市旅游业的发展，宣传和弘扬朝阳城市理念，提高当地居民收入，为产业和城镇发展提供了良好的条件，经济效益、社会效益和环境效益显著。工程运行 6 年后的鸟瞰图如图 6.7-5 所示。

图 6.7-4　工程运行 6 年后景观图　　　　图 6.7-5　工程运行 6 年后鸟瞰图
　　　　　（摄于 2018 年）　　　　　　　　　　　　　（摄于 2018 年）

6.7.2　河道截潜抬水湿生条件改善技术

6.7.2.1　概述

我国北方气候干旱，非汛期降雨量少，蒸发量大，陆地湿生条件较差，而汛期虽然降雨量和径流量大，但由于河滩地植被稀疏，对径流的截流作用很小，河道两岸大量的泥沙和污染物直接通过径流进入河道，从而污染水体。针对这样的环境特点，提出了河道截潜抬水湿生条件改善技术。该技术利用湿地对水体的净化机理及对污染物的拦截作用通过修建挡水建筑物抬高上游水位，增加上游水体淹没面积，改善河滩地湿生条件，在此基础上人工种植湿地植物，形成自然湿地。

河道截潜抬水湿生条件改善技术主要包括生态护岸、生态潜坝、湿地岛、河流湿地等。

（1）生态护岸。为了维持河流沿岸护岸稳定，在堤防或岸边带的堤脚部位，构筑护岸石笼，在其上部覆土，并种植各种适应性植物。

（2）植被护岸。靠近道路的河岸带一般为人工河岸带，具有行道绿化带和护岸的双重功能，种植大型树木。距河流水体最近的区域为水生植物带，栽种水生植物改善水质。

（3）生态潜坝。潜坝（ground sills）主要功能有以下 4 个方面：①拦截地下潜流，增加河道流量，通过局部壅水形成湿生条件，培育湿地环境；②抬高河道的侵蚀基点，减小河道底坡，限制河道的进一步下切变深；③增加水面，形成跌水，或呈现微型瀑布，丰富河流地貌形态；④增加溶解氧含量，提高河流自净能力。

（4）湿地岛。湿地岛顺水流方向布置，不影响主河道的行洪及生态安全，突出自然与整体生态效果、形态各异，适宜鸟类栖息，利于河道长远规划。湿地岛上以湿地植物、水中植物为中心，能够形成鸟类、昆虫类、鱼类、爬行类等小动物的自然生育繁育环境。湿地岛可以借助芦苇等湿地植被构成的"拦截网"，发挥迟滞流水、防洪防灌的作用，洪水入河遇湿地岛后会被"削峰"，是防洪的"安全阀"。

（5）河流湿地。河流是湿地的一种，它由一定区域内的地面水及地下水所补给，并经常（或周期性）地沿着由它本身所造成的连续延伸的凹地流动着。一片自然型的河流湿地，基本要素是水系和植被，维护并发展其自身已然形成的运行模式远比毫无根据地改造更利于河流湿地生态系统的稳定和功能发挥。设计的基本原则是：最大限度地继承河道的整体形态；最大限度地保留现状生境，并在此基础上，进一步拓展丰富自然生境的类型；对水系进行污水净化能力优化设计；对河流区域的整体环境进行维护性设计。利用湿生植物等生物措施构建湿地环境，消除河流水体中的污染物，以提高河道生态用水量，并充分利用水生植物的特性，进一步净化水质、改善区域生态环境。湿地植物的选择应遵循适应性、本土性、强净化性和鉴赏性的原则。

6.7.2.2　案例研究

此案例源于"朝阳市龙城区大平房镇老虎山河段人工湿地工程项目"。老虎山河入大凌河河口距离阎王鼻子水库仅8km，上游选矿废水不经处理即进入大凌河及阎王鼻子水库，严重威胁饮用水水源地水质安全。河道截潜抬水湿生条件改善技术案例工程区段的概况信息见表6.7-1最后一列。

针对老虎山河大平房镇段的河流系统结构与功能状况，利用河道截潜抬水湿生条件改善技术，以改善湿生条件为主，兼顾水质净化、防洪、景观和休闲等的多目标河流系统结构与功能修复（见表6.7-3）。

表6.7-3　　　　　老虎山河大平房镇段河流系统结构与功能修复方案

技术措施	数量规模	结 构 修 复	功 能 修 复
生态护岸	1573m	控制河岸侵蚀；保护河流生物多样性；保护河流生态系统完整性等	分蓄和消减洪水；绿化环境；形成优美景观提供休闲空间
河流湿地、洼地	13.41万 m^2	维持环境和生态系统的平衡；蕴藏丰富的动植物资源；提供多样性栖息地等	净化水质；改善气候；调蓄洪水；美化环境
湿地岛	3.85万 m^2	保护生物多样性；提供生物栖息地	保护主河道的行洪安全；亲水休闲空间；优美生态景观
生态潜坝	7座	沉降河水中的悬浮沉积物，减缓水流速度，创造湿生植物生长条件	丰富河流地貌形态，营造绿色景观
亲水平台	2座	与环境协调	亲水休闲空间
清淤疏浚	5万 m^3	改善河道水环境，保护地貌	行洪通畅，美化环境

河道截潜抬水湿生条件改善技术是利用湿地对水体的净化机理及对污染物的拦截作用通过修建挡水建筑物抬高上游水位，增加上游水体淹没面积，改善河滩地湿生条件，在此基础上种植湿地植物，形成人工湿地。治理修复工程总体分为悬浮沉淀物拦截沉淀区，水质净化湿地区和自由表流湿地区3个功能区，分别用于初步沉降、二级净化及深度处理，由浅入深的分层次治理污染物。工程平面布置如图6.7-6所示。

这3个功能区共由7道石笼潜坝设置而成，用于减缓水流速度，创造湿生植物生长条件。潜坝主体由两条石笼组成，坝体中心部分为矩形石笼；坝后石笼为直角梯形，坡度为

图 6.7－6　朝阳市龙城区老虎山河湿地工程平面布置图

1∶5；坝前为石笼矩形，距离表土 30cm。

七道潜坝的布置与黄花滩大桥平行，潜坝尽量与河底基准高程平齐。1 号潜坝坝顶高程为 225.60m，6 号潜坝位置水流分为两股，右岸河床较低，左岸河床较高，为防止汛期潜坝阻水，6 号潜坝坝顶高程设置为 222.45m。2～5 号坝的坝顶高程按照 1 号和 6 号潜坝高差依次降低。7 号潜坝位置河底基准高程为 221.70m，为保护上游黄花滩大桥的桥墩不被冲刷，坝顶高程以桥墩高度为准，石笼潜坝坝顶高程设为 221.85m。

建造石笼潜坝的目的是把河床砂层中的潜埋水流挡住并抬升到河床表面，在潜坝的上游形成湿生环境条件，同时补充下游的表层水流。潜坝砌筑完成后，要在石块的缝隙中填充细砂土，以便维持表层流态并利于植物生长。在保留现状生境和自然河道蜿蜒曲折的基本形态的基础上，丰富河口区自然生境的类型。依据设计水面线结果，参照植物生长适宜水深要求，恢复湿地 10 块。种植的植物为芦苇、香蒲、水葱以及千屈菜，利用湿生植物措施构建湿地环境，过滤、转化和降解河中的污染物，净化水质，改善水源地水环境。

工程于 2012 年 3 月开工，6 月完工。根据辽宁省凌河保护区管理局《大凌河水质水量月报》（2013 年 4 月）的监测结果：老虎山河断面监测因子中氨氮、COD、BOD 指标满足Ⅰ类水质标准，溶解氧满足Ⅲ类水质标准，pH 为 8.0，氨氮浓度为 0.072mg/L，溶解氧浓度为 5.5mg/L，COD 浓度为 5mg/L，BOD_5 浓度为 0.5mg/L。监测结果表明：通过修建生态潜坝截留泥沙，抬高生态水位，营造河流湿地，可有效降解老虎山河河口段污染物浓度，减少泥沙悬浮物含量，提高对悬浮物及污染物的吸收、分解、净化能力和水源涵养能力，对改善湿地生态环境起到了重要作用。另外通过拦蓄河水，形成一定的水面构建湿地水生植物生长环境，从而形成生态廊道和湿地景观（见图 6.7－7），同时补充下游地表水流，使老虎山河研究段水环境得到很大改善，其下

图 6.7－7　湿地景观图（摄于 2018 年）

游阎王鼻子水库的水质安全得到基本保障，从而为城市的供水安全打下基础。

6.7.3　河道行洪区水质净化能力提升技术

北方河流通常都具有较为明显的季节性特征，即汛期河道流量大、过水断面大，而一般情况下非汛期河道平时水量很少，且主要集中在主河槽（见图 6.7-8）。因此，可利用河流主河槽外行洪区布置人工湿地净化水质。

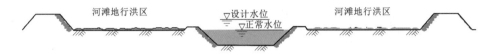

图 6.7-8　河道行洪区示意图

根据天然湿地净化污水的原理，通过人工建造和监督控制来建立一个类似于天然湿地的生态系统，如图 6.7-9 所示。利用湿地中植物、微生物和基质之间的物理、化学和生物的共同作用对污水进行净化，改善河流水质和水环境，建立水清、草绿、林茂的绿色通道，为人们提供一个水清、滩绿、景美的亲水休闲娱乐场所。

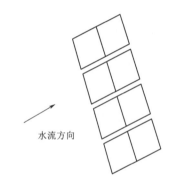

图 6.7-9　人工湿地平面图

人工湿地主要由具有透水性的基质、好氧厌氧微生物、水生植物 3 部分组成，三者之间通过物理、化学及生物作用处理水中污染物，如有机物、氮、磷、悬浮物及重金属等。人工湿地处理工艺流程如图 6.7-10 所示。

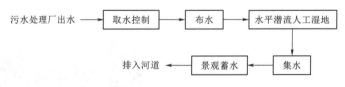

图 6.7-10　人工湿地处理工艺流程

1. 设计原则

（1）保护水资源为重的原则。人工湿地工程与水资源保护相结合，通过对污水的深度处理提高改善水质，促进水资源的安全保障和水域生态功能的恢复，带动城市社区建设，创造理想的人居环境，提高城市环境品质和生活质量。

（2）协调性原则。人工湿地的设计应与区域城市规划相协调，与周边的环境相衔接。妥善处理与城市用地，道路交通及周边建筑的关系，力求满足实施管理上的法律功效和适度应变性，以适应发展和调整的需要。

（3）系统开放性原则。人工湿地工程与周围的流域环境存在密切的关系，是不可分割的部分。研究区周边可能有城镇住宅区、公路和铁路，交通方便，通过人工湿地的修建，可以有效提高河流的水质，在保障水资源安全的同时，实现城市河流的生态环境功能和景观功能，逐渐构成一个开放性的系统，使其形成一个有机、有序、有趣的线型空间系统。

（4）因地制宜原则。充分利用现有地形及现有建筑物，因地制宜、因物制宜、因时制宜，植物以本土植物为主，创造具有当地特色的人工湿地。

2. 人工湿地主体设计

（1）湿地单元。

1）湿地表面积。潜流人工湿地表面积的大小可根据一级反应动力学和 BOD_5 去除率计算，表面积计算公式如下：

$$A = \frac{Q(\ln C_0 - \ln C_e)}{K_T d\varepsilon} \tag{6.7-1}$$

式中：A 为人工湿地表面积，m^2；Q 为流量，m^3/d；C_0 为人工湿地进水 BOD_5 浓度，mg/L；C_e 为人工湿地出水 BOD_5 浓度，mg/L；d 为基质填料层水深，m；ε 为基质填料层的孔隙率，$\%$；K_T 为温度 T 下的反应速率常数，$1/d$，与温度有关，计算公式如下：

$$K_T = K_{20} \times 1.06^{(T-20)} \tag{6.7-2}$$

其中，K_{20} 分别为 1.84（中砂介质，最大粒径 1mm，占 10%）、1.35（粗砂介质，最大粒径 2mm）、1.10（砂砾介质，最大粒径 8mm，占 10%）。

基于人工湿地进水流量和表面有机负荷的表面积计算公式：

$$A = \frac{Q}{q_{hs}} \tag{6.7-3}$$

式中：q_{hs} 为表面水力负荷，$m^3/(m^2 \cdot d)$；其他符号意义同前。

上式为人工湿地表面积的经验算法，在考虑湿地处理能力的基础上，权衡表面积占地、进水流量和表面有机负荷三者的大小。

2）表面有机负荷。有机负荷是指单位时间、单位面积湿地对有机污染物所能承受的最大负荷，可依据 BOD_5 计算，计算公式如下：

$$q_{os} = \frac{Q(C_0 - C_e) \times 10^{-3}}{A} \tag{6.7-4}$$

式中符号意义同前。

3）水力停留时间。指污水在人工湿地内的平均驻留时间。潜流人工湿地的水力停留时间按如下公式计算：

$$t = \frac{V\varepsilon}{Q} \tag{6.7-5}$$

式中：t 为水力停留时间，d；V 为人工湿地基质在自然状态下的体积，包括基质实体及其开口、闭口孔隙，m^3；其他符号意义同前。

4）表面水力负荷。每平方米人工湿地在单位时间所能接纳的污水量，按下式计算：

$$q_{hs} = \frac{Q}{A} \qquad (6.7-6)$$

式中：q_{hs} 为表面水力负荷，$m^3/(m^2 \cdot d)$；其他符号意义同前。

5）水力坡度。指污水在人工湿地内沿水流方向单位渗流路程长度上的水位下降值，按下式计算：

$$i = \frac{\Delta H}{L} \times 100\% \qquad (6.7-7)$$

式中：i 为水力坡度，%；ΔH 为污水在人工湿地内渗流路程长度上的水位下降值，m；L 为污水在人工湿地内渗流路程的水平距离，m。

（2）湿地基质。基质在人工湿地中拥有非常重要的作用，而且以孔隙率的形式影响着湿地的水力特性，其材质还制约着湿地处理污染物的能力及湿地的造价。在北票市凉水河人工湿地建设中，考虑到工程经费及项目当地气温的影响（多年平均冻层深度为 1.2m），填料床深度设为 1.75m，顶层与地面高程相同且距离人工湿地挡墙顶端留有 15cm 的超高。填料材质为普通石灰石，床体级配由上而下依次为：25cm 深粗砂，25cm 深 3～25mm 细砾石，1.25m 深 40～60mm 碎石。为保持布水均匀，湿地前后端及水位调节井附近设有布水区和集水区，填以粒径较大（50～80mm）的碎石。

（3）湿地植物。植物在人工湿地中扮演重要的角色，对各种污染物的去除起到不可或缺的作用。在保证处理效率的原则下，人工湿地系统设计应考虑尽可能地使用多种湿地植物，增加植物组成结构的稳定性，以最大限度地抵抗外界的干扰，延长湿地系统的使用寿命。

6.7.4　河流旁侧湿地修建技术

该技术运用生态稳定塘和表流人工湿地组合等技术，削减河水污染物来净化河水，使水质达到预定目标。首先利用分隔堤将河道分为两个功能区，即行洪区和湿地修复区。行洪区主要的功能是在汛期排出洪水，湿地修复区是通过修建截流坝等挡水建筑物抬高水位形成湿地缓冲区。湿地缓冲区从上游至下游包括截流坝、二次沉淀区、缓冲表流湿地、生态稳定塘湿地、滞留塘湿地、功能表流人工湿地、人工湿地、末端表流湿地等。

湿地修复区的截流坝在湿地区的顶高程低于行洪区的顶高程。河水直接经截流坝顶流入下游水塘。水流通过湿地缓冲区形成串湖，末端表流湿地的出水经过净化后进入原河道流向下游。

（1）截流坝。截流坝的主要功能是保证沉淀塘、滞留塘、生态稳定塘及表流湿地的需水要求和人工湿地水生植物的生长，坝上区域内的水深为 0.3～0.1m，以供水生植物生长。

（2）坝前沉淀区。坝前沉淀区主要通过截流坝增加水力停留时间，从而使河水中大的颗粒物得以沉降，水通过坝顶流入二次沉淀区。浅水区可种植湿地植物如香蒲、芦苇等。

（3）二次沉淀区。为了使进入湿地系统的河水中的悬移质在人工湿地系统进水的设计值范围内，在湿地系统进水前端设计修建二次沉淀区，在入水端一定范围内塘底采用硬质结构，以方便清淤。二次沉淀区后端水面较浅，可种植湿地植物。

（4）缓冲表流湿地。缓冲表流湿地起到进一步降低悬浮物的作用，浅水区栽植水生植物如香蒲、芦苇等。

（5）生态稳定塘湿地。为使湿地系统生态系统稳定，在滞留塘湿地后可增加生态稳定塘，并采用自由表面流湿地形式。生态稳定塘纵向呈锅底状，在稳定塘湿地周边浅水区地带种植水生植物如菖蒲、芦苇等。

（6）滞留塘湿地。主要功能是使进入湿地系统的河水水质均匀稳定，并给整个湿地系统的鱼类在冬季提供存活的空间，采用自由表面流湿地形式。滞留塘纵向呈锅底状，在滞留塘湿地周边浅水区地带种植挺水湿地植物如菖蒲、香蒲等。

（7）功能型表面流人工湿地。滞留塘湿地的出水进入功能型表面流人工湿地系统，河水水质在该系统中得到有效改善，采用湿地底部具有填料的表流湿地系统，底部平整；湿地由黏土防渗层、填料层、湿地植物、进出水系统构成。自下而上各层的分布：防渗层、填料层、种植层。湿地内种植芦苇、茭白植物。由配水渠将河水引入湿地系统中，出水端设置导流墙，通过出水控制将出水汇入集水区后再进入表流湿地。功能表流湿地四周填土护坡，护坡上种植草坪。

（8）末端表流湿地。功能型表流湿地的出水进入表流湿地、末端表流湿地，进行进一步净化。表流湿地、末端表流湿地根据地形和现场自然条件做成溪流湿地和自由水面湿地等几种形式，并配以景观建设，表流湿地内种植芦苇、菖蒲、香蒲等湿地植物。

6.7.5　河滩地、岸坡生态治理技术

6.7.5.1　河滩地治理

河滩地的治理方案，可以考虑采取适当的工程措施，改造河滩地生态现状，通过滩地清淤清障、局部深挖以及岸坡修坡护脚等措施，营建多层次、多功能、多色彩的生态河道系统，如图6.7-11所示。

图6.7-11　河道断面示意图

注重体现河道的生态多样性，以达到综合治理、取得综合效益的目的，以进一步改善生态环境、实现可持续发展战略为出发点和落脚点。在典型河段，对河边滩做生态处理，种植水生植物，营造人工湿地；在临近岸坡坡脚部位布置灌木及乔木，形成有植物护岸体系，加强岸坡防洪抗冲刷能力，形成有特色的植物防护体系。

（1）植物品种选择。选择适宜的植物可迅速恢复生物群落，有效提高生态效益和景观

效果。根据适应性、本土性、强净化性和鉴赏性等原则，对于北方河流来讲可选择芦苇、千屈菜、香蒲和水生美人蕉作为人工湿地的主要植物。

芦苇属禾本科，植株高大，地下有发达的匍匐根状茎。茎秆直立，秆高 1～3m。叶长 15～45cm。圆锥花序分枝稠密，向斜伸展，花序长 10～40cm。具有长而粗壮的匍匐根状茎，以根茎繁殖为主。多年生水生或湿生的高大禾草，生长在灌溉沟渠旁、河堤沼泽地等。苇秆可用于造纸和人造丝、人造棉原料，也供编织席、帘等用；嫩时为优良饲料；嫩芽也可食用；花序可用作扫帚；根状茎叫作芦根，中医学上可入药，也是保土固堤植物。

千屈菜属千屈菜科，多年生草本，多分枝，枝 4～6 棱。叶对生或 3 枚轮生，无柄，叶片狭披针形。花玫瑰红或蓝紫色，为顶生大型的穗状花序，花期 6—10 月。蒴果椭圆形，种子细小，无翅。为多年生挺水宿根草本植物。喜温暖及光照充足，通风好的环境，喜水湿，多生长在沼泽地、水旁湿地和河边、沟边。比较耐寒，在我国南北各地均可露地越冬。在浅水中栽培长势最好，也可旱地栽培。对土壤要求不严，在土质肥沃的塘泥基质中长势强壮。

香蒲属香蒲科，多年生水生或沼生草本。根状茎乳白色，地上茎粗壮，向上渐细，高 1.3～2m。叶片条形，长 40～70cm，宽 0.4～0.9cm，光滑无毛，上部扁平，下部腹面微凹，背面逐渐隆起呈凸形，横切面呈半圆形，细胞间隙大，海绵状，叶鞘抱茎。小坚果呈椭圆形至长椭圆形，果皮具长形褐色斑点。种子褐色，微弯。花果期 5—8 月。喜温暖湿润气候及潮湿环境。以选择向阳、肥沃的池塘边或浅水处栽培为宜。经济价值较高，除花粉入药外，叶片用于编织、造纸等，幼叶基部和根状茎先端也可做蔬食，同时雌花序可做枕芯和坐垫的填充物，是重要的水生经济植物之一，也常用于花卉观赏。

水生美人蕉属美人蕉科，为多年生大型草本植物，株高 1～2m；叶片长披针形，蓝绿色；总状花序顶生，多花，雄蕊瓣化，花径大，约 10cm，花呈黄色、红色或粉红色，温带地区花期 4—10 月；地上部分在温带地区的冬季枯死，根状茎进入休眠期。水生美人蕉在形态和生物学特性上与美人蕉属下其他种最大的区别是根状茎细小，节间延长，耐水淹，生性强健，适应性强，喜光，怕强风，适宜于潮湿及浅水处生长，肥沃的土壤或砂质土壤都可生长良好。生长适宜温度为 15～28℃，低于 10℃ 不利于生长。在原产地无休眠期，周年生长开花，在北方寒冷地区冬季休眠，根茎需温室保护越冬。水生美人蕉叶茂花繁，花色艳丽而丰富，花期长，适合大片的湿地自然栽植。它还是净化空气的良好材料，对硫、氯、氟、汞等有害气体有一定的抗性和吸收能力。

（2）植物布置。根据设计水面线结果，依据植物生长适宜水深要求，设计湿地范围内水塘深度。其中芦苇在水深范围 0.2～1.2m 内均能形成芦苇群落，水深在 0.4～0.6m 之间最佳；千屈菜适宜水深为 0.3～0.4m；香蒲适宜水深为 0.6～1.0m；水生美人蕉适宜水深范围为 0.3～0.6m。其中，湿地范围内不栽植植物的采光空隙水深控制在 0.7m。在种植水生植物的地方铺设厚为 15cm 的培养土。

（3）植物密度。芦苇：20 株/m²；千屈菜：10 株/m²；香蒲：20 株/m²；水生美人蕉：10 株/m²。

（4）湿地布置特性。河道滩地的湿地规划，必须结合滩地地形、地势，对采砂场天然砂坑、河岸原滞洪区、低洼滩地等典型部位，进行适当清淤、修坡，形成河滩湿地，此类湿地顺河向长度可控制在 200～300m，形状不必拘泥于固定形状，结合河道天然地形地势，充分展示河道自然形态。

6.7.5.2 生态型石笼叠笼护岸

生态型石笼叠笼护岸是将传统的石笼结构做成固定长、宽、高的箱型石笼结构，通过分层摆放，使石笼的层叠坡度与岸坡或防护岸埂的坡度保持一致（大致坡度范围可以控制在 1:2～1:0.5），利用层叠石笼结构的自重，维持岸坡陡坎的稳定，提高岸坡抗冲刷能力。

层叠石笼结构是将经表面防蚀处理的铁丝编织的双铰六角形柔性金属网经剪裁、编边和组合后制成的网笼金属网绑扎成箱型结构并相互连接的网笼。可采用表面镀锌的铁丝，在石笼内填入适当的石块，石块粒径不小于 20cm，强度大于 30MPa，砌筑找平、绑扎盖网形成石笼护岸。石笼护岸可沿治导线修建，也可沿岸坡陡坎部位修建，治导线与主行洪线一般不重合，在修建的石笼护岸外侧即治导线与主行洪线之间栽种杨树，使植被、石笼与土坝三者形成一个刚柔两性的"板块"。柔中带刚，既绿化环境，保持水土，又能适应一定的位移。1～2 年之后，根系深扎，盘根错节，起连接作用的格宾网将与具有强大的再生力的植被根系共同发挥护岸作用。

叠笼护岸结构上部的自然土坡要进行削坡夯实处理，使其坡比缓于 1:2，对石笼护岸进行腐殖土回填，表层覆土 20cm，在石笼上适量栽种灌木，石笼外侧种植乔木，形成生态型植被护岸，其修建结构如图 6.7-12 和图 6.7-13 所示。

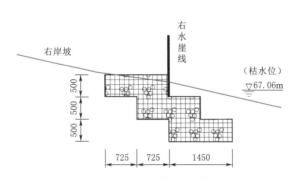

图 6.7-12 叠笼护岸结构（单位：mm）

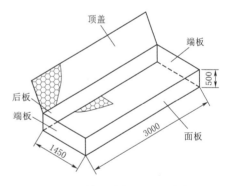

图 6.7-13 石笼网片加工图（单位：mm）

1. 护岸稳定计算

（1）主动土压力计算。根据极限平衡条件计算：

$$K_a = \tan^2\left(45° - \frac{\varphi}{2}\right) \tag{6.7-8}$$

$$E_a = \frac{1}{2}\gamma h^2 K_a \tag{6.7-9}$$

式中：K_a 为主动土压力系数；φ 为填土内摩擦角；E_a 为主动土压力；γ 为填土重度；h 为石笼护脚高度。

（2）石笼护岸的抗滑稳定计算：

$$K_S = \frac{(G_n + E_{an})\mu}{E_{at} - G_t} \tag{6.7-10}$$

式中：K_S 为抗滑移安全系数；G_n 为土墙每延米自重在垂直于基底方向的分力；G_t 为土墙每延米自重在平行于基底方向的分力；E_{an} 为主动土压力在垂直于基底方向的分力；E_{at} 为主动土压力在平行于基底方向的分力；μ 为土对石笼护脚基础的摩擦系数。

当抗滑移安全系数 $K_S > 1.3$ 时，满足稳定要求。

（3）石笼护岸的抗倾稳定计算：

$$K_t = \frac{Gx_0 + E_{az}x_f}{E_{ax}z_f} \tag{6.7-11}$$

式中：K_t 为每延米抗倾覆安全系数；G 为每延米护脚的重力；E_{ax} 为每延米主动土压力的水平分力；E_{az} 为每延米主动土压力 E_a 的垂直分力；x_0、x_f、z_f 分别为 G、E_{ax}、E_{az} 至墙趾 O 点的距离。

当倾覆安全系数 $K_t > 1.6$ 时，满足稳定要求。

（4）石笼护岸基底压应力的计算：

$$\sigma_{max} = \frac{\Sigma G}{A} \pm \frac{\Sigma M}{W} \tag{6.7-12}$$

式中：σ_{max} 为基底的最大应力；ΣG 为垂直荷载，kN；A 为底板面积，m^2；ΣM 为荷载对底板形心轴的力矩，kN·m；W 为底板的截面系数，m^3。

当基底最大压应力 σ_{max} 小于地基承载力时，认为地基满足石笼施工要求。

2. 岸坡抗冲刷计算

冲刷计算采用《堤防工程设计规范》（GB 50286—2013）中的公式进行计算：

水流平行于岸坡产生的冲刷按下式计算：

$$h_B = h_p \left[\left(\frac{v_{cp}}{v_{允}} \right)^n - 1 \right] \tag{6.7-13}$$

式中：h_B 为局部冲刷深度，m；h_p 为冲刷处的水深，m，以近似设计水位最大深度代替；v_{cp} 为平均流速，m/s；$v_{允}$ 为河床面上允许不冲流速，m/s，根据土壤允许不冲流速取值；n 为与防护岸坡在平面上的形状有关，一般取 0.25。

3. 植被布置

规划河段沿主行洪线栽种乔木与灌木，形成植被护岸，护岸防冲。沿主行洪线栽种 4 排杨树，株距 2m×2m；8 排棉槐，每簇灌木间距 0.4m×0.4m；在灌木外侧埋设混凝土界桩，间距 100m，以此作为河道界限，禁止在此范围内进行乱挖乱采等破坏河道的活动。界桩高 1.5m，地下埋深 1m，出露地面 0.5m；杨树胸径 6~8cm；棉槐为 1 年生，植株高度在 30cm 以上。

平原地区河道水位一般变幅不大，河道断面设计时，正常水位以下采用矩形干砌石断面，正常水位以上采用毛石堆砌成斜坡，如图 6.7-14、图 6.7-15 所示，以增加水生动物生存空间，削减冲刷，保护堤防和改善生态环境，若河岸绿化带充足，可采用缓于 1：4 的边坡，以确保人类活动的安全。大缓坡断面在城镇人居密集地河段应用较广泛。

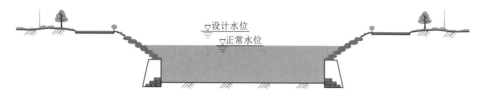

图 6.7-14　生态型河道断面图

6.7.6　折线坝生境构造技术

随着人们对生态治河理念的深入理解，河道治理工程越来越趋向于生态化，注重景观工程，注重生态修复。以往许多水工建筑物不同程度地阻碍了河流的连通性，如大坝破坏了河流纵向的连续性，堤防破坏了河流侧向的连续性等，且许多建筑材料多采用混凝土、浆砌石，造成河道水流不畅，影响生态环境的连续性及天然性。从生态治河的理念出发，考虑河道的天然特性，弥补以往水工建筑物的不足，可以运用体现生态效应的折线坝生境构造技术，包括 V 形石笼生态潜坝（沈阳顺源德工程咨询有限公司，2014）和 W 形石笼生态潜坝（沈阳农业大学，2014）。

6.7.6.1　V 形石笼生态潜坝

V 形石笼生态潜坝是河道上修建的一种生态拦蓄浅水、鱼类洄游的生态型水工建筑物。V 形石笼生态潜坝在枯水期拦河蓄水，使坝上游形成浅水面；丰水期过水，不影响河道排洪，同时潜坝坝面坡度缓、坡面导流道适合鱼类洄游，具有生态效应，属于生态治河技术领域。

V 形石笼生态潜坝布置于河槽内，潜坝分为 3 段，两端为左右滩地段，中间为主河槽段。主河槽段 V 形的凹进处形成深泓区，深泓区内形成深泓背水面，深泓区 V 形底部处为背水面，背水面为坡面结构，左滩地段的背水面及右滩地段的背水面均为坡面结构。

V 形石笼生态潜坝适合修建于河宽 10～30m、水流流速为 0.5～4.5m/s 的顺直河段上。石笼生态潜坝属透水结构，当水流流速超过 2.5m/s 时，石笼结构透水，坝体上下游、坝体内水流流态复杂，在潜坝下游 30m 范围内存在明显的紊流场，且近坝区存在局部水流横向流动；30m 以外河道流场相对简单，以河道流向为主，恢复为河道急流状态；此外，石笼潜坝下游 30m 范围内，河底冲刷效应减弱，高速水流集中在石笼坝顶高程之上。当过坝流速小于 2.5m/s 时，石笼生态潜坝透水效应不明显，水流以典型的堰流形式通过坝体，在坝下游 20m 范围内存在局部涡状流场，横向缓流效应不明显，下游河道流

图 6.7-15　毛石堆砌的斜坡软化了河岸僵硬的线条，使护岸工程顿添生气

场基本稳定。

该 V 形坝主要是针对我国北方地区城市段河道，在宽且顺直河段处修建一种新型的生态拦蓄型水工建筑物——V 形石笼生态潜坝。北方地区的中、小河流多为季节性河道，河槽宽浅，河床宽广，汛期洪水源短流促，暴落暴涨；非汛期基流很小，甚至干涸，整个河道处于闲置状态。河道上修建 V 形石笼生态潜坝，采用 V 形折线坝生境构造技术改善了以往水工建筑物阻断河流生态连贯性的问题，同时具有以下优点：

（1）在河道上蓄水，形成生态水环境，为湿地工程创造水流条件。坝上游可种植水生植物，如芦苇、蒲草、千屈菜等，增加溶解氧含量、美化环境、净化水质，达到城市段河流的景观效果，同时通过局部壅水来减小水力坡度，使流速变小，降低水流冲刷能力，稳定河势。

（2）解决了传统工程措施对河道连续性的不良影响。石笼生态潜坝坝体可过水，形成了悬浮物拦截沉淀区、水质净化湿地区以及自由表流湿地区，减缓水流流速，促进悬浮物沉降，通过种植水生植物来改善水质，保证了河流的营养物质输移、生物群落和信息流的连续性；同时为鱼类提供洄游通道，改善了以往水工建筑物阻断河流生态连贯性的问题。

（3）改善了挡河建筑物柔性不足、刚性有余的现状，延长了建筑物的使用寿命。生态潜坝采用石笼筑坝，石笼垫属柔性结构，挠曲性较好，能适应比较大的河底不均匀沉陷，且耐冲刷及内外透水性良好，仅由格宾（特点：抗老化，耐腐蚀）包裹，形成一个整体，增强了抗击洪水的能力，对基础的要求低，它与地面的接触面积大，稳定性较好，一般情况下，不需要开挖基础，无须导流、处理流沙等复杂的工序，大大简化了工序、节省了资金，易被普遍接受。

（4）抬高河道的侵蚀基点，减小河道底坡，限制河道的进一步下切变深，与此同时增加水面，形成跌水，或呈现景观瀑布，丰富河流地貌形态。

V 形石笼生态潜坝生态效益显著，潜坝上游可种植水生植物，美化环境，净化了水质；一些鸟类可在坝面上栖息；坝下游形成深泓区，为鱼类提供休息场所，有利于鱼类的洄游。生态潜坝的修建有利于生态环境的恢复，最大限度地维持了河道的生态平衡且具人文效益。V 形石笼生态潜坝，形式独特新颖，具有景观欣赏价值，同时为水上娱乐创造了良好的水流条件。

6.7.6.2 W 形石笼生态潜坝

如果河道宽度大于 30m，则可将生态潜坝设计成 W 形，作用与功能与 V 形坝有异曲同工之处，潜坝主河槽段的平面呈 W 形。W 形石笼生态潜坝，河道枯水期蓄水，低水位时露出地面；丰水期高水位时淹没地下以辅助泄水，保证河道天然的连续性。

W 形石笼生态潜坝适合修建于河宽 50～100m、水流流速为 0.5～6.5m/s 的顺直河段上。石笼生态潜坝属透水结构，当水流流速超过 2.5m/s 时，石笼结构透水，坝体上下游、坝体内水流流态复杂，在潜坝下游 40m 范围内存在明显的紊流场，且近坝区存在局部水流横向流动；40m 以外河道流场相对简单，以河道流向为主，恢复为河道急流状态；此外，石笼潜坝下游 40m 范围内，河底冲刷效应减弱，高速水流集中在石笼坝顶高程之上。当过坝流速小于 2.5m/s 时，石笼生态潜坝透水效应不明显，水流以典型的堰流形式通过坝体，在坝下游20m范围内存在局部涡状流场，横向缓流效应不明显，下游河道流场基本稳定。

采用W形折线坝生境构造技术具有以下优点：

（1）在河道水流控制方面，可以截留河道的枯水流量，利用较小的流量形成一定的水面，而在汛期能增强河床的抗冲能力，防止河道深切，起到治河防冲的作用。

（2）在河道治污方面，可以将河道的污染物聚集，部分有机物污染可以通过植物措施分解，提高了河道纳污、治污的能力。

（3）在河道生态建设方面，潜坝增加了水面面积，形成了水生植物所需的生存环境，水生动物也拥有了栖息繁衍的环境，进而对修复河道湿生环境起到积极作用。

（4）在潜坝工程施工方面，相比河道上修建的其他挡水建筑物，石笼生态潜坝的施工工艺简单，地基不需要做防渗处理，施工材料为石笼，投资小，造价低。

6.7.7 基于枯水流量的主河槽生态治理技术

基于枯水流量的主河槽湿地治理技术主要分为3个方面：枯水流量的界定方法、基于枯水流量的主河槽湿地规划和基于枯水流量的生态岛屿规划。其中，河槽湿地和河槽生态岛屿共同构成主河槽生态治理技术方案，已应用于辽西地区河道生态治理工程（钱彤，2015）。

1. 枯水流量确定

枯水流量可以理解为枯水期具有一定保证率的河道流量，这部分流量与河道枯水期的生态流量基本相等，受到项目区自然条件限制，同时也受到城市污水排放、水库发电泄水、灌区灌溉排水等因素的影响，合理确定枯水流量是河流治理所面临的首要问题。本书给出两种枯水流量的计算方法，即水文频率曲线法和实测河道水崖线估算法。

（1）水文频率曲线法（hydrological frequency curve method）。对于临近水文站的河段，可参照水文站长期观察的降雨径流数据，采取水文频率曲线法，估算河道枯水期流量。与以往河道频率洪水计算方法有所区别，在估算枯水流量时，可剔除水文资料中7月、8月、9月汛期洪水资料，利用非汛期月均流量进行频率曲线的绘制，具体过程如下：

1）选取水文站长系列（20年）的月平均最小流量作为统计样本。

2）按照从大到小的顺序排列，根据经验频率的期望公式计算各流量的经验频率，$P = m/(n+1) \times 100\%$。

3）计算均值、变差系数、偏态系数，绘制经验频率曲线。

4）用皮尔逊Ⅲ型曲线绘制频率曲线（横坐标为频率，纵坐标为流量），经配线调整，优化 C_v 和 C_s 值。

5）横坐标取75%～90%对应曲线上的流量，即是相应保证率的最小流量，作为河道枯水期的设计流量。

（2）实测河道水崖线估算法。河道水崖线（water cliff line），即河道常年保证的基本流量所需的河道断面。在辽西地区，河槽水崖线与主河槽的岸坎线基本一致。因此，在远离或者没有水文站的情况下，大多可以采用此种估算方法，近似求得河道枯水流量。具体做法如下：

1）在河道顺流方向，每隔 100m 对河道主河槽、部分滩地进行实测，得到河道横断面图。

2）通过相关资料调查以及 1∶10000 地形图调绘，确定所研究的河道的纵坡、河道水面线宽度。

3）通过水力学计算公式，以明渠流计算公式为主，选择合理的河道糙率系数，对河道水崖线内的过流能力进行核算。

4）将上述计算成果与河道实测现状水位进行比较，确定河槽的枯水流量。

2. 枯水流量主河槽湿地规划

河槽湿地可参照稳定塘设计，采用下挖式，具体湿地范围可视河道长度、宽度以及坡度确定，一般控制在 300～500m 之间，合理平顺水流同时结合河道本身的形状进行布设。进口采用扩散进水方式，在水流方向，导流墙的角度为 20°。根据《污水自然处理工程技术规程》（CJJ/T 54—2017），有效水深取为 1.5m。污泥厚度取为 0.25m。内坡坡比取为 1∶2.5。塘底平均坡率采用 2.8‰。纵向上人为设置两道干砌石垄，宽 1.0m，垄高 0.5m，使之起到沉砂壅水作用。河槽湿地中种植一定量的沉水植物、挺水植物及浮水植物。浮叶植物和漂浮植物为浮萍。沉水植物种类为金鱼藻、苔草。挺水植物种类为芦苇和香蒲。水生植物在增加感官效果的同时，又可以增加河槽湿地的净水效率。

3. 枯水流量生态岛屿规划

岛屿的设计以"师法自然，高于自然"的理念，以生态效益为核心，创造岛屿景观生态系统，最终达到生态与景观的和谐统一。从空间角度讲，岛屿均为私密空间；从功能角度讲，岛屿分安静休息区、非公共活动区等；从景观角度讲，岛屿均为水景区。

对于地形开阔的天然主河槽，常常存在自然的江心洲，以及现状挖砂、堆砂形成的局部人工河心岛，其材料组成主要是砂砾料、尾矿渣以及少量淤积物，虽然具有小岛的形态，但缺少必要的植物群落和动物生境。针对河道中的这类江心洲，开展生态治理工程，提高地面植物覆盖率、改善岛上穴居水生及陆生动物的生存条件。

采用乔、灌、草相结合的立体布置形式，充分考虑植物的生态习性和植物的生长特性，水平生态系统和垂直生态系统相结合，依据岛与河岸滩地的相对位置关系以及岛屿地质情况，将其分为两大类进行规划设计：一类为植物和动物的私密空间，是鸟类、禽类的栖息地；另一类为亲水草坪区、疏林草地区、特色植物区、鱼塘、特色花园等。岛面植物的栽植形式分自然式栽植、规则式栽植。通过植物的布置体现自然式岛屿生态系统的合理布置。

针对北方地区干旱少雨的特点，岛屿上植物根据特性分不同高程进行布置，常见植物种类如下：

（1）乔木。选择垂柳、刺槐等乔木进行绿化。垂柳管理粗放、抗旱性强、耐水湿、耐瘠薄，在胁迫条件下也可正常生长；刺槐花芳香、洁白，花期长，树荫浓密，是优良的水土保持、土壤改良树种，荒山造林树种。

（2）灌木。连翘、丁香等具有耐水湿、耐严寒、耐瘠薄、不择土壤、喜光等特点，适合流域生态环境条件。

6.7.8 小流量洼地治理技术

小流量洼地指河道中的低洼河滩地、低洼林地、退耕还河的保护带等。对小洼地进行科学规划，可以提高河道防洪标准、改善河道生态环境。洼地的布局宜因地制宜，选取有利地形，进行植物和地形配置，考虑生态的同时兼顾观赏价值。

（1）植物品种选择。选择适宜的植物可迅速恢复生物群落，有效提高生态效益和景观效果。通常根据适应性、本土性、强净化性和鉴赏性的原则来选择植物品种，对于北方河流可选择千屈菜、香蒲和水生美人蕉等作为洼地的主要植物，在区域的高地部分可种植油菜花，沿河带种植京桃树和垂柳树等营造景观。

（2）植物布置。根据设计水面线成果，依据植物生长适宜水深要求，结合洼地原有地形构建洼地范围内水塘深度。原则上在枯水水面以下种植水生植物，枯水以上 0.3m 的坡面种植油菜花等陆生植物，水、陆分界范围种小灌木（棉槐等），达到植物分区分块的目的。

（3）植物密度。根据植物种类的不同，设置不同的种植密度，如千屈菜 10 株/m^2；香蒲 20 株/m^2；水生美人蕉沿水面边缘每 2.5m 一穴，每穴 3～5 株；油菜花 25 株/m^2；京桃树株距 3m；垂柳树株距 5m 等。

6.7.9 河流汇流口生态治理技术

1. 汇流河口滩地生态治理技术

河道汇流口附近，通常会形成大范围的河滩地，这些河滩地往往被当地百姓用来开荒种地或种植经济林，还有大部分滩地由于土壤贫瘠、砂砾含量偏高，且每年夏季汛期不断受到山洪冲刷，植被很难长期生长。

对于这种类型的河道交叉河口滩地，可以通过滩地造岛、修岛等工程措施，改造滩地形状，改善滩地土壤，加强滩地顶冲、深切部位的抗冲刷能力，补植耐水、耐旱草本及木本植物，达到汇河口滩地生态治理目的。

河口滩地生态治理的具体措施包括"一挖、两填、两护、三补植"。

（1）"一挖"指对河口滩地上不明显的鞭状流道进行开挖，形成滩地过流流道。开挖的流道，不做其他工程，是未来不同来水汇流时的滩地径流通道。开挖工程尽量结合现状情况，多挖或者深挖，对汇河口的治理没有太大意义。

（2）"两填"指对河口滩地的首部需要进行硬质砂石料的回填；对滩地地势稍高的地方进行回填，进而形成滩地上的高地。首部回填的硬质砂石料可采用河道采砂的废料，即将河槽附近砂石废料堆就地推平，同时将河道清淤的部分粗砂铺于该处沙滩，平均铺筑厚度超过 0.3m 即可；河道中的部分大石块亦可运至河口首部，形成石质沙滩，在经受不同水位的径流时，回填的高地具有水旱过渡的环境特征，有利于甲壳类小动物生存，同时也为水鸟等禽类提供活动场所。对于滩地的回填土料没有严格的限定，最好含有一定的有机质，能满足植物生长的要求；回填高度，要以 2～5 年一遇的频率洪水水位而定，回填区域不必进行夯实处理。

（3）"两护"指在滩地的深切部位和岸线交汇部位，进行连续的叠层石笼护岸，预防洪水对滩地造成严重冲刷破坏。石笼形式采用 3 层叠笼布置形式，上下层重叠宽度为 0.5～1m。石笼铁丝采用镀锌铁丝 10 号线，人工编笼。

（4）"三补植"包括水生植物补植、陆地草灌补植、濒岸乔木补植。由于滩地仍位于河道内，且在干流与支流洪水汇流时，水位抬升显著，不宜过密补植植物，需结合实际情况来确定。

2. 汇流河口湿地湖治理

主要是针对河口低洼且砂砾含量偏高的滩地实施生态治理。从生态治河的角度，将滩地进行改造，形成河口湿地湖，一方面利用扩大的断面对河道径流进行水质净化，另一方面适当开发景观工程，增加人们对景观河道的多方面需求。

（1）防渗设计。防止污水下渗造成地下水污染和湿地的不均匀沉降。湿地挖方后，底土夯实，施以 1mm 厚土工膜，并覆 15cm 厚黏土压实，防止污水的下渗。

（2）基质。湿地湖中的母基质又称填料，一般由土壤、细砂、粗砂、砾石、碎石或灰渣等构成，基质一方面为微生物的生长提供稳定的依附表面，也为水生植物提供载体和营养物质，是湿地化学反应的主要界面之一。污水通过湿地湖时，基质通过吸收、吸附、过滤、离子交换或络合等途径去除污水中的氮、磷等营养物质，酸碱度在其中起重要作用。

（3）植物。湿地湖按功能可分为水质净化功能区、游人戏水区，坡面以 1：5 放坡，其中水质净化区选择香蒲、花叶香蒲、金鱼藻、浮萍草、泽泻和芦苇等 6 种植物，这些水生植物自身具有较强的营养物质吸附富集功能，与其周边的原生动物、微生物形成各种小环境，为微生物的吸附和代谢提供了良好的生化环境，形成特殊的根际微生态环境，具有典型的活性生物膜的功能，对多种污染物有很强的吸收分解和富集能力。

湿地湖的规划，扩大了河网中水面的有效面积，通过合理补植水生、陆生植物，可以大大改善河道地区水量的蒸发量，进而达到减少水土流失，涵养地下水源、净化河道水质的作用，在河流治理中发挥了巨大作用。

6.8　案例研究

6.8.1　北票市凉水河复合型湿地修复系统

此案例来源于"北票市凉水河入白石水库湿地处理工程项目"。利用 6.7 节"河道行洪区水质净化能力提升技术""折线坝生境构造技术""河流旁侧湿地修建技术"，对凉水河入白石水库湿地进行处理。

研究区存在污染问题，工程目的是削减点源、面源污染负荷，改善入河（库）水质并达到地表水环境质量标准 IV 类。工程将通过沿河建设河流湿地处理工程，消除市区上游来水、市区地表径流和市区下游来水中的面源污染物，改善水环境、增强水生态系统功能。工程于 2012 年 5 月开工建设，9 月完工，完工运行 2 年后该区域被旅游局景区质量等级评定委员会组织评定为国家 3A 级旅游景区。

研究区的水文气象、地形地貌、泥沙特征及水环境质量概况，可见第 4 章 4.4.4 的阐述。

1. 总体设计

根据水力负荷和污染负荷，耦合利用多种形式的湿地，包括人工湿地、河流湿地、边滩湿地以及湿地湖等，建设复合型湿地修复系统，完成各类点面源污染物负荷消减任务，同时要考虑河流廊道景观的设计，增加河流景观的空间异质性。

设计内容主要包括三大部分：以污染物削减为主要目标的湿地工程设计，包括人工湿地和河流湿地；以景观改善为主要目标的河流廊道设计；考虑恢复凉水河河势多样性，营造和保护生物栖息地。共营造河流湿地 21.17 万 m^2，规划后水面面积为 4.31 万 m^2，各工程设计的结构与功能修复目标见表 6.8－1。

表 6.8－1   河流湿地工程的结构与功能修复目标

技术措施	规　模	结　构　修　复	功　能　修　复
植被缓冲带	16.8 万 m^2	水陆生态系统间物流、能流、信息流和生物流的重要廊道；控制河岸侵蚀；保护河流生物多样性；保护河流生态系统完整性等	分蓄和消减洪水；污染物沉淀、过滤、净化，改善水质；形成优美景观提供休闲空间
边滩湿地	14.5 万 m^2	维持环境和生态系统的平衡、蕴藏丰富的动植物资源、提供多样性栖息地等	净化水质、改善气候、调蓄洪水、美化环境、维护区域生态平衡
人工湿地	10080m^2	深度处理污水，改善水环境	中水回用、优美景观
湿地湖	13193m^2	保护生物多样性、提供生物栖息地	亲水休闲空间、中水回用、优美景观
生态潜坝	8 座	减小河道底坡，增加水面，形成跌水或呈现景观瀑布，提高河流的自净能力，处理河流中的点面源污染物	丰富河流地貌形态、营造绿色景观
清运疏浚	9.9 万 m^3	改善河道水环境	优美景观

2. 人工湿地工程

通过人工强化湿地处理生态系统，能够达到湿地水体净化功能，能较好地保护和增强生物多样性，并配置污水土地处理系统，可用于应急处理浓度较高的面源污水，环境效益和项目可靠性较强，但投资较高。

结合实际情况，从节省投资和见效快方面考虑，经过综合分析比较，选择水平潜流人工湿地工艺方案。对项目河段上游建设自然河流湿地，通过沿河自然河流湿地处理一部分点面源污染物，在下游段即北票市污水处理厂附近修建水平潜流人工湿地，深度处理污水处理厂出水口排水，去除 BOD、COD、SS 等污染物。

针对凉水河的污染情况，在认真考察、勘测项目场地，仔细比对人工湿地选址和方案优选的基础上，构建了水控制室-水平潜流人工湿地-景观蓄水塘的人工湿地系统，以深度处理污水处理厂的出水，并将深度处理后的水体排入河流，达到补给河流和生态治理污水的效果，同时满足下游水库的供水安全。工程于 2013 年 6 月建成并通水调试运行。

人工湿地位于凉水河右岸、河道与北票市污水处理厂之间。有效处理面积 10080m^2，共分 8 个处理单元。人工湿地设计过水能力为 20000m^3/d，采用水平潜流形式，采用碎石作为填充基质，四组并联，每组两个单元串联。污水经水位控制后从布水管道流入人工湿地，经人工湿地处理后排入出水池。出水池的水可用于景观、灌溉或者消防用水。出水池设有溢流口，超过水力负荷的水溢流入河道。人工湿地的详细设计可见本书第6.7.3节。

植物的选择要点：①耐污能力和抗寒能力强，又宜于本乡土生长，最好以本乡土植物为主；②根系发达，茎叶繁茂；③抗病虫害能力强；④有一定的经济价值，景观价值。根据项目区实际情况，工程优选了芦苇、香蒲、黄菖蒲、花叶菖蒲、千屈菜和泽泻6种本地优势植物作为人工湿地挺水植物。

3. 河流湿地工程

该河段河道流量较小，水流在很窄的河槽流动，流态单调，缺少深潭-浅滩变化，缺乏湿地植物生长水深需求的条件，因此采用建设生态型潜坝，使水流局部壅集在坝前，增加湿地水面，改善湿生条件，形成河流湿地。

选择河床比降较大的河段，在对水位、流量有要求的河道内布置8座潜坝。潜坝迎水坡坡比为1:2，背水坡坡比1:10，坝顶宽0.5m。坝体采用石笼砌筑，埋深1m，基础也为石笼，基础末端设置成齿墙，齿墙尺寸为50cm×50cm，下部设置20cm厚的砂垫层。潜坝5号、7号、8号为W形，其余为V形，图6.8-1和图6.8-2分别为W形生态潜坝和V形生态潜坝示例。

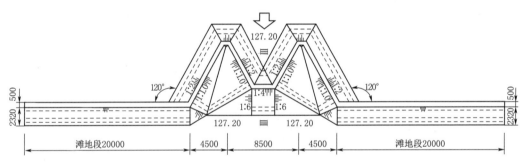

图6.8-1　W形生态潜坝（单位：mm）

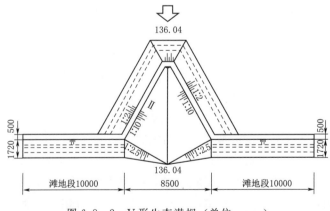

图6.8-2　V形生态潜坝（单位：mm）

（1）壅水高度计算。潜坝泄量校核按堰的形式进行计算，结构为宽顶堰，泄量计算采用常规宽顶堰流量公式计算：

$$Q = \sigma m B \sqrt{2g} H_0^{3/2} \qquad (6.8-1)$$

式中：Q 为流量，m^3/s；σ 为淹没系数；m 为宽顶堰流的流量系数；B 为潜坝体单宽，m；H_0 为计入行进流速水头的堰上总水头，m；g 为重力加速度，m/s^2。

以上游来水 1.28 万 t/d 为湿地水位控制标准计算流量。在该种情况下，坝前壅水高度在 0.05～0.2m 之间，减小河道底坡，增加水面，形成跌水或呈现景观瀑布，提高河流的自净能力，处理河流中的点面源污染物，同时，丰富河流地貌形态，营造绿色景观。

（2）抗滑稳定计算。作用于潜坝上的荷载有：自重、静水压力、动水压力、淤沙压力。抗滑稳定计算采用《砌石坝设计规范》（SL 25—2006）中提供的公式进行计算：

$$K = \frac{f \sum W}{\sum P} \qquad (6.8-2)$$

式中：K 为抗滑稳定安全系数；f 为滑裂面上的摩擦系数，取为 0.4；$\sum W$ 为作用在所计算截面上坝体全部荷载对滑裂面的法向分值，kN；$\sum P$ 为作用在所计算截面上坝体全部荷载对滑裂面的切向分值，kN。

经计算抗滑稳定安全系数均大于 1.05，满足设计要求，各项作用力的计算结果见表 6.8-2。

表 6.8-2　　　　　　　　　　　　潜坝上作用力的计算结果　　　　　　　　　　　　单位：kN

序号	自重	静水压力	动水压力	淤沙压力
潜坝 1	1366	7.06	2.53	0.36
潜坝 2	2516	11.04	3.86	0.35
潜坝 3	1366	7.06	2.53	0.36
潜坝 4	1366	7.06	2.53	0.36
潜坝 5	4095	9.61	3.42	0.40
潜坝 6	4095	9.61	3.42	0.40
潜坝 7	1730	5.94	1.32	0.4
潜坝 8	4095	9.61	3.42	0.40

图 6.8-3 为 V 形生态潜坝和河道湿地施工时（a）与施工运行后（b）的景观，图 6.8-3（c）为 W 形生态潜坝所形成的河道景观。

4. 河流廊道工程

凉水河城市防洪道到白石水库口河段长度大约为 10km，区域降水量少，下渗蒸发量大，同时上游河道已经建成橡胶坝，河道流量很少。由于这些自然条件的限制以及人类活动的干扰，水流基本在很窄的河槽内流动，河滩裸露植被被稀疏，且由于非法的河滩占用，例如堆弃垃圾、耕作放牧、乱采乱挖等，10km 长的河道基本呈现单调脏乱的景观。同时本河段靠近北票市区，沿河道路是前往北票市区的交通要道，为满足北票市居民休闲的需求以及提升北票市整体形象，特营造 10km 河流廊道景观，同时降解河道两岸的降雨径流带来的污染物，主要工程包括清运工程、绿化缓冲带工程、边滩湿地工程、湿地湖工程等。

图 6.8-4 为凉水河横断面布置示意图，河道两岸堤防与道路之间种植乔木，将道路等人类活动区与河道区分开来，堤防与河道之间的边坡以及滩地可以种植小灌木和草皮，

（a）V形潜坝（拍摄于2012年8月17日）

（b）V形潜坝（拍摄于2013年10月28日）

（c）W形潜坝（拍摄于2012年8月17日）

图 6.8-3　生态潜坝景观

在塑造河流景观的同时，作为缓冲带起到截留过滤污染物、水土保持的作用，降低面源污染负荷。在洪水漫过的边滩上，选择恢复自然的湿生植被，建设边滩湿地。

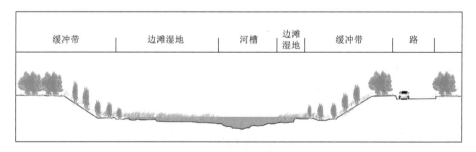

图 6.8-4　凉水河横断面布置示意图

（1）清运工程。清运不合理的堆弃物是保护河道生态环境和恢复自然景观的最直接措施之一。本次治理工程对其进行清运处理，清运的建筑垃圾以及砂土可以作为工程材料使用，共清运工程量 9.87 万 m³。

（2）绿化缓冲带。本次设计将河道上游左侧靠近公路侧规划区 10m 宽范围以内的荒地和旱地改造为林地，修建 10m 宽的缓冲带，长度 600m，向河槽方向依次是乔木、灌木带及草地等。对于工程区部分河道断面的幼林和疏林成活率不高、无法形成绿化带的问题，进行补栽树苗；部分河段树林间的条田属于不合理的开荒地，破坏了河道右岸绿化带的完整性，设计中对其采取退耕还林措施，栽种树木；部分河道断面林带不连续，需要将荒地和施工工地改造为林地，栽种树木，以保证林带的完整性。

（3）边滩湿地工程。边滩作为洪水消落交错带，处于主河槽和绿化缓冲带之间，其年际水生条件呈周期性变化，洪水来时边滩被洪水淹没，枯水期边滩裸露出来。设计河段共有边滩湿地 13 处，选择适宜的植物可迅速恢复生物群落，有效提高水质净化，同时增加生态效益和景观效果。考虑到植物的本土性、适应性、强净化性以及鉴赏性等，此次边滩湿地的设计选择芦苇、千屈菜以及香蒲等植物。施工后形成的边滩湿地千屈菜景观如图 6.8-5 所示。

图 6.8-5　边滩湿地千屈菜景观

（4）湿地湖工程。湿地湖设计考虑城市景观和居民休闲需求，根据实际地形地势通过降滩、挖深形成。湿地湖以种植芦苇和香蒲为主，公园内修建管护路、内设木栈道，建过河桥一座，方便管理。生态景观区内先清除垃圾残土，再种植柳树及其他树种，绿化、美化环境。

湿地湖和道路施工后秋季形成的景观如图 6.8-6 所示，修复后的凉水河湿地景观如图 6.8-7 所示。

6.8.2　大连复州河水质净化系统

近年来，生态河道、人工湿地、生态浮岛等治理修复技术在水体水质的修复过程中有不少应用。而水源地上游河道污染类型复杂，农村面源污染具有排放路径随机、排放区域广泛以及排放量大面广等特征，造成了农村水体污染的时空差异，单一技术无法适应这些特征，需要在功能定位及目标需求的基础上，设计组合技术工艺，实现短期或长期的修复目标。本书通过在合适的位置设计建造一个生态河道、多种人工湿地、生态池相结合的水质净化系统试验场地，针对不同背景设计适当的净化系统，使系统出口水质得到改善。通过试验，研究总结不同填充材质、不同植物、不同形式的湿地或生态池措置在不同污染物浓度下的水质净化率，对河道污染治理具有重要意义。

1. 系统的组成

试验方案是构建一个综合生态河道、人工湿地、生态浮床等多种治理修复技术的水质净化系统，并在生态河道、人工湿地和生态池的入口及出口处设置采样点，通过日后水质检测数据来评价水质变化情况，从而评判试验研究成效。

在大连市复州河蔡房身大桥附近选择一个自然分叉侧流的深水处作为试验方案的原始改造基础，在分叉侧流的入口处设置拦污栅，阻挡固体垃圾进入河道；对生态河道采用近

（a）　　　　　　　　　　　（b）

（c）　　　　　　　　　　　（d）

图 6.8-6　湿地湖和道路施工后秋季形成的景观

图 6.8-7　修复后的凉水河湿地景观

自然的生态理念进行修复；生态池与生态河道之间构建不同并串联组合的人工湿地，为了比较不同湿地对水质的净化效果，获得更多数据，共设置了 12 个平面尺寸为 15m×5m（长×宽）的人工湿地。在生态河道中人工湿地入口前设置泄水渠道，排除多余水量；在生态池中设置生态浮床。系统的方案流程和试验场地实景分别如图 6.8-8 和图 6.8-9 所示。

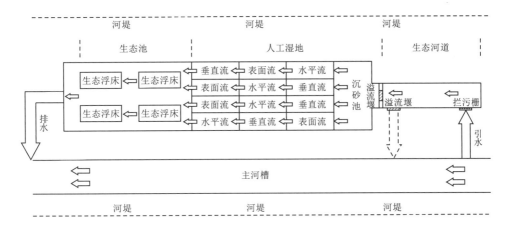

图 6.8-8 系统的方案流程图

人工湿地分为表面流人工湿地和潜流人工湿地，潜流人工湿地又分为垂直潜流湿地和水平潜流湿地。在本试验中，将三种湿地并串联排列组合，以比较各种人工湿地对河水水质的改善效果。另外，为比较不同植物对水流水质的处理效果，同一类型的湿地可种植不同植物。基质填充种类和植物种类的布置分别见图 6.8-10 和图 6.8-11。

系统运行期间复州河蔡房身村河段水质见表 6.8-3。进水 pH 为 6.94～8.77，DO 含量为 4.8～14.2mg/L；冬季水温为 0.1～3.8℃，夏季水温处于 23℃以上。

从 2015 年 9 月 15 日开始至 2016 年 11 月，试验系统已持续运行 15 个月，该时段内共取 23 次水样。温度、pH、电解质和溶解氧

图 6.8-9 河流水质净化系统
试验场地实景图

采用便携式设备进行现场测定，其余指标均按国家标准检测方法进行检测，见表 6.8-4。

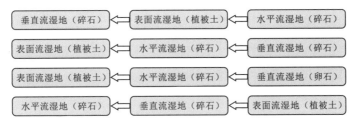

图 6.8-10 人工湿地基质填充种类

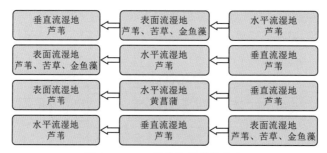

图 6.8-11　湿地植物种类分布

表 6.8-3　　　　　　　　　　　　系统运行期间复州河蔡房身村河段水质　　　　　　　　　单位：mg/L

水 质 指 标	变 化 范 围	平 均 值
悬浮物	3.3~23.5	12.8±6.2
总氮	9.13~18.49	13.27±2.49
氨氮	3.3~11.1	7.85±2.05
总磷	0.49~1.66	1.21±0.61
COD	18.8~52	26.3±7.1

表 6.8-4　　　　　　　　　　　　　　　水质检测项目及方法

序号	项目	分 析 方 法	方 法 来 源
1	COD	重铬酸钾法	GB/T 11914—1989
2	BOD$_5$	稀释接种法	GB/T 7488—1987
3	总氮	碱性过硫酸钾消解紫外分光光度法	GB/T 11894—1989
4	氨氮	纳氏比色法	GB/T 7479—1987
5	总磷	钼酸铵分光光度法	GB/T 11893—1989

2. 不同单元的净化效果

比较人工湿地内各监测点各指标浓度，判断人工湿地对水质的净化作用。湿地入水通过沉淀池沉淀后监测点为 3#，底端往上第一行各监测点分别为 4#、8#、12#，第二行各监测点分别为 5#、9#、13#，第三行各监测点分别为 6#、10#、14#，第四行各监测点分别为 7#、11#、15#，如图 6.8-12 所示。

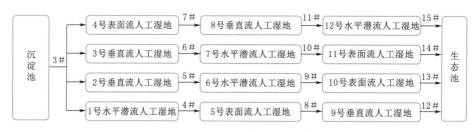

图 6.8-12　人工湿地监测点布设图

第一列人工湿地分别为 1 号水平潜流人工湿地、2 号垂直流人工湿地、3 号垂直流人工湿地、4 号表面流人工湿地，出口分别为 4#、5#、6#、7#监测点。种植植物均选择芦苇，2号湿地填料选择砾石，3号湿地填料选择人工卵石。

1号湿地对COD的去除率较高，4号湿地去除率相对较低，且2016年3—6月多为负值。水流经过1~4号湿地后，COD浓度分别平均降低8.6mg/L、4.4mg/L、3.7mg/L、1.5mg/L，平均去除率分别为32.6%、16.1%、13.6%、6.4%。各湿地对COD去除率有波动性，但无明显季节性变化。2号湿地去除效果比3号湿地稍好。

2016年8月之前，各湿地对TN的去除率差别不大，上下波动较小；9月之后，各湿地对TN的去除率上下波动较大，差别明显。水流经过各湿地后，TN浓度分别平均降低1.1mg/L、0.6mg/L、0.9mg/L、0.8mg/L，平均去除率分别为8.8%、5.0%、6.3%、6.0%。总体来看，1号水平流湿地对TN的去除效果最好，3号湿地和4号湿地对TN的去除效果好于2号湿地。

试验前期，因湿地基质的吸附作用，NH_4^+-N去除率稍好，2016年4—8月，各湿地对NH_4^+-N的去除率较小，8月后，因为植物生长情况较好，NH_4^+-N去除率上升。水流经过1~4号湿地后，NH_4^+-N浓度分别平均降低1.2mg/L、0.6mg/L、0.6mg/L、0.6mg/L，平均去除率分别为15.6%、8.8%、7.9%、7.1%。总体来看，1号水平流湿地对NH_4^+-N的去除效果最好，2号湿地比3号湿地去除效果稍好，4号表面流湿地去除效果相对较差。

水流经过1~4号湿地后，TP浓度分别平均降低0.01mg/L、0.03mg/L、0.06mg/L、0.09mg/L，平均去除率分别为4.6%、2.1%、5.2%、5.3%。4号表面流湿地对TP的去除效果较好，3号湿地处理效果好于2号湿地。

因进水流量较小，水力负荷较小，1号水平流湿地对各物质的去除效果较好，4号表面流对各物质的去除效果相对较差，但对TP去除效果较好。2号湿地和3号湿地填料不同，但对各物质的去除效果差别不大。

类似地，计算了各块湿地对各指标的去除效果，汇总见表6.8-5。

表 6.8-5　　　　　　　　　单位面积湿地对各污染指标去除效率　　　　　　　　　%

湿　　地	BOD_5	COD	TN	NH_4^+-N	TP
1号水平潜流人工湿地	36.9	32.6	8.8	15.6	4.6
2号垂直流人工湿地	21.3	16.1	5	8.8	2.1
3号垂直流人工湿地	17.4	13.6	6.3	7.9	5.22
4号表面流人工湿地	1.8	6.4	6	7.1	5.3
5号表面流人工湿地	−1.4	−23.5	−0.3	12.6	18.5
6号水平潜流人工湿地	16.6	7.4	5.2	9.5	12.5
7号水平潜流人工湿地	21.5	11.1	6.6	9.9	12.5
8号垂直流人工湿地	22.5	26.2	9.8	12.2	−4.3
9号垂直流人工湿地	16.7	8.7	1.7	15.2	0.3
10号表面流人工湿地	−8.5	−1.5	3.6	8.4	2.3
11号表面流人工湿地	0.9	−6.3	−0.4	4.8	−3.7
12号水平潜流人工湿地	15.3	14.1	2.3	6	0.4

3. 污染指标去除效果

人工湿地系统于 2015 年 9 月建成，试验用地长 45m，宽 20m，占地约 1000m² （图 6.8-13）。每个湿地单元尺寸为 15m×5m （长×宽），水平流填料采用 0.65m 厚、粒径 10～30mm 碎石，表面流为 0.30m 厚种植土；组合 3 垂直流填料采用 0.85m 厚、粒径 10～30mm 砾石＋0.20m 厚、粒径 20～40mm 砾石，其余垂直流单元填料为 0.85m 厚、粒径 10～30mm 碎石＋0.20m 厚、粒径 20～40mm 碎石；组合 3 水平流植物配置为黄菖蒲，其余湿地单元为芦苇。组合 1～4 实际进水量分别为 100m³/d、200m³/d、200m³/d、150m³/d，对应水力负荷分别为 0.45m³/(m²·d)、0.89m³/(m²·d)、0.89m³/(m²·d)、0.67m³/(m²·d)，水力停留时间分别为 0.71d、0.35d、0.35d、0.47d。

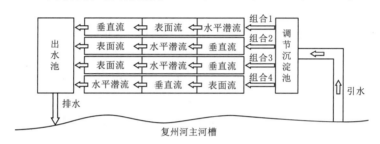

图 6.8-13　复合人工湿地布置示意图

（1）COD 去除效果。湿地连续运行一年多来，组合 1～4 的 COD 平均去除率分别为 46%、33%、32%、40%（图 6.8-14）。从 2015 年 9 月中旬系统开始运行，各组合对 COD 的去除率在 2016 年 1 月达到峰值，去除率均达到 80%。在运行初期，各组合对 COD 去除率整体上大致呈上升趋势，其原因在于系统运行初期，填料具有较大吸附容量，且季节原因导致植物和微生物起到的作用很小，所以系统对 COD 去除主要依赖于填料的吸附作用。

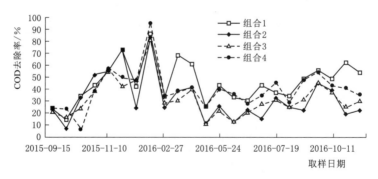

图 6.8-14　人工湿地对 COD 的去除效果

（2）TN 去除效果。人工湿地中 TN 去除主要途径是微生物的硝化反硝化作用。其原理是好氧条件下氨氮被硝化细菌氧化为硝氮，然后在缺氧厌氧条件下硝氮通过反硝化细菌还原成氮气排出。人工湿地各组合对 TN 的去除效果如图 6.8-15 所示。从整体来看，在工程运行的一年多时间内，各组合对 TN 去除率曲线趋势大体类似，去除效果差别不大，各组合 TN 平均去除率分别为 18%、18%、19%、20%，9 月上旬达到峰值，此时 TN 去除率都在 57% 以上。

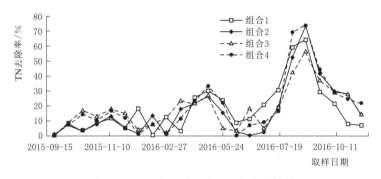

图 6.8-15　人工湿地对 TN 的去除效果

（3）$NH_4^+ - N$ 去除效果。人工湿地各组合对 $NH_4^+ - N$ 的去除效果如图 6.8-16 所示。各组合对 $NH_4^+ - N$ 去除率曲线趋势类似。一年多来组合 1~4 的 $NH_4^+ - N$ 平均去除率分别为 35%、20%、18%、25%。2016 年 8—11 月，各组合的 $NH_4^+ - N$ 去除效果较好。微生物的硝化作用是人工湿地去除 $NH_4^+ - N$ 的重要途径，而硝化过程是好氧过程，所以水中较高的溶解氧浓度有利于 $NH_4^+ - N$ 的转化。组合 1 的去除效果较明显，原因在于组合 1 中进水经过水平流湿地时硝化反应使溶解氧降低，随后表面流湿地的开放水域通过自然再复氧提高了水中的溶解氧浓度。

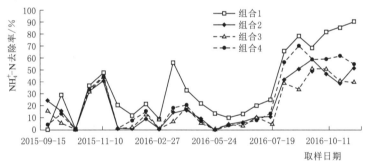

图 6.8-16　人工湿地对 $NH_4^+ - N$ 的去除效果

（4）TP 污染物指标去除效果。人工湿地各组合对 TP 的去除效果如图 6.8-17 所示。在 2015 年 9 月至 2016 年 11 月，组合 1~4 的 TP 平均去除率分别为 28%、17%、17%、22%。人工湿地对磷的去除主要是通过微生物同化、植物吸收和填料吸附作用协同完成。其中，植物吸收的磷元素量最小，微生物生长活动吸收的磷在其死亡后大部分又会被重新释放到湿地内，因此微生物作用和植物对磷酸盐的吸收可以去除少量磷，但效果不大。而基质吸附作用对湿地除磷效果贡献最大，是湿地系统除磷的主要途径。水力停留时间越长，基质吸附越充分，因此组合 1 的 TP 去除效果最好，组合 4 次之，组合 2 和组合 3 相似。

（5）BOD_5 去除效果。春夏时，湿地中 BOD_5 浓度较大，但去除率无明显规律。2015 年 11 月 10 日采样时，湿地中出现许多藻类物质，BOD_5 去除效果较差。2016 年 3 月 15 日采样时，因主河道水位暴涨，致使生态池出水受阻，生态池水面抬高，水流有从三角堰处往回流动趋向，人工湿地出水受阻，大部分湿地漫流严重，水质较差，BOD_5 去除率较

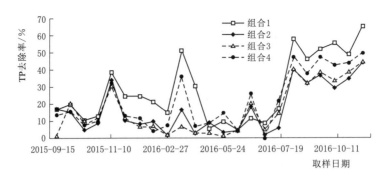

图 6.8 - 17　人工湿地对 TP 的去除效果

差。2016 年 8 月 21 日采样时，由于前段时间河道发水将木门所在石墙冲垮，湿地部分水流过大，BOD_5 浓度较低，超出检测下限 0.5mg/L。

总体来看，垂直潜流湿地和水平潜流湿地对 BOD_5 的去除效果好于表面流湿地。右侧第一列湿地对 BOD_5 的去除效果稍好。

（6）效果比较。不同组合湿地对各污染指标去除效率见表 6.8 - 6。综合而言，组合 1 对污染指标的去除效果最好。

表 6.8 - 6　　　　　　　　不同组合湿地对各污染指标去除效率　　　　　　　　　　%

不同组合	BOD_5	COD	TN	$NH_4^+ - N$	TP
组合 1	44.6	46	18	35	28
组合 2	31.5	33	18	20	17
组合 3	34.4	32	19	18	17
组合 4	39.3	40	20	25	22

第 7 章

河源区与河口区的治理

河源区和河口区分别是一条河流的起点和末端，影响着整条河流与入海（入库）的水生态及水环境。因此，河源区和河口区的保护与综合治理非常重要。本章分析了我国主要河源区与河口区的概况，归纳了现阶段河源区与河口区存在的主要问题，明确河源区生态保护与河口区治理修复的方向，阐述进行河流入海口治理修复所运用的主要方法与技术手段，为我国河源区和河口区系统发展提出合理的建议，并以顾洞河河口与俭汤河入库消落区为例进行治理修复设计。

7.1 河源区概况与生态保护

7.1.1 河源区概况

河源区（river source region）是指河流干流（或其支流）距离河口处流程最远的、常年有地表流水的地方，径流量较大的河流干流通常发源于山脉中的溪、泉、冰川、沼泽或湖泊等。较小的河流通常发源于丘陵或平原地带的地下含水层附近的泉眼。我国河流众多，大多起源于高原山地地区，按气候特征和生态系统类型的不同，河源区大致可分为大兴安岭地区、长白山地区、东南沿海山地、祁连山地区、秦岭山区、青藏高原的东南边缘地区、滇东高原地区、太行山地区以及天山地区。各个地区的气候和生态系统都各具特色，因此存在的生态环境问题也不尽相同，河源区信息见表 7.1-1。

表 7.1-1　　　　　　　　　　　　河 源 区 信 息 表

河流发源地	河　流	气候特征	生态系统类型	主要存在问题	原因分析
大兴安岭地区、长白山地区	嫩江、松花江、图们江、鸭绿江	温带大陆性季风气候，冬季寒冷、漫长；夏季暖、湿且短；降水适中	森林生态系统，湿地生态系统	湿地退化、水土流失、森林资源减少、旅游建设破坏生态环境	人类过度砍伐树木和开荒土地，缺乏生态保护意识
东南沿海山地	东江	亚热带丘陵山区湿润季风气候，光照充足，雨量丰沛，四季分明，霜冻期短	森林生态系统	森林遭到破坏，水质差，水土流失	早期缺少煤炭资源，对森林乱砍滥伐，采矿排放污染物

续表

河流发源地	河　流	气候特征	生态系统类型	主要存在问题	原因分析
祁连山地区	石羊河	温带大陆性气候，冬冷夏热，降水较少	天然冰川，森林、草原生态系统	土地荒漠化严重、草地退化、湿地退化	气候变暖，系统结构单一，人口增多，乱砍滥伐，农业、工业污染
秦岭山区	嘉陵江、汉江和丹江	温带季风气候和亚热带季风气候，夏季高温多雨，冬季寒冷干燥，季风性显著	湿地、水田生态系统，山地、丘陵生态系统	水土流失、水质污染、森林遭到破坏、工业污染	森林植被破坏，导致洪水倾泻而下，人类不注重环保，过度采矿
青藏高原的东南边缘地区、滇东高原地区	长江、黄河、澜沧江和珠江	高原山地气候：全年低温，降水量少；亚热带季风性湿润气候：夏季高温多雨，冬季温和少雨	森林、草原、荒漠、草甸、冰川、高寒湿地和农田生态系统	水资源减少、草地退化和土地沙漠化、物种减少、水土流失，部分地区水旱灾害频发	海拔高，气候条件恶劣，生态系统脆弱，人类活动的破坏，鼠害频发
太行山地区	桑干河、滹沱河、漳河、沁河、丹河	暖温带半湿润大陆性季风气候，全年冬无严寒，夏无酷暑，雨热同期	山地灌丛生态系统，农林复合生态系统	水土流失、环境污染、森林资源减少	自然因素，人为因素对森林的破坏，人类缺乏生态保护意识
天山地区	乌鲁木齐河	温带大陆性气候，昼夜温差大，干旱少雨，光照充足	冰川，草原生态系统	冰川消融、草地退化、沙化	气候变暖，人类放牧，对自然资源无节制地开采

河源区作为一条河流的起点，其对整条河流的作用不言而喻。河源区的生态、环境的变迁对河流的影响举足轻重。但由于一些自然因素和人类因素的影响，河源区出现水土流失、植被退化、水源污染、湿地退化等问题，进而使下游地区出现旱涝灾害、环境污染、水利设施遭到破坏等一系列的影响。河源区水生态、水环境问题已经引起了社会各界的广泛关注和政府的重视，要对河源区进行生态保护与适当修复。

7.1.2　河源区生态保护措施

7.1.2.1　工程措施

1. 加大绿化建设

研究表明可通过加强林草建设来完善和提升森林植被的生态功能，森林植被不仅可以保持水土、储备水资源，还可以发挥固定土壤的作用，大幅提升土壤的质量，并且森林具有调节气温气候、提升水循环速度、防风固沙、蓄洪和滞洪、净化水质和空气的功能。刘加文（2018）对不同的区域分析提出了不同的草地修复措施，包括北方草原生态修复工程、南方草地改良建设工程、已损草原植被恢复工程、草畜平衡示范工程和草原保护支撑体系建设工程，还可通过引入新的物种完善生物多样性，促进生态修复。对于林业建设通过实施绿色工程、改善林业生态结构、充分发挥科学技术在林业修复与环境保护中的重要优势来实现林业可持续发展，充分发挥林业的生态优势。

根据当地地域特点，建立不同类型的生态草地产业区，有针对性地进行治理修复措施。对牧区以退牧还草、草地改良、治理"三化"草场为重点，加大农艺措施，对草地进行补肥、施肥、除杂等，提高草原的产量、品质，建立优质牧草基地，提高草地生产力，恢复草地生态功能，再按照"以草定畜、草畜平衡"的原则合理利用，严禁超载放牧，防止草原生产力恢复后再度退化，实现草地资源的可持续利用，保障畜牧业发展需求。对严重退化区、生态脆弱区的草原着力强化管理措施，实施"区域性"连片禁放，以自然恢复为主，使草原生态系统得以持续、稳定、健康地运转。对受人类活动影响的草原，尤其是已垦草原区、遭受沙化的区域以及采矿和工程措施导致草原受损的区域，进行土地平整、坑洼回填、渣土清除、治理受金属污染的土壤，提升土壤生产力，种植优良草种，恢复草地的生态功能，促进草地生态系统的可持续发展。对于青藏高原东部地区，要着重加强草原围栏、草种改良、鼠害及毒害草防治，以及对"黑土滩"的防治及治理，建设人工草地、灌溉工程、牧民定居以及转变草原畜牧业生产方式等基础设施的建设（刘加文，2018）。

对于林业治理修复，要对森林的开采实行限制，更要进行抚育工作。相关部门应绝对禁止乱砍滥伐，提高保护手段，对违反规定的人严加处罚，而且要进行科学合理的抚育管理，在实施植树造林的过程中，不仅仅要提高种植的面积和数量，还要合理规划树木的种植结构，培育优良的树木品种，选择多样化的树木进行种植，改善林业生态结构，充分发挥林业生态环境的自我保护作用，平衡生态系统的生物多样性，而且可以为动植物提供丰富的栖息繁殖的生态环境。在使用林业资源时，要科学地使用高科技手段来提高林业资源的利用率，提高林业资源的再生能力和自我修复能力，减少林业资源的铺张浪费及不合理的使用，实现林业可持续发展。对于一些环境恶劣的高寒地区，普通的树木品种不利于存活，应利用先进的技术培育具有抗寒性、抗冻性的优良品种进行种植。

2. 控制采矿业产生的污染

目前有很多加强对露天采矿的修复工作，国内有建设大面积林地进行保护、科学设计交通道路、污水的净化处理、工业废弃物和垃圾的回收，以及采用物理、化学、生物等技术修复污损土体和开展土体重构工程、重塑地形地貌等措施。在美国，必须先对已停产的采矿场进行复垦，然后才能释放开垦债券，并且还需要制定侵蚀和沉积物控制计划，以控制预期的侵蚀并防止沉积物离开开采场（Zheng et al.，2020）。

对于重金属类的矿产污染，包含物理、化学、生物三种类型的修复技术，物理技术中，先采用隔离技术把矿区污染地与其他地区隔离，防止污染进一步扩散，通过土壤淋洗、电动修复、电热修复等措施，对土壤进行改良修复；化学技术中，通过固化修复技术处理被重金属污染的土壤，以及通过一些化学方法，反络合、溶解、吸附作用对重金属粒子进行处理，能够回收废弃地的重金属离子。生物措施主要是依靠植物对污染物的吸收作用，而且植被还有其他的生态效益。

在选取矿产开采区时，应尽量远离森林及草原地带，而且要进行科学合理的规划，对一些稀有的植物品种，可采取移植操作，防止遭到灭绝；对附近的植物物种，可使用防护网的工具进行保护，防止受到灰尘污染。要有成熟的采矿工艺，包括对灰尘、污染物、废水的处理工艺，降低污染物对外排放，对污水要进行处理后才可排放，固体废弃物要及时回收，尽量控制对土壤的污染。要加大科学技术研发力度，通过科技创新促进矿产资源开发和生态环境保护相互协调发展。在地质修复过程中，可采用回填整平技术使矿区坡度和沟壑减少，也对坡面和裸露的地面采用种植树木的等方式进行加固和稳定，防止水土流失，也可维持地表基底的稳定。

3. 控制水土流失

水土流失不仅会破坏耕地，造成耕地面积减少、养分流失，减少农作物产量，还会对下游地区造成洪涝灾害，给水利设施造成威胁，严重影响生态平衡。在我国，代全厚提出建设分水岭及坡面防护体系、农田防护体系、沟壑防护体系、河流及水利工程防护体系和村屯道路防护体系。在黄土高原中，采用了修建梯田、淤地坝、治沟造地等措施。在地中海地区，有些国家在农田中采取等高线耕作、山间池塘、草地水道、免耕耕作系统、重新造林和地带种植来减少土壤侵蚀造成的水土流失（Ricci，et al.，2020）。

提高植被覆盖率是治理水土流失的一个重要举措。在进行水土保持工程过程中，需要充分考虑当地环境因素，不同的地区有不同的治理方案。对于水资源较为匮乏的斜坡或者沟壑，需要建设稳定的地形建筑来对地表径流进行截留，这不仅可以提升土壤的渗透能力，增加土壤水分、生物活性，缓解水土流失的程度，还可以促进当地植物的生长，改善当地的气候，保证农作物生长所需要的水分，提高农作物产量。对于水量较大的地区，可以种植高大的树木来减缓径流速度，还可建立洪水排导系统，防止洪水泛滥造成较大的损失。在工程建设过程中，尽量避开坡度较陡的地区，减少对植被的破坏。在坡顶、陡坡处种植灌木林，充分发挥固定土壤的作用，提升土壤质量，减少对坡顶、陡坡的不合理破坏，防止土质疏松导致水土流失加剧。对一些冲刷较为严重的沟壑，可以修建沟头防护、沟边围埝，也可建造防护林，防止水流进一步侵蚀。

4. 控制生产生活污染，走可持续发展之路

人工湿地是一种全新的生态工程，是通过对自然生态湿地进行系统模仿，包含自然生态系统中拥有的多种生态资源，而且具有处理污水、吸附杂质的功能。而水生植物作为湿地的优势种，具有净化作用、美观可观赏性、可作为介质所受污染程度的指示物、固定土壤水分、提高生物多样性的功能。人工湿地可在污水处理厂、城市黑臭水体、农村污水的治理及河道、湖泊的治理与修复方面有极大的应用前景。通过建设人工湿地来减少废水和污染物，改善水质，人工湿地中的微生物通过代谢活动降解废水中的有机污染物包括含氮、磷等元素的物质，最终释放到大气中，能够充分发挥生物学效应，促进生态系统健康地发展。

对于部分农村及工业地区不具备建设人工湿地的条件，则需要科学创新生态污水处理（生态沟）等科学技术技术，尽量少污染或不染环境。大量推广节能技术，如节柴灶、太阳能、以电代柴等替代能源，建设节约型生态文明村，减少对生态环境的污染。由于农村生活大多以煤炭作为燃料，对生态破坏极大，因此改善农村能源结构，对保护生态环境有着十分积极的意义。沼气不仅可以作为清洁能源供人类使用，而且沼气的原料在乡村很

多，包括人畜粪便、作物秸秆、树叶等，帮助人类清理了一部分垃圾，同时产生了能源。沼渣沼液可以做无污染肥料，还是高效无污染农药。在生产生活中，要尽量减少农药化肥的使用，过度使用农药化肥对土壤的危害较大，会破坏土壤的生态活性，降低生产力，应改用无污染的农家肥进行施肥。要建设绿色高效的现代农业生产体系，走绿色发展道路。对一些自然条件优越的农村地区，可大力发展生态旅游业，但要对生态系统的保护，合理规划旅游建设，以不破坏生态环境为前提，对一些不可再生资源进行保护，对破坏的山区自然景观进行修复。

工业上走可持续发展之路，经济发展与资源、环境相互协调，先污染后治理的方式是不可行的，必须严惩高污染型企业。通过科学技术创新研究污染物处理技术，对污染物、废弃物处理清洁后排放，研发污水处理技术，提高废水重复利用率。通过转变粗放型的经济发展模式，提高发展质量，发展循环经济，能够有效减少污染物产生，促进生态可持续发展（张家炜，2016）。

5. 因地制宜，划分生态功能区

我国在 2011 年按照生态脆弱性和生态重要性两个指标划分了 25 个国家级重点生态功能区，在涵养水源、保持水土、防风固沙、维系生物多样性等方面具有重要作用的生态功能区内，有选择地划定一定面积予以重点保护和限制开发建设的区域（徐洁等，2019）。重点生态功能区的主要任务是修复生态和保护环境，主要目标是提供农产品（李宝林等，2014）。地区内也存在不同的生态环境状况，也可以设立生态修复区、生态治理区和生态保护区（仲军等，2018），采取不同的生态环境保护措施。

针对不同地区存在的生态问题，对某些问题予以重点研究，例如，以水源涵养为重点的生态保护区有大小兴安岭森林生态功能区、三江源草原草甸湿地生态功能区、祁连山冰川与水源涵养生态功能区、长白山森林生态功能区；以水土保持为重点的生态保护区有桂、黔、滇喀斯特石漠化防治生态功能区；以维护生物多样性为重点的生态功能区有川滇森林及生物多样性生态功能区、藏东南高原边缘森林生态功能区、秦巴生物多样性生态功能区；以防风固沙为重点的生态保护区有塔里木河荒漠化防治生态功能区，将有限的财力、物力重点投入到最迫切需要治理的区域，带动周围生态环境的恢复。目前已有众多专家对完善生态功能区提出了建议，李宝林等（2014）提出制定切实可行的措施解决区域经济发展，因为大部分生态功能区的人口对环境依赖程度较大，需要促进经济发展发展的同时防止对生态环境产生破坏，可发展绿色可持续性产业，还可通过生态旅游建设促进经济发展。对一些生态环境极度脆弱、人类居住导致环境问题更加恶化的地区，采取移民的措施缓解环境压力。还要加强生态保护与修复技术的研究，加强有利于生态环境保护的基础设施，促进生态功能区生态环境保护工作顺利进行。赵卫等（2019）提出完善重点生态功能区生态环境保护补偿标准，对生态环境保护目标、费用合理地分配，综合考虑生态效益，分期、分项完成生态环境保护目标。

7.1.2.2 非工程措施

1. 提高生态保护意识

长期以来人类重视经济利益，而忽视生态利益，对生态系统缺乏全面的认识，是导致生态环境受到破坏、不能持续发展的主要社会原因。因此，应加强对生态环境保护的宣传，提高人类的生态环境保护意识，包括：在工程建设中注重保护生态资源、减少对野生动植物的破坏，在旅游中禁止不文明行为，在生产生活中节约用水，减少农药化肥的使用，发展绿色低碳产业等环保措施；要加强确立正确的环境价值观念，奠定正确的环境伦理和环境保护的理论基础，另外还要呼吁人类积极参与到生态环境保护的队伍中，在提高环保意识的同时，树立可持续发展观。

2. 政府制定政策法规大力支持生态修复

在生态修复工程中，政府要加强对生态环境的监测工作，对本区域生态环境状况进行深入调查，建立有效的执法队伍，对封禁治理区域、面积等做出科学合理的规定，包括禁牧休牧的管理规定、禁止乱采乱挖的规定、封山育林规定、水土保持规定、生态修复管理办法等，进一步完善生态环境和修复的法规体系，做到人与自然、生态环境与经济环境协同发展。还要多渠道筹备资金，建立水生态保护的补偿机制，保障水生态项目的长效投入。加大生态修复的资金投入和科学技术投入，利用技术、措施的研究和攻关，为生态环境保护提供有力的科技支撑。

河流治理修复过程并不是通过简单借鉴其他地区的措施就能实现的，需要在区域内根据实际情况实施合理的方式方法，并且需要当地居民树立保护生态环境意识，积极地参与到治理修复的队伍中。对于源头区生态系统而言，要对源头区生态减少人为干扰，减轻负荷压力，采取工程措施和非工程措施，修复已经受损的河流生态系统，增加生态系统的效益和生物多样性，使河流生态系统恢复到并长期处于接近自然的状态，而且要建立效果监测与评估系统，及时根据河流现状做出合理的规划，使河流源区的生态系统更加持续、健康、稳定地发展。

7.2 河口区概况与治理修复

7.2.1 河口区概况

7.2.1.1 河口区环境

河口即河流入海口，是指河流与海洋接壤的区域。河口生态系统位于河流与海洋生态系统的交汇处，径流与潮流的掺混造成河口地区独特的环境和生物组成特征。河口处在流域的最下游，来自流域、河口海岸带和海洋的自然压力和人类活动的压力共同影响着河口生态系统的健康状况。1950 年后，由于工业化和人口增长，发达国家，例如，英国和德国，遭受了严重的水污染。发展中国家如我国、印度等，经济快速发展和城市化进程加快，导致 20 世纪 80 年代以来更严重的水污染问题。近年来，河口污染受到越来越多的关注，重金属污染一直是河口污染状况的研究重点，水体的富营养化在河口污染研究中也受到越来越多的关注。有关河口地区生态环境及治理、修复措施的研究也进一步展开。随着我国河口地区社会经济的高速发展，河口的生态环境问题日趋严重，流域工农业的发展、城市人口激增、工农业和生活污水的大量排放，不合理的开发导致河口部分水域的污染严重，各种生态系统遭到破坏，河口生态环境质量大幅降低，水体富营养化、重金属污染、湿地滩涂退化问题屡见不鲜。人们应当对河口生态系统进行修复，从而使河口生态环境得到恢复，使人类对河口环境的干扰降到最小，与自然共生存，为生物栖息和繁殖创造良好的生态环境，造福于子孙后代。

建设生态文明，关系人民福祉，关乎民族未来。在新的发展形势下，急需对我国当前河流入海口污染情况及治理修复状况进行梳理总结，归纳现阶段我国河流入海口存在的主要生态问题及河流入海口治理修复所运用的主要方法与技术手段，提出现阶段河流入海口治理修复存在的不足及需进一步补充的研究重点，为我国河流系统性治理与河口生态文明建设的发展提供科技支持。

我国水系发达，河流众多，河流入海口种类丰富，分布广泛。按地理位置，将河口分布归纳为东北地区、环渤海地区、长江三角洲地区和珠江三角洲地区。河口区主要状况汇总见表 7.2 - 1。

表 7.2 - 1 河 口 区 主 要 状 况

地　　区	河　　口	主　要　状　况
东北地区	辽河口	河口附近富营养化程度高，赤潮频频发生；湿地环境发生变化，生物多样性减少；石油开发使河口地区污染严重
环渤海地区	海河口、黄河口	黄河口岸线蚀退严重；海河口下游河口淤积；河口湿地结构功能发生改变；河口区造成了严重污染，水体富营养化趋势严重
长江三角洲地区	长江口、钱塘江口	河口沉积物污染严重；重金属污染严重，对河口湿地、水体等都造成较大影响；富营养化趋势逐渐加深
珠江三角洲地区	闽江口、珠江口	闽江口湿地生态较为脆弱；河口沉积物中有机污染及重金属污染较为严重

7.2.1.2 河口区存在问题

1. 污染严重

众多研究表明，随着滨海地区城市化加快，工农业的迅速发展以及石油开采和人工养殖等重大人类活动的影响，使河口氮磷富集严重，重金属及有机物无机物污染加重，严重威胁着河口地区的生态功能。《2016 年中国海洋环境状况公报》中指出，辽东湾、渤海湾、莱州湾、江苏沿岸、长江口、杭州湾、浙江沿岸、珠江口为严重污染海区，主要污染物是氮、磷和石油类。氮、磷等在水体中大量富集，导致河口地区水体富营养化程度逐渐加剧，生态系统异常响应，包括赤潮频发、水体缺氧，沉水植物消亡，营养盐的循环与利用效率加快等。随着经济发展，尤其是工业的快速发展，工厂废弃污染物及污水的处理及排放等，河口地区重金属及有机污染物污染严重。如油气资源是辽河三角洲工业资源最大优势，但落地原油对土壤-植物系统造成污染，钻井污水、试油井污水及污染物进入地表水体造成地表水污染。油田开发排放的水污染物基本上均排入双台子河、大辽河和其他自然湿地中，对近海水域及其他自然湿地造成污染。

2. 湿地退化

湿地退化主要受两方面因素影响：一方面对天然湿地直接占用，如围湖造田、围海造地、滩涂开垦等，改变了原有生境，天然湿地日益减少；另一方面，人类在满足城市、农业发展对水量需求的同时，导致径流量减少，生态用水不足，进而造成湿地功能退化。湿地退化给生态环境造成巨大影响。随着自然湿地面积的缩小，景观斑块的破碎化，依赖于湿地生存的生物种类将大为减少，生态环境的多样性也降低。湿地调蓄功能降低。随着湿地面积的减少，能纳洪蓄水的湿地面积也不断减少，其蓄水调洪能力亦不断下降。这将对该区大生态环境产生严重的影响，导致抗灾减灾能力降低。1992—2015 年 12 期黄河口地区 Landsat TM/ETM 数据表明，1992—2015 年，黄河口湿地面积总体呈下降趋势，24 年间湿地总面积减少 14702.65hm²，减少 12.9%；天然湿地面积占比从 1992 年的 97.9%减小至 2015 年的 70.1%。沿海地区经济的快速发展使沿海用地矛盾日益突出，填海造地用于码头、电厂、临港工业区等海洋工程侵占了大量的滩涂湿地面积。目前，我国沿海滩涂面积约 5.8 万 km²，比 10 年前减少了约 1.36 万 km²，约占 1/4。在滩涂上修建公路、桥梁和大坝会导致附近滩涂的水文动力发生变化，水交换不充分，污染物得不到稀释，进一步导致滩涂湿地功能退化、生物多样性降低。

3. 盐碱现象严重

滨海盐碱地（alkali soil）主要形成原因为海水影响、土壤蒸腾、填海造田工程、砍伐森林、围湖产盐。其特点主要体现在土壤含盐量和地下水位高，土壤自然脱盐率低等因素上。内在影响因素为水资源，一方面在全球气候变化的影响下，自然降水等的变化使河流、土壤蓄水量减少；另一方面，河口地区生产生活用水需求量大，加之水污染严重，使淡水资源进一步减少。此外，河口地区受海洋等因素影响较大，潮汐及海水回灌等现象频发，加之部分地区地势低平或凹陷，使海水积蓄，土壤盐碱度增高。盐碱地所引起的如植被覆盖率大幅下降、生态多样性降低等生态环境问题，严重制约了河口地区的可持续发展。

4. 海岸侵蚀和河口淤积

海岸侵蚀（coast erosion）是指在自然力（包括风、浪、流、潮）的作用下，海洋泥沙输出大于输入、沉积物净损失的过程，即海水动力的冲击造成海岸线的后退和海滩的下蚀。海岸侵蚀现象普遍存在，中国 70%左右的沙质海岸线以及几乎所有开阔的淤泥质岸线均存在海岸侵蚀现象。

河口淤积（estuary sedimentation）则是由径流、泥沙、潮汐及行水河道所在等因素影响，河口泥沙过量淤积，易决口成洪灾。海河自 1958 年河口建闸后，下泄径流量逐年减少，河口地区淤积严重，造成河口过流能力急剧下降，对海河流域下游地区的防洪安全构成严重威胁。资料显示，黄河每年向河口地区输送泥沙大约 12 亿 t，河口地区泥沙淤积严重。

5. 开发问题

长期以来，河口地区没有专门的机构进行统一规划和管理。各部门、各行业按照自己的需要占用岸线，围垦滩涂，使河口及其岸线开发利用处于无序状态，造成多头管理、任意挤占行洪河道和岸线的混乱局面。过度捕捞、乱采滥伐、近海水域养殖布局严重超出水域容载量等问题也屡见不鲜。随着沿海用地矛盾日益突出，侵占湿地面积用于码头、电厂、临港工业区等海洋工程及工业发展直接破坏湿地滩涂等生态环境，使其生态功能严重降低。

7.2.2　河口区治理修复技术

7.2.2.1　污染水体治理

现阶段水体中无机盐、重金属和有机物污染严重主要采用生物方法与物理方法进行处理。生物方法利用动植物及微生物自身的净化处理作用对水体中的污染物进行吸收处理，尤其是对氮磷等的吸收具有较为理想的作用。物理方法则更多应用于有机污染物的处理，利用吸附材料的吸附作用减轻水体有机污染物的污染。

生物防治技术主要包括水生植物处理技术、水生动物处理技术、人工生物浮床技术、微生物修复技术等。水生植物处理技术即利用水体中无机盐被水生植物吸收转化的过程，通过人工的定期打捞，可以起到有效降低水中氮磷钾等无机盐、重金属和有机污染物的含量。水生动物处理技术是指投入一定物种比例的水生动物，利用水生动物之间的竞争关系和捕食关系可以延长河流生态系统的食物链长度，构成较为完整的食物链，可以对水体的污染及富营养化现象起到缓解的作用。人工生物浮床技术是以经过人工设计建造、漂浮于水面上的生物浮床等为载体，为动植物和微生物提供生活的场所，依靠植物的作用，吸收水体中过多的有害元素，从而达到改善水体的目的，该技术因高效、环保、经济等优点逐渐成为水体治理研究的热点。微生物修复技术利用原有的或者外来的微生物吸附和转化受污染水体中的污染物。不过目前在水体富营养化的治理方面微生物技术的应用还是使用得比较少。

物理技术主要有吸附、反渗透、沉淀和离子交换等。吸附是最常用的一种措施，这归因于其低成本，简单和高效。目前已开发出各种类型的吸附剂用于水污染控制，例如，无机矿物、有机聚合物、生物质、碳基材和复合材料。

7.2.2.2　滩涂湿地修复

物理方法虽见效快，但耗费大量人力、物力和财力。如滩涂修复可利用机械翻耕的方法，通过改善滩涂底质的通气性，创造耗氧有机物被氧化的环境，达到降低污染物含量的目的。同时使底质深处的耗氧有机物与氧气的接触机会增加，促进污染物分解，可使底质的化学需氧量减少。翻耕可增加底质的透气性和透水性，增强其综合生产能力，但翻耕会造成底质中大量的营养盐类发育，促进物质的溶出，造成赤潮的发生。常见的物理修复方法还有压沙，即取清洁无污染的沙子覆盖在污染区。

生物-生态研究方法虽然见效慢，但与自然生态系统有更大的相似性，因而具有可持续性，并且整个恢复过程低投资、低能耗，不会产生二次污染，这是当前国际上湿地恢复研究中的焦点以及热点。如利用翅碱蓬对重金属污染的土壤进行修复，恢复其生态功能。何洁等（2012）以翅碱蓬为研究对象，以滩涂湿地沉积物为供试环境，通过盆栽试验研究了不同含量的重金属 Cu 和 Pb 对沉积物理化性质和翅碱蓬生物量的影响，探究翅碱蓬对滩涂湿地沉积物中重金属 Cu、Pb 的累积吸收。樊晓茹等（2019）用中国北方滩涂湿地优势植物翅碱蓬和潮间带常见物种沙蚕联合处理大连市黑石礁黄海潮间带模拟 Pb 污染土壤。或利用滤食性双壳类和多毛类生物，促使滩涂生态系统水体悬浮颗粒沉降和水层-沉积物界面的物质再循环。底栖多毛类动物沙蚕是现阶段我国用于滩涂修复的优势种，对底质 TN、TP、TOC 的去除均有显著效果（牛俊翔等，2014）。利用微生物对滩涂进行生态修复，如利用微生物法对滩涂溢油进行修复，加速滩涂溢油的解吸过程，有效降解石油

（陈彩成等，2016）。

7.2.2.3　盐碱改良

可使用物理、化学及生物方法应对土壤及水体的盐碱问题。

通过一些物理的手段改变土壤物理结构来调控土壤水盐运动，或利用工程设施对水体盐碱度进行控制。可利用深耕晒垡、抬高地形、微区改土、冲洗压盐等降低土壤盐碱度，或利用沸石、地面覆盖物等材料改良盐碱地。水体盐碱改良则大多因地制宜。国际上，如美国、墨西哥两国 1974 年开始实施"科罗拉多河盐碱控制计划"，主要是采取渠道衬砌以减少渗漏；鼓励采用喷灌和滴灌，提高灌溉效率；减少咸水排泄量；拦截地下咸水；对灌区排出的含盐量很高的水，经淡化水厂处理，以及把灌区的排水道延至加利福尼亚湾直接入海等。澳大利亚通过将盐分高的地下水抽至地面，与灌溉后盐分高的尾水一起送入荒漠中的蒸发塘、放水稀释，在河口建挡潮闸、防止枯水季节海水入侵污染地下含水层等手段对墨累河进行水体修复。

化学措施如在碱化土壤中加入含钙物质（石膏、磷石膏、亚硫酸钙）及酸性物质（如硫酸亚铁、黑矾、风化煤、糠醛渣）等。随着工业发展，人们开始重视利用工业废渣来改良碱土，通过加入改良剂改良土壤物理性质或施加养分，化学方法见效较快，但在操作过程中，施加改良剂的量不容易控制，极容易造成二次污染，从而对环境产生不良影响。

生物措施主要通过种植耐盐植物、绿肥来改良盐碱地，达到疏松土壤、减轻板结、增强土壤透水透气性的效果，利用植物生长自我循环以降低土壤含盐量等。

7.2.2.4　海岸侵蚀及河道淤积问题

1. 海岸侵蚀主要应对措施及研究方法

主要治理措施包括构筑海岸堤坝及调沙等。构筑海岸堤坝（如护岸堤、挡潮堤、导流堤和消浪堤等工程），削弱海洋动力对海岸的侵蚀，减少近岸带的泥沙流失。例如，从刁口河口到神仙沟口，向南直至孤东临海堤北端已建有桩西海堤和孤东海堤，两堤总长53.9km，强侵蚀型海岸基本已得到人工海堤的防护，并还在黄河海港建造了码头防浪堤（陈沈良等，2004）。程义吉等（2006）提出可采用水力插板桩坝新技术建设防潮堤。调沙是通过工程措施把黄河来沙调送到缺沙的海岸，在海岸蚀退的地方通过泥沙调度或调节，增加泥沙来源，修复被破坏的海岸，起到缓冲侵蚀的作用。

研究方法主要通过数学建模，建立海岸侵蚀动态数据模型，对河口岸线侵蚀进行监控预测。薛芳等（2003）提出应建立黄河三角洲海岸侵蚀动态数据模型。根据黄河三角洲海岸建造-侵蚀-稳定的动态演化模式，开发黄河三角洲海岸侵蚀定量预测、评价软件。韩志聪等（2016）利用元胞自动机模型和蒙特卡罗方法，确定元胞转换规则，构建了一套基于黄河三角洲地区的岸线冲淤演变预测模型，并结合泥沙遥感反演结果和历年遥感图像数据分析近几年岸线演变情况，把开源 QGIS 作为二次开发平台，构建了黄河三角洲岸线演变预测系统。曹波等（2019）提出依据国家和行业有关规程，结合岸线管理的实际情况，在对地观测技术和互联网技术的推动下，采用遥感监测技术，由卫星、无人机等对地立体观测手段研发一套岸线监测及管理软件，实现岸线的动态监测与管理。国外也有此方向的研究，例如，Adarsa 等（2017）基于遥感和统计的方法进行海岸线变化分析及其预测；Ataol 等（2019）以 1951—2017 年土耳其北部的 Kızılırmak 三角洲为例，使用数字海岸线分析系统评估海岸线的变化；Bagheri 等（2019）利用马来西亚瓜拉丁加奴的历史数据进行海岸线变化分析和侵蚀预测。

2. 河口泥沙淤积

应对河口泥沙淤积问题，主要依靠生物与物理方法相结合的方法。想要减少泥沙淤积，需要从根源着手进行综合治理，减少泥沙来源。在河流行进过程中，通过一定方法拦截泥沙，减轻淤积情况。最后对已有淤积现象通过物理手段如调沙、清淤进行处理，减轻淤积现象。如黄河下游淤积严重的主要原因就是途经黄土高原，会挟带大量泥沙。黄河减沙主要有黄土高原水土保持、水库拦沙、小北干流放淤三种措施。加强中游地区的水土保持，通过植树造林对黄土高原进行治理。修建水库在非汛期进行蓄水调节，发挥拦蓄泥沙作用，在汛期则可以降低水位，还可以排放全年的泥沙，发挥减淤作用，有效调节水沙，实现下游河道减淤。可利用挖泥船对河口进行清淤，通过管道将泥沙输送到陆上排泥场，是一种比较行之有效的治理方式。海河口近年来一直沿用此种方式进行治理。也可利用拖轮携带耙具对河道进行拖淤，将泥沙拖起后利用水流搬运回外海，在我国南方因为河道长期有径流下泄，此种方式效果较好。

河口泥沙淤积的主要问题及解决措施汇总见表 7.2 - 2。

表 7.2 - 2　　　　　　　　　　河口泥沙淤积的主要问题及解决措施

问　　题	方　　法	技术/措施
水体中无机盐、重金属和有机物污染严重	生物方法	水生植物处理技术、水生动物处理技术、人工生物浮床技术、微生物修复技术等
	物理方法	吸附、反渗透、离子交换、沉淀等
湿地退化	物理方法	土地深翻、修筑堤坝、引水稀释
	生物-生态方法	如利用翅碱蓬对重金属污染的土壤进行修复；利用沙蚕进行滩涂修复等
盐碱现象严重（土壤盐碱化、水体盐碱度高）	化学方法	在碱化土壤中加入含钙物质（石膏、磷石膏、亚硫酸钙）及酸性物质（如硫酸亚铁、黑矾、风化煤、糠醛渣）等
	物理方法	深耕晒垡、抬高地形、微区改土、冲洗压盐，利用沸石、地面覆盖物等材料
	生物方法	种植耐盐植物、绿肥；浮床植物系统
岸线侵蚀	构筑海岸堤坝	如修建护岸堤、挡潮堤、导流堤和消浪堤等工程措施
	建立数据模型	海岸侵蚀动态数据模型；岸线数据模型；遥感技术的使用
	调沙	把黄河来沙调送到缺沙的海岸，通过泥沙调度或调节，增加泥沙来源，修复被破坏的海岸
河口泥沙淤积	生物-物理方法相结合	植树造林，退耕还林；修建水库；人造洪峰，蓄清排浑；调沙；清淤

7.3　分区水位控制河口湿地修建技术案例

河口湿地是陆海相互作用的集中地带，其生态系统是融淡水生态系统、海水生态系统、咸淡水生态系统、潮滩湿地生态系统等为一体的复杂系统，各种过程（物理、化学、生物和地质过程）耦合多变，演变机制复杂，生态敏感脆弱。河口湿地的地形地貌、沉积物的理化性质以及水的深浅和盐度在时空上的变化使得河口湿地生境类型丰富，具有较高的生物多样性，并成为许多生物栖息和繁殖的场所。

对于河口区河道比降较大，存在不合理河道采砂现象的地区，往往河床高程变化较大，汛期降雨径流量大，一泄而下的洪水对河口造成大范围的冲刷；而非汛期由于河道比降大，上游来水在河口区停留时间过短，从而造成河口区植被匮乏，湿生条件较差。针对这样的生态环境特点提出了分区水位控制河口湿地修建技术。在河口地区，根据不同的河床特点修建多级挡水建筑物，将河道水位抬高到不同的高度，从而增加上游水面面积，改善湿生条件，形成自然湿地。

分区水位控制河口湿地修建技术主要包括潜坝、护岸、湿地、生态岛、丁坝等。

（1）潜坝。采用石笼形式，所用的施工材料由石笼和块石组成，根据河床高程及水位修建多级石笼潜坝。一级潜坝的主要功能减缓水流速度，二级及下游潜坝主要功能是抬高河流水位，最后一级潜坝主要功能是防止挖砂及其他人为活动导致的河床下切。

（2）护岸。护岸形式可采用石笼和植物护岸，护岸的主要功能是防治河道两岸遭受洪水冲击。

（3）湿地。通过多级截水坝壅高上游水位，增加水面面积，在壅水的河滩地种植水生植物如芦苇、香蒲、菖蒲以及千屈菜等。

（4）生态岛。在河口区地势比较高的区域通过土地整理及人工种植乔木及灌木提高河口湿地的生态效果，为鸟类等动物提供栖息地场所，增加生态系统生物多样性。

（5）丁坝。洪水期水流流速较大，湿地水生珍稀生物需要栖息地，为保护两岸耕地和湿地，在河道两岸修建丁坝进行加固处理。丁坝工程建议采用石笼网形式，上方覆盖种植土并种植灌木。

7.3.1　背景概况

此案例来源于"双塔区顾洞河河口湿地工程项目"。顾洞河是大凌河左岸的一条支流，源自金厂沟梁（北票市的西北部），由北向南流经北票市龙潭乡、哈尔脑乡以及双塔区桃花吐镇，并在桃花吐镇坤头营子村汇入大凌河。顾洞河位于双塔区段的右岸，是朝阳市城区发展远景规划的边界，上游建有龙潭水库，总库容 4136 万 m^3，是朝阳市的备用水源地。

顾洞河流域降水、蒸发、水文、生物等特征值以及工程区概况、水功能区划见表 7.3-1。顾洞河流域地处温带半干旱季风气候区，气候条件与凉水河、老虎山河类似，根据朝阳站降水蒸发资料，顾洞河多年平均水面蒸发量高，达到降水量的 4 倍。图 7.3-1表明，6—8 月降雨集中，非汛期降雨量少，全年月平均蒸发量均大于降水量。汛期径流量大，一泄而下的洪水对河口造成大范围的冲刷，同时大凌河洪水漫滩，对河床堤岸冲刷严重。在非汛期，顾洞河河口区河道比降较大，上游河道不合理采砂现象严重，造成河口区河床高程变化较大，上游来水在河口区停留时间过短，湿生条件较差，从而导致河口区植被匮乏，河口区河道结构缺损。

表 7.3-1 顾洞河流域特征值及研究区特性

顾 洞 河	工 程 区 段	生 态 环 境
大凌河水系一级支流	位于大凌河与顾洞河交汇处，锦承铁路桥上 300m 至顾洞河入大凌河河口及河心滩	鱼虾：鲇、乌鳢、兴凯银鉤、凌源鉤、鲤、鲫；鸟类：东方白鹳、丹顶鹤、天鹅等；两栖类：蟾蜍、无斑雨蛙；植物：杨树、刺槐、油松、柳树、沙棘、山杏等
流域面积：451km² 河流全长：57.5km 年降水量：487.8mm 年蒸发量：2085.3mm 平均流量：1.24m³/s	河段长度：500m 河床比降：3.5‰ 设计面积：0.45km² 水功能区：渔业用水区 水质标准：Ⅲ类	

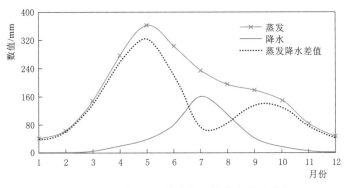

图 7.3-1 顾洞河流域多年平均蒸发降水曲线

顾洞河河口是辽宁省朝阳市城市发展规划的分界线，顾洞河河口湿地是朝阳市市区境内唯一的河口湿地，根据远期发展需求，将作为朝阳市居民休闲旅游的目的地。

7.3.2 河口湿地修建技术案例

根据顾洞河河口湿地的结构和功能现状与需求，提出了以恢复湿生植物，提供丰富多变的水生生物栖息地为主，兼顾营造自然河口湿地景观的分区水位控制方案，见表 7.3-2。

表 7.3-2 顾洞河河口系统结构与功能修复方案

工程措施	数量规模	结 构 修 复	功 能 修 复
生态护岸	石笼护岸 1578m，柳桩护岸 4077m	控制河岸侵蚀、保护河流生物多样性和生态系统完整性等	分蓄和消减洪水、绿化环境、形成优美景观提供休闲空间
自然湿地	14.5 万 m²	维持环境和生态系统的平衡、蕴藏丰富的动植物资源、提供多样性栖息地等	净化水质、改善气候、调蓄洪水、美化环境、维护区域生态平衡
生态岛	1.38 万 m²	保护生物多样性、提供生物栖息地	保护主河道的行洪安全、亲水休闲空间、优美生态景观
生态潜坝	3 座	水位分区控制、改善湿生条件、植物修复	丰富河流地貌形态，营造绿色景观
清淤疏浚	2.6 万 m³	改善河道水环境，保护地貌，岸线治理，水系连通	优美景观

分区水位控制河口湿地修建技术是指：在河口地区，根据不同的河床特点，修建多级挡水建筑物，将河道水位抬高到不同的高度，从而增加上游水面面积，改善湿生条件，形成自然湿地。

该工程于 2012 年 6 月开工，9 月完工。利用河道截潜抬水湿生条件改善技术和分区水位控制河口湿地修建技术，湿地内兴建三座潜坝，截留潜流，按照不同湿生植物的生长水位需求，分区控制湿地的生态水位。其中，潜坝 1 长 88m，宽 3m；潜坝 2 长 45m，宽 3m；潜坝 3 长 23m，宽 3m。为保障行洪安全，于潜坝主河道位置处设计低于坝顶 10cm 的、4m 宽的过流口。同时，于主河槽处设两道石笼垫层作为防冲刷层。上层垫层宽 5m，长 7m；下层垫层宽 9m，长 11m；各层厚 1m。为防渗漏冲刷滑动，增加坝体抗水压能力，将潜坝深入河槽位置的坝体断面设为坡度为 1∶2 的梯形。另外，为稳固潜坝，将坝体两端延伸 2m 到河床内。潜坝结构图如图 7.3-2 所示。

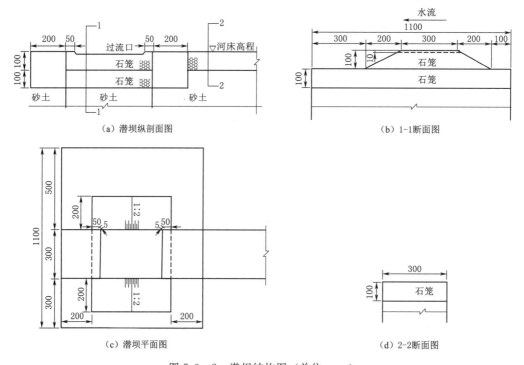

图 7.3-2　潜坝结构图（单位：cm）

湿地工程利用生物措施的净化和过滤作用，提高水体的自身净化能力。按照顾洞河湿地受洪水影响的不同程度（见图 7.3-3），湿地区域内分区种植植物，如文冠果、京桃和紫穗槐等乔灌木，以及芦苇、香蒲、千屈菜和水葱等湿生植物，营造多层次湿地景观。一方面可以削减水体中污染物，达到净化水质的效果；另一方面，改善水体立体景观，达到创建优美湿地环境的目的。

大凌河水质水量月报表明，2012 年 4 月顾洞河监测断面水质综合指标为 Ⅴ 类。项目实施后，河道水环境得到很大的改善。根据 2013 年 4 月顾洞河监测断面水质监测结果（见表 7.3-3），综合等级为 Ⅲ＋。治理修复工程对去除 BOD$_5$，NH$_3$-N 和 COD 有显著

图 7.3 - 3　顾洞河湿地受不同洪水影响分区图

的作用。其中，去除效果最好的是 NH_3-N，降低到治理前的 1/14；BOD_5 约是治理前的 1/2。同时，DO 从 10.8mg/L 增加到 13.5mg/L，水体自净能力增强，有效改善了流域水生态环境。

表 7.3 - 3　　　　　　　　　　　顾洞河监测断面水质监测结果

项　　目	DO /(mg/L)	pH	COD /(mg/L)	BOD_5 /(mg/L)	NH_3-N /(mg/L)	等级
2012 年 4 月	10.8	8	24.1	8.8	1.71	V
2013 年 4 月	13.5	7.9	21.2	4.8	0.118	Ⅲ +
地表水Ⅲ类水质标准	≥5	6~9	≤20	≤4	≤1.0	Ⅲ
地表水Ⅴ类水质标准	≥2	6~9	≤40	≤10	≤2.0	V

顾洞河湿地治理修复后，可提高生态蓄水位约 0.1m，水面面积增大，水系连通性增强，创造了良好的湿生条件，为湿地的动植物提供更好的生境。同时，植被覆盖率有很大提高，形成了优美的景观环境，如图 7.3 - 4 所示。经过治理修复，2013 年林地覆盖率平均达到 55% 以上。至 2020 年，湿地生态区域林地覆盖率达到 75% 以上。

（a）修复前（2012年）

（b）修复后（2013年）

图 7.3 - 4　顾洞河湿地植被覆盖率变化

7.4 河口消落带治理修复案例

7.4.1 研究区概况

俭汤河位于碧流河水库上游右岸，是碧流河的二级支流。河道全长 15.31km，流域面积为 44.30km²。俭汤河流经大连市普兰店区安波镇俭汤村，全村共有 43 个自然屯，2400 户居民，人口约 7400 人，流域内无产业，主要收入来源是农业种植和畜牧养殖，流域内主要种植玉米、果树，畜牧养殖以养鸡为主。

7.4.1.1 俭汤河入库消落区概况

近些年流域内降水较少，加上碧流河水库水位较低，俭汤河入库处形成了大片消落区。俭汤河入库处消落区属河口滩地型，地形相对平坦，消落区内主要为冲洪积堆积物，表层主要为粉质黏土、砾砂，平均层厚为 1.2～1.7m，部分区域分布有平均层厚为 2.5m 的花岗岩。消落区内水汽条件较差，地表植被较稀疏，多为一年生草本植物，植株较小。根据以上土壤特征及消落区植被状况，俭汤河入库处消落区的土壤和细粒岩体缺乏植被保持，在雨水强侵蚀下极易发生水土流失。

入库处消落区内水体集中在主河槽，在水流持续冲刷与剪切作用下，主河槽的受侵蚀情况明显，地表冲刷形成的深沟相较于两侧河床高差达到 1.5m 以上，造成水流在横向上集中过流。另外由于水体集中于主河槽，水流速度较快，水力停留时间短，造成水体未能进行充分沉淀及降解便汇入水库。消落区内被部分村民侵占河道，种植农作物，这些农业种植活动不仅对河道行洪安全造成威胁，还破坏了俭汤河河床的自然结构，使表层土壤变得疏松，在暴雨洪水的冲刷下，表层土壤及农作物耕种带来的农业面源污染随径流直接入库，对水库水质造成威胁。俭汤河入库消落区航拍如图 7.4-1 所示。

图 7.4-1 俭汤河入库消落区航拍图

7.4.1.2 俭汤河入库污染源调查分析

俭汤河流域主要属于俭汤村，全村共有 43 个自然屯，流域上游建有温泉度假村、污水处理厂，污水处理厂设计日处理能力为 1000t，但并未投入使用。由于目前村民对环境保护缺乏重视，村屯缺乏污水处理设施，其产生的生活污水、农业污水以及养殖产生的污染物等非点源污染未经处理直接或间接地排入俭汤河，进而进入俭汤河入库处消落区。

在村屯道路旁设有垃圾房，居民生活垃圾堆放在垃圾房中，但无人清理（见图 7.4-2）。俭汤河入库口消落区被当地居民侵占开垦为农田（见图 7.4-3），在河道入库口区地表留有大量由洪水携带并最终滞留的垃圾。另外，由于大连市近年来持续干旱，河道流量较小，水体的自净能力降低，进入河道的污染物无法充分的稀释和降解，最终与水体一起进入碧流河水库，这些污染源都威胁着碧流河水库的水质安全。

图 7.4-2　俭汤河河道旁生活垃圾存放点　　　图 7.4-3　消落区内农田侵占

通过对俭汤河流域现场考察，得到了流域内村屯人口、耕地情况和畜牧养殖等的实际资料。流域人口约有 2400 户，7400 人，耕地面积 15810 亩。俭汤社区一直以来大面积种植苹果树，已成为该地区农民的支柱产业，现有苹果树面积 3000 亩。流域内养鸡约 60 户，其中规模化养鸡场有 12 家，总养殖数量约 25 万只，养殖场均未对固体废弃物进行处理，也无污水处理设施。流域内无规模化养猪场，散养猪约 1000 头、羊约 2000 头、牛约 2000 头。流域内建有俭汤温泉度假区，据日本中央温泉研究所检测，俭汤温泉化学成分为碳酸氢钠型，水温在 50～60℃之间，日出水量 3000t，pH 为 6.89。这些生活污水污染、温泉废水、农业面源污染以及畜禽养殖污染均成为影响水质的主要污染源。

根据相关资料可估算出俭汤河流域生活污染源、温泉废水、农业面源污染源、畜禽养殖污染源的年污染物排放量，见表 7.4-1。从结果可以看出，畜禽养殖排放的污染物量占总排放量较大，TN 占排放总量的 77.4%，TP 占 91%，COD 占 76.8%。俭汤河流域内无污水处理措施，污染物直接随径流流入河道内。

表 7.4-1	俭汤河污染物排放总量		单位：t/a
项　　目	TN	TP	COD
生活污水污染	5.02	0.595	27.375
温泉废水污染	0.33	0.06	1.54
农业面源污染	1.30	0.23	—

项 目	TN	TP	COD
畜禽养殖污染	21.70	8.41	90.38
总排放量	28.34	9.30	119.20

7.4.1.3 俭汤河入库水质现状

大连市环保局在大连市河流水质现状调查中，对丰水期、平水期及枯水期对俭汤河上、中、下游的水质进行了监测（见表 7.4-2）。其中丰水期：2017 年 7 月 28 日—8 月 18 日；平水期：2017 年 10 月 30 日—11 月 24 日；枯水期：2018 年 4 月 8 日—5 月 2 日。

表 7.4-2　　　　　　　　　俭汤河水体水质监测结果　　　　　　　　单位：mg/L

采样位置	监测时期	DO	高锰酸盐指数	TN	TP	COD
俭汤河上游	丰	4.70	5.60	8.00	0.15	—
	平	9.60	5.50	0.92	0.07	22.00
	枯	7.10	3.10	1.50	—	22.00
俭汤河中游	丰	8.60	9.80	6.70	0.23	20.00
	平	9.30	5.00	0.83	0.09	20.00
	枯	7.40	5.40	3.50	—	33.00
俭汤河下游	丰	7.80	10.10	5.00	0.27	24.00
	平	8.70	4.60	1.15	0.14	20.00
	枯	8.90	5.20	2.10	—	38.00
地表Ⅲ类水标准	—	5	6	1	0.05	20

水质监测结果表明俭汤河流域综合水质较差，只有溶解氧满足地表Ⅲ类水标准，总氮、总磷超标严重，为地表水劣Ⅴ类标准，而且从俭汤河中游和下游水质指标对比可以看出，由于上游污染物的输入且消落区的自净能力差，下游入库口区 TN、TP 指标浓度比中游较高，因此，应采取有效措施提高消落区的净化效能，降低水体污染物浓度，预防水库水体富营养化，保障水库水质安全。

7.4.2 水质净化技术

7.4.2.1 水库入流消落区水质净化方案

针对水库入流处消落区存在的主要环境问题，结合消落区削减入库污染物、限制河床进一步侵蚀、控制面源污染、改善生态环境等的水质治理需求，采取措施对消落区内水体进行净化处理，减少入库污染物浓度，从而保障水库的水质安全。

1. 生态沟渠＋垂直潜流人工湿地

生态沟渠是由具有一定宽度和深度的沟渠及其内部植物组成，通过沟渠的物理拦截作用及植物与微生物的生物化学作用滞留、吸收和降解 N、P（胡宏祥等，2010）。并且相对于简单的土质排水沟渠和混凝土板型沟渠，生态沟渠去除 N、P 的效果更加明显，其对 TN、TP、NH_4^+-N 和 NO_3^--N 的浓度降幅可达到 31.81%～58.21%（田上等，2016）。

垂直潜流人工湿地也是目前较常用的一种水质净化生态技术工程，水体从湿地表面向填料床底部纵向流动，床体处于非饱和状态，氧气在大气扩散和植物传输的作用下进入人工湿地系统。经过沉积、过滤，水体中的不溶性污染物很快地被截留下来并被微生物所利用，可溶性污染物则吸附在植物根系微生物膜中，通过吸收及生物代谢等作用而去除。

将生态沟渠和垂直潜流人工湿地两种技术相结合，其中生态沟渠布设在污染源和消落区之间，用于阻隔陆域污染物进入消落区，垂直潜流人工湿地布置在入库口消落区内用于削减进入消落区的污染物。通过优化系统内植物配置、合理地选择系统结构，从而削减污染物浓度，净化水质，其水质净化流程如图 7.4-4 所示。

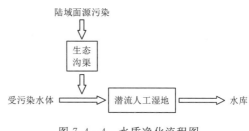

图 7.4-4　水质净化流程图

2. 潜流人工湿地＋生态浮床

潜流人工湿地和生态浮床技术均是现在广泛使用的水质净化与水生态修复技术，根据使用区污染现状不同，可独立地或与其他工程技术结合起来进行水质净化。潜流人工湿地对污染物有较高的去除率，但是由于基质对不溶性污染物的吸附过滤作用、湿地植物的枝干落叶以及微生物的繁殖附着，长时间运行后会不同程度地出现基质堵塞的现象，降低湿地的污染物去除效果。因此，在通过合理选取基质种类和级配、优化植物配置或者降低有机质表面负荷以改善基质堵塞现象的同时，在潜流人工湿地前加设沉沙池进行预处理，去除颗粒污染物。

生态浮床是运用无土栽培技术，以漂浮物质为载体，对富营养化水体种植水生植物，植物根系通过吸收、吸附和转化作用，对水体中的氮、磷及有机污染物进行削减，净化水质的同时还营造景观效果。在潜流人工湿地后加设生态浮床以处理湿地出水，既可缓解人工湿地运行后可能存在的处理效率下降的问题，又能够进一步改善水体生态环境、营造良好的水体景观，并提高湿地-浮床系统的稳定性，保障水质处理目的的实现。其水质净化流程如图 7.4-5 所示。

图 7.4-5　水质净化流程图

3. 稳定塘＋潜流促渗湿地技术

稳定塘 (stabilization pond) 是一种经过适当的人工修整形成的池塘，主要是依靠塘内的微生物来净化污水。污水进入稳定塘，经过稀释、沉淀絮凝、厌氧微生物和好氧微生物作用、浮游生物和水生植物的双重作用，使有机物得到有效的降解。赵学敏等（2010）运用生物稳定塘对大清河水质进行净化，TN、TP、NH_4^+-N 和 COD 的去除率达到了 29.29％、48.68％、33.68％和 71.25％。稳定塘结构简单，建设费用低，维护和维修简单，能有效去除污染物，但存在占地面积大，塘内水流缓慢，容易形成死水区，散发臭味，且处理效果受气候影响较大的缺点。

潜流促渗湿地是在地下铺设渗透管，将进水排至具有特定结构、特定深度和较好扩散性能的土层渗透管中，流入各渗滤管中的水体均匀地向土层中渗滤，在土壤-微生物-植物系统的共同净化功能作用下，使水与污染物分离，水经过渗滤并通过集水卵石槽收集。

污水中的碳、氮在厌氧及好氧的过程中，一部分分解为无机碳、氮滞留在土壤中；另一部分转化为氮气和二氧化碳被释放到空气中；磷则吸附截留在土壤中，供植物利用。另外，附着在渗透管及其周围介质表面上的微生物生长繁殖，形成膜状活性生物膜，生物膜上附着的微生物将污水中的有机污染物作为养分，进一步吸附和分解水体中悬浮、胶体和溶解态的污染物。有研究表明，与此结构和原理相似的地下土壤渗滤污水处理系统，对污水中的 COD、BOD、SS、$NH_3^+ - N$ 有较高的去除率。例如，在滇池为处理农村生活污水而建立的地下渗滤系统，COD、TP、$NH_4^+ - N$ 和 TN 的去除率达到 82.7％、98.0％、70.0％和 77.7％（Jian et al.，2005）。潜流促渗湿地埋于地下，不易产生异味，受气候影响小，但其中渗管容易受堵塞，受水流冲刷影响大。

将稳定塘和潜流促渗湿地系统相结合，污水中悬浮颗粒状物质在稳定塘絮凝沉淀，有机污染物初步净化，而后进入潜流促渗湿地中，减弱渗管堵塞的威胁，进一步对水体进行净化，从而达到削减污染物含量的目的。其水质净化流程见如图 7.4-6 所示。

受污染水体 → 稳定塘 → 进水渠 → 潜流促渗湿地 → 水库

图 7.4-6　水质净化流程图

4. 多级生态潜坝技术方案

生态潜坝是利用圆木、块石或石笼等自然材料横向修建在河道中，在河道内形成栖息地修复结构，形成浅滩和深潭交错的结构，塑造多样性的地貌和水域环境。大量的试验研究和工程实践表明，生态潜坝能够改变水流的流动特征，改善河道的生态环境，起到保护河床、净化水质、修复水生态环境的效果。

Rosport（1997）利用水槽试验来研究生态潜坝的水力学特性，得出结论：生态潜坝在坝后形成跌水，引起水流扰动，冲刷造成深潭，使河道形成深潭-浅滩的类似结构。Abrahams 等（1995）利用生态潜坝改善河床生态，证明了生态潜坝可以增加水流阻力，减缓河床的侵蚀程度，增加河床的生态多样性。岳珍珍等（2017）通过模拟试验发现，生态潜坝能够增大有机物质在河道内的滞留比例，降低遗失率；且有机物主要聚集在上游区域，在小流量下对有机物的滞留能力最明显。

生态潜坝作为治理修复手段，它自身不具有净化水质的能力，主要是通过修建潜坝后，可以拦截潜流，改善原有的湿地条件。潜坝修建可减缓水面比降，减慢水流流速，增加水力停留时间，减弱水体的挟沙能力，使悬浮颗粒沉降。且潜坝修建后，将在坝前形成表流湿地，进而能够将来自流域的点源和面源污染物拦截在多级潜坝坝前的生态湿地中，增加污染物在河道内的滞留时间，使径流输移物更多地停留在纵向各区域。在坝后形成跌水，不仅能够增加水体中溶解氧的含量，还可利用水流冲刷在下游形成深潭，形成自然的浅滩-深潭交替结构，改变原有河底生境条件。形成的湿生条件促进微生物的附着和生长，提升微生物的降解能力，且通过表流湿地中植物和微生物的吸收、转移、固定以及土壤的过滤、吸附与沉淀的协同作用，降低水体中颗粒污染物及 N、P 等可溶性污染物的含量。

除此之外，生态潜坝几乎没于地下，依靠坝体及地基防渗结构抬高水位，分散水体，且不会改变河道的行洪能力，在遇到较大洪水时能够满足潜坝工程的主体安全性，几乎不影响河道的行洪安全，潜坝结构稳定，后期维护简单，具有生态适应型、环境友好型的特点。生态潜坝改善生境效果与处理污水原理分别如图 7.4-7 和图 7.4-8 所示。

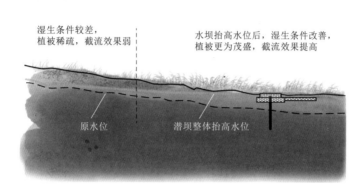

图 7.4-7　生态潜坝改善生境效果示意图

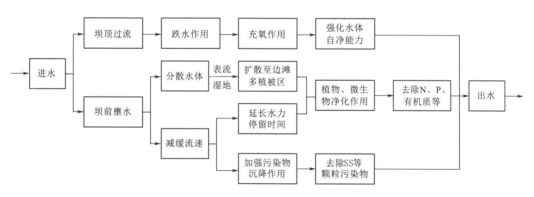

图 7.4-8　生态潜坝处理污水原理图

7.4.2.2　消落区水质净化方案优选

上述四种方案均能够达到净化水质的目的，也存在着各自的优缺点，比较方案的净化需求满足程度、对行洪安全的破坏情况以及洪水时的自身结构的安全性，四种方案详细对比情况见表 7.4-3。

表 7.4-3　　　　　　　　　方 案 对 比 表

项　　目	生态沟渠＋垂直潜流人工湿地	潜流人工湿地＋生态浮床	稳定塘＋潜流促渗湿地技术	多级生态潜坝技术方案
净化需求满足程度	能够满足净化需求	能够满足净化需求	能够满足净化需求	能够满足净化需求

续表

项 目	生态沟渠＋垂直潜流人工湿地	潜流人工湿地＋生态浮床	稳定塘＋潜流促渗湿地技术	多级生态潜坝技术方案
对行洪的影响	潜流人工湿地植物的存在会有一定程度的影响	潜流人工湿地植物的存在会有一定程度的影响	渗管埋在地下，几乎不影响行洪安全	潜坝设于河床，几乎不影响行洪安全
自身结构安全性	湿地种植的植物在较大洪水时存在损坏的可能	湿地种植的植物及生态浮床在洪水下存在损坏的可能	在洪水冲刷下潜流促渗结构可能出露地面，泥沙可能造成堵塞	潜坝设于河床，可保证坝体安全；利用河床现有植物，抵抗洪水能力较强

因大部分流域内缺乏污水处理设施，污染物难以阻隔在受纳河道外，水库入流处消落区承受着流域内广泛分布的生活污水污染源、农业污染源及养殖污染源等，污染物无阻隔地进入水库。入库处消落区植被覆盖率较高，但分布较集中且大多为年生草本植物，除主河槽外，河床草本植物生长茂盛。加之，消落区存在河床侵蚀情况，小流量时水流集中于主河槽，致使河床下切严重。着眼于消落区存在的主要环境问题，结合其水质治理需求，选择既能改善消落区生态环境，又能充分利用消落区现有条件的水质治理措施。另外，消落区位于河道入库处，有着现实的行洪需求，选择的治理措施不仅要保证河道行洪安全，还要考虑治理措施的稳定性，保证洪水不会冲毁工程或降低措施的净化效果。

根据以上原则，对比选择多级生态潜坝技术方案。利用潜坝修建后形成的天然湿地削减污染物浓度，通过抬高地下水位，分散水流，改变水流集中过流情况，改善消落区湿生条件，潜坝结构进行优化选择，使其能够适应基础变形和具有防洪安全稳定性。且潜坝工程在辽宁省朝阳市朝阳县老虎山河悬浮物治理工程、朝阳市龙城区黄花滩湿地净化工程、凉水河复合湿地工程等中得到很好的应用，取得了不错的效果。

7.4.3　俭汤河入库消落区水质净化技术方案

俭汤河全长 15.31km，流域面积为 44.30km²，河道平均纵比降约为 8.6‰，河道较顺直，地形总体较为平坦。河道内无其他支流汇入，生活污染、温泉废水污染、农业面源污染及畜禽养殖污染是俭汤河流域的主要污染来源，污染物总量大，但污染物浓度不高。入库消落区河道宽阔顺直，适合运用多级生态潜坝技术进行治理，且通过修建潜坝可以得到以下治理效果。

（1）局部壅高水位，降低水力坡度，同时抬高地下水位，迫使水流扩散漫流，减缓水流流速，削弱水流冲刷能力，稳定河床势态，限制河床的进一步侵蚀。

（2）潜坝建成后，利用河道的天然坡降能够形成多级半自然表流湿地，水体污染物通过湿地内植物、微生物的双重净化作用而去除。

（3）通过多级潜坝的建设，在河道纵断面上可以形成多级跌坎。水流通过潜坝可以形成景观跌水，不仅丰富河道的地貌形态，还可以实现对水体的充氧作用，增加水体中的溶解氧含量，提高水体的自净能力。

（4）多级生态潜坝建成后，坝顶高出河床表面的部分可形成多级阻隔，部分体积较大的径流输移物被阻拦在坝前，为后续集中打捞提供便利，控制径流携带的污染物入库。

7.4.3.1 所需湿地面积

生态潜坝技术方案主要是依靠潜坝坝前形成的表面流湿地，实现对污染物的去除，其所形成的湿地面积影响着潜坝生态工程的净化效果。因其形成的湿地为表流湿地，对其规划所需湿地面积的计算按照表流湿地的参数要求，根据水力负荷与 TN、TP 负荷，计算出俭汤河污染物净化所需要的湿地面积为 8.84 万 m^2。

7.4.3.2 潜坝高程及坝址确定

当水库处于低水位时，潜坝可抬高坝前地下水位，形成壅水，通过形成的表流湿地对水质进行净化。当水库水位较高时，潜坝可能被淹没在水下，水流直接通过坝顶，这时，潜坝则失去其净化效果。潜坝的利用率与潜坝的坝顶高程有关，并且潜坝的坝顶高程还影响着工程的壅水情况以及坝前所形成的湿地面积。因此需要合理地选择潜坝的高程。

潜坝坝顶高程的确定依据碧流河水库的水位统计资料，由碧流河 1985 年建库以来记录的水位资料绘制出水位频率分布曲线（见图 7.4－9）。

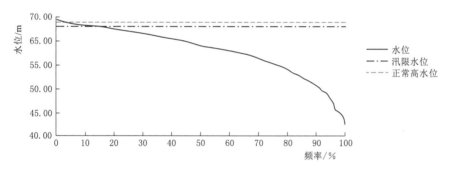

图 7.4－9　碧流河水库水位频率分布曲线

依据碧流河水库的水位频率分布曲线，结合俭汤河消落区的河道地形特点及人口分布情况，为保证潜坝具有较好的使用率，最大化生态潜坝的治理效果，根据以下条件确定坝顶高程及潜坝位置：

（1）满足表流湿地面积需求。潜坝建成后所形成的湿地面积影响着污染物的去除效果，由此，多级潜坝工程布设所形成的表流湿地面积应大于计算得到的需求值。

（2）潜坝应设置在河道较宽且主河槽较窄处。河道较宽时，在一定流量下的单宽流量相对较小，此时水流对潜坝的冲击力相对减弱，工程相对较安全。潜坝建在河道较宽主河槽较窄处，能够使集中的水流分散到宽阔的河道内，充分利用河道内植物的净化作用。

（3）超出河床的潜坝高度应相对较低。在同一水位下，河床上方出露的坝体越高，整个潜坝所承受的水压力则越大，呈二次函数的速度增长，因此潜坝出露的河床高度应该在满足能够拦截固体垃圾及所需湿地面积的能力下就低选择。

（4）潜坝坝体与两岸接触的部分应选择土壤条件较好处，防止出现坝体失稳现象，保障坝体的安全性。

为保证工程的使用率，综合各种因素，确定潜坝坝顶高程范围为 64.50～69.50m，基于潜坝坝址选取原则，并根据现场地形及实际需求，在俭汤河入库消落区共设五级潜坝，潜坝导流段坝顶高程分别为 68.40m、68.20m、67.00m、66.00m 和 65.00m，从碧流河水库的水位频率分布曲线可以看出，五级潜坝的利用率分别为 90.25%、84.6%、75.9%、67.1%、58.8%。潜坝坝体基本垂直于河流的流动方向，每级潜坝均布设导流段和非导流段两种形式，导流段坝顶高程比常规坝段低 0.1m。在正常情况下，水体通过导流坝段排出，常规坝段只有在发生洪水或下泄流量较大时才会发生溢流。五级潜坝沿河道纵断面位置图如图 7.4-10 所示。为了便于各级潜坝坝上水体的流动和交换，五级潜坝各坝的参数设置见表 7.4-4。

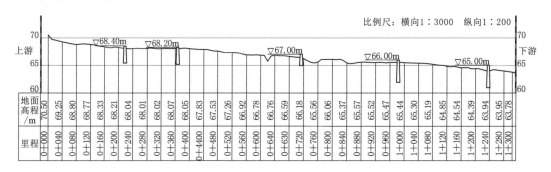

图 7.4-10　俭汤河消落区潜坝纵向分布图

表 7.4-4　　　　　　　　　　　　　五级潜坝各坝的参数设置

项　目	第一级潜坝	第二级潜坝	第三级潜坝	第四级潜坝	第五级潜坝
坝顶高程/m	68.40	68.20	67.00	66.00	65.00
坝长/m	125	247	158	152	139
导流坝长度/m	15+20+15	15+20+15	15+20+15	15+20+15	15+20+15
使用率/%	90.25	84.6	75.9	67.1	58.8

潜坝工程建成后，坝前壅水形成自然表面流湿地，根据俭汤河实测地形图，对等高线进行插值计算，得到五级潜坝所改善的湿地总面积为 15 万 m^2，利用 cass 软件可获得湿地内水量为 4.48 万 m^3。湿地的设计流量取俭汤河日常流量，即 4249m^3/d，从而可计算得潜坝建成后的水力停留时间为 10.5d。

7.4.3.3　潜坝坝体结构

俭汤河消落区内以砂性土壤为主，潜坝结构若采用黏土结构，实际条件难以满足结构所需的大量黏土，会增加黏土结构造价以及施工难度。若采用浆砌石结构，由于砂性土壤的地质条件也决定了潜坝基础易发生不均匀沉降，浆砌石结构易在地基发生不均匀沉降时发生破坏而产生裂缝，影响潜坝整体防渗效果，而且硬质化结构生态性也较差。而格宾网箱结构不仅能够较好地适应地基的不均匀沉降，并且造价、耐久性和施工难度等方面也适中，格宾网内填石间的空隙有利于动物栖息和植物生长，具有较好的生态性。格宾网箱结构潜坝在朝阳市老虎山河、凉水河等地也有所应用，运行效果良好，因此选择格宾网箱结构作为潜坝的结构形式。采用 HDPE 土工膜进行防渗处理，潜坝通过 HDPE 土工膜实现对地下潜流的截流，实现抬高水位的目的，表层覆盖格宾网箱保持整体结构的稳定。

根据地形高低的不同及地质情况，采用不同高度的潜坝，分为二层潜坝、三层潜坝和四层潜坝，导流坝段坝顶高程比常规坝段低 0.1m。第二层潜坝中间垂直设置 HDPE 土工膜，土工膜置于两侧格宾网箱之间，顶端折回 30cm，顶部通过钢丝固定在格宾网箱上，下部与格宾网箱底部对齐，HDPE 防渗土工膜厚度 0.15mm（二布一膜），相邻土工膜间普通搭接，不需焊接，搭接宽度不小于 30cm。格宾网填石应采用粒径 100～300mm 的硬质岩质石料，石料具有抗风化、不水解的特性，且填充率大于 70%。相邻宾格网边框（上、下、左、右）之间均采用钢丝绑扎在一起，使宾格网形成一个整体，绑扎钢丝材质与网面钢丝相同；宾格网箱施工顺序为：编织铁丝宾格网箱备料（石料）、放线、安放宾格网箱并砌石。

施工完毕后，潜坝上游填方至导流坝段高程即临时道路高程，并与其相连并压实，下游回填至原始地面高程并压实且不高于周围地形；导流坝段与常规坝段相比，第一层格宾网箱高度低于常规坝段 100mm，其他结构相同。各层网箱断面图如图 7.4-11～图 7.4-13所示。

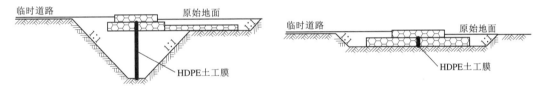

图 7.4-11 常规坝段二层网箱断面图

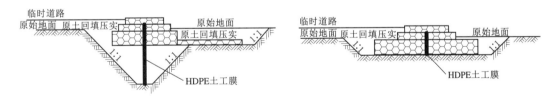

图 7.4-12 常规坝段三层网箱断面图

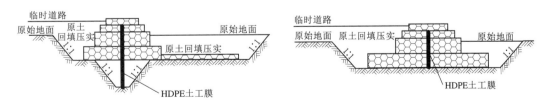

图 7.4-13 常规坝段四层网箱断面图

7.4.4 水质净化防洪及有效性分析

多级潜坝工程建成后，河流流态发生改变，潜坝上游水位会有不同程度的壅高，为分析工程对河道行洪安全的影响，采用河道平面二维表面流数学模型分析计算工程建设对行洪水位和河道流场的影响，分析下游水位不变的情况下，潜坝建设前后在不同重现期洪水过程的水位及流速变化情况。

7.4.4.1 MIKE 21 模型简介

MIKE 21 模型是由丹麦水力研究所（DHI）开发的水动力学软件（DHI Software）之一，具有水动力、对流扩散、水质和泥沙等多个模块，可用于模拟河流、湖泊、河口、海湾等的水流、波浪、泥沙和环境，在平面二维自由表面流模拟中具有强大的功能。水动力学模块-HD 模块是其核心模块，在模拟二维非恒定流时，可考虑干湿变化、水下地形、密度变化和气象条件等因素的影响。

MIKE 21 模型具有两套空间离散系统，即矩形结构和三角形非结构网格。非结构网格对复杂区域具有良好的适应性、灵活的局部加密和便于自适应的优点，可以较好地模拟自然边界及复杂的水下地形，能够提高边界的模拟精度，因此为了更好地模拟河流边界，采用非结构三角形对受影响区域进行划分，还能够大大降低废弃网格。非结构网格模型采用的数值解法是有限体积法（FVM），是通过将连续统一体细分为不重叠的单元来进行求解。

7.4.4.2 MIKE 21 模型的构建

（1）网格建立。模型地形采用 2018 年实测 1∶500 地形图进行构建。考虑非结构网格拟合性好的特点，使用 MIKE 21 模型中的非结构网格生成器对研究区地形进行分割，生成模型计算所需的地形文件。为保证模型模拟的精度，在道路、桥梁、渠道、堤防等建筑物处对网格进行适当加密，最大网格面积不超过 $0.002km^2$。因主要是对潜坝建设前后河道流场及水位的变化进行分析，故建立无潜坝和有潜坝两种地形条件。

（2）定解条件。模型定解条件包括初始条件和边界条件，其中初始条件包括河床的高程、水深和流速。河床高程指的是所计算河段河床的初始地形，一般为最近测得的地形数据或地形图；采用热启动的方式获得初始流速及水位，上一次计算结果作为下一次计算结果的初始条件。

模型上边界为俭汤河各频率的设计洪水过程，根据河道现状，俭汤河的现状防洪标准为 10 年一遇，近期规划防洪标准为 20 年一遇，远期规划防洪标准为 50 年一遇，为模拟潜坝工程建设前后最不利情况，采用 20 年一遇和 50 年一遇设计洪水下的遭遇情况。依据《辽宁省中小河流洪水计算方法》中推荐的无资料地区设计洪水计算方法，计算得到俭汤河 20 年一遇、50 年一遇设计洪水过程线。

模型下边界条件的确定，考虑最下一级潜坝的高程为 65.0m，最上一级潜坝的高程为 68.40m，碧流河水库防洪限制水位是 68.10m，为此设定下边界条件中下游计算水位为 64.00m 和 68.10m 两种情况。

（3）下垫面糙率。二维水动力模型参数主要为糙率、初始水深、干湿水深等，其中淹没区下垫面类型及糙率的选取很大程度上影响着洪水分析结果，下垫面地物类型分析的精确度以及用来率定模型糙率所需的洪水资料的准确和全面性决定着地表类型及糙率确定的准确性。

本区域内地物条件通过 2018 年测绘的 1∶500 地形图确定，下垫面分为河道与淹没区两种情况考虑，糙率值的选取参考《水力计算手册》。河道横断面糙率：现状河槽为天然河道，主槽边墙糙率采用 0.020，底槽糙率采用 0.025，滩地糙率采用 0.025。

7.4.4.3　模型计算结果分析

模型计算的范围包括 1.5km 的河长及两岸，共建立了四组模型，即 20 年一遇设计洪水，下游计算水位为 64.00m 时有无工程对比；下游计算水位为 68.10m 时有无工程对比；50 年一遇设计洪水，下游计算水位为 64.00m 时有无工程对比；下游计算水位为 68.10m 时有无工程对比。对模型计算结果进行分析，提取深泓线作为典型纵断面，第一级潜坝所在断面作为典型横断面。

（1）20 年一遇设计洪水计算成果如图 7.4-14～图 7.4-23 所示。从数值模拟结果可以看出，潜坝工程建设后水位较建设前有明显壅高。通过对典型纵断面水位进行提取分析，可以看出，水位变化主要集中在潜坝附近的局部区域内，建坝后潜坝上游产生壅水，潜坝下游产生跌水。第一级潜坝上游产生 0.25m 的壅水，第二级潜坝上游产生 0.22m 的壅水，第三级潜坝上游壅水 0.44m，下游最大跌水高度为 0.5m，第五级潜坝因靠近库区加上库区回水最大壅水高度达 0.82m。壅水影响长度分别为 160m、100m、280m、220m 和 200m。典型断面流速较建坝前流速减小，流速减小最大为 0.74m/s。

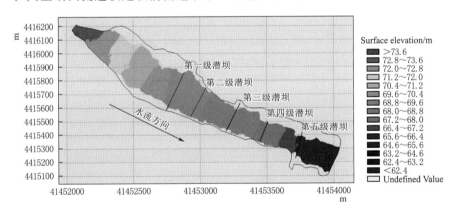

图 7.4-14　20 年一遇洪水无工程模型计算水位图（下游水位 64.00m）

下游计算水位为 68.10m，第三级潜坝至第五级潜坝均淹没在水下，前两级潜坝坝前产生的最大壅水高度为 0.23m 和 0.19m，壅水影响长度为 160m 和 80m，壅水产生的影响范围均在水库范围线 70m 以下，不会对水库范围外的居民和农田造成威胁。第一级潜坝横断水位线图中可以看到最大壅水为 0.23m，流速比无工程时减小，流速减小最大为 0.33m/s。

（2）50 年一遇设计洪水计算成果如图 7.4-24～图 7.4-33 所示。从模型模拟结果及典型断面分析可以得到，五级潜坝坝前最大壅水分别为 0.24m、0.21m、0.43m、0.39m 和 0.81m，下游最大跌水处发生在第三级潜坝处，最大跌水高度为 0.53m。水位壅高产生的影响长度分别为 160m、100m、280m、240m 和 200m。典型横断面上水位壅高，影响范围增大，断面流速较建坝前呈降低趋势，流速减小最大为 0.74m/s。

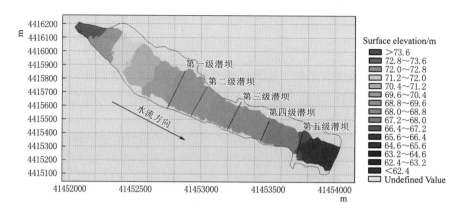

图 7.4-15 20 年一遇洪水有工程模型计算水位图（下游水位 64.00m）

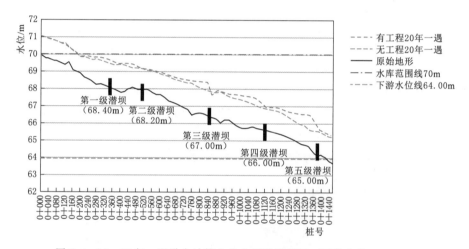

图 7.4-16 20 年一遇洪水计算水位主泓线纵断图（下游水位 64.00m）

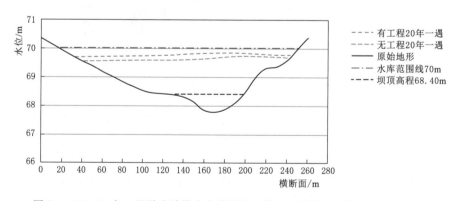

图 7.4-17 20 年一遇洪水计算水位横断图（第一级潜坝，下游水位 64.00m）

下游计算水位为 68.10m，第三级至第五级潜坝均淹没在水下，第一级潜坝最大壅水高度为 0.22m，壅水影响范围为 220m；第二级潜坝最大壅水高度为 0.18m，壅水影响范围为 80m。典型横断面上水位最大壅高 0.22m，水流向两岸扩散，第一级潜坝断面流速

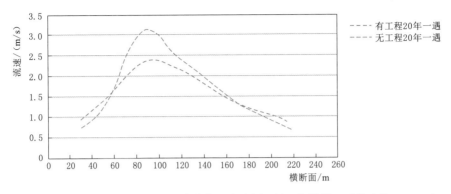

图 7.4-18 20 年一遇洪水计算水位断面流速图（第一级潜坝，下游水位 64.00m）

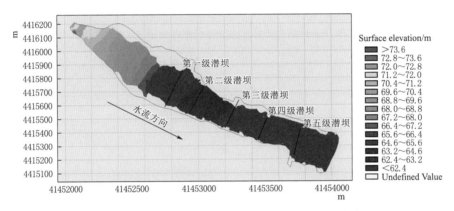

图 7.4-19 20 年一遇洪水无工程模型计算水位图（下游水位 68.10m）

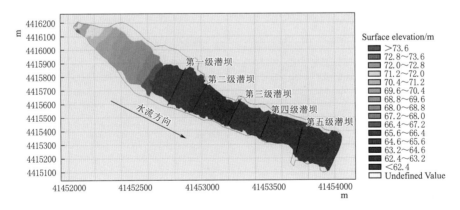

图 7.4-20 20 年一遇洪水有工程模型计算水位图（下游水位 68.10m）

较建坝前变小，流速减小最大为 0.32m/s。

（3）计算结果分析。通过分析不同频率洪水下潜坝工程前后条件下的水位图，在潜坝建设后，由于抬高部分河床，洪水期行洪断面减少，水位壅高，在潜坝坝前和坝后水位变化较大，潜坝上游水位壅高，下游水位有所下降。在长期规划防洪标准 50 年一遇情况下，下游水位 64.00m 时，五级潜坝自上游至下游最大壅高值分别为 0.24m、0.21m、0.43m、

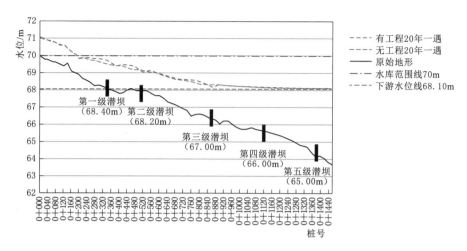

图 7.4-21 20 年一遇洪水计算水位深泓线纵断面图 (下游水位 68.10m)

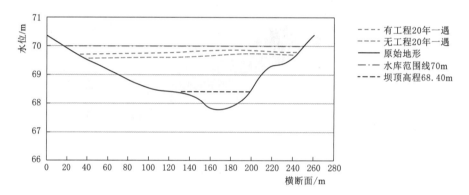

图 7.4-22 20 年一遇洪水计算水位横断面图 (第一级潜坝，下游水位 68.10m)

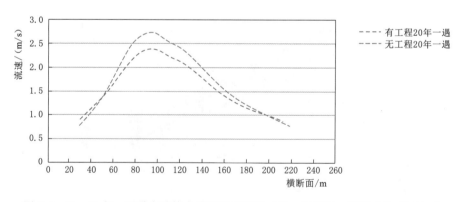

图 7.4-23 20 年一遇洪水计算水位断面流速图 (第一级潜坝，下游水位 68.10m)

0.39m 和 0.81m，壅高影响长度分别为 160m、100m、280m、240m 和 200m。下游水位 68.10m 时，五级潜坝自上游至下游最大壅高值分别为 0.22m、0.18m、0.1m、0m 和 0m，壅高影响长度分别为 220m、80m、100m、0m 和 0m。在远期规划中，潜坝所产生的壅水均在水库范围 70m 以内，影响范围也均在水库范围内，不会对消落区两岸的防护

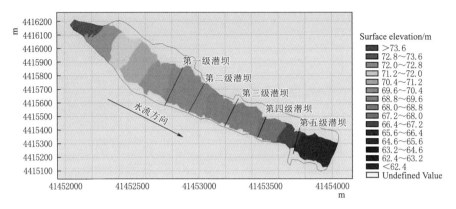

图 7.4 - 24　50 年一遇洪水无工程模型计算水位图（下游水位 64.00m）

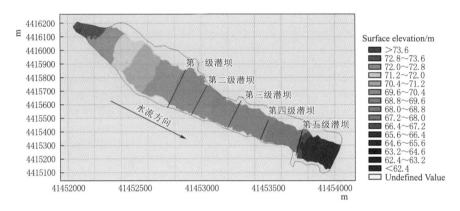

图 7.4 - 25　50 年一遇洪水有工程模型计算水位图（下游水位 64.00m）

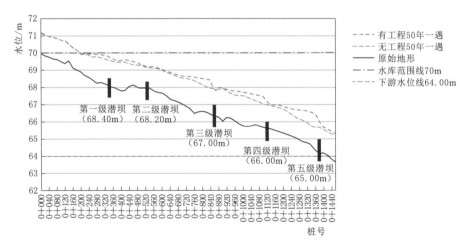

图 7.4 - 26　50 年一遇洪水计算水位深泓线纵断面图（下游水位 64.00m）

对象产生威胁。

　　通过数值模拟结果可以看到，在典型横断面——第一级潜坝断面处的水位和流速对比图中，建设潜坝后水位壅高且向两岸滩地漫散，水流的漫散，减弱了主槽的吸流，改善了

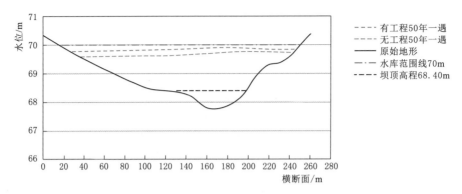

图 7.4 - 27　50 年一遇洪水计算水位横断面图（第一级潜坝，下游水位 64.00m）

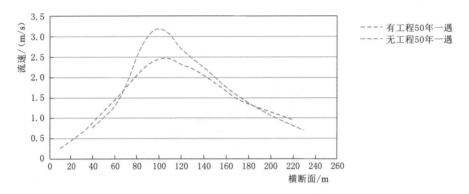

图 7.4 - 28　50 年一遇洪水计算水位断面流速图（第一级潜坝，下游水位 64.00m）

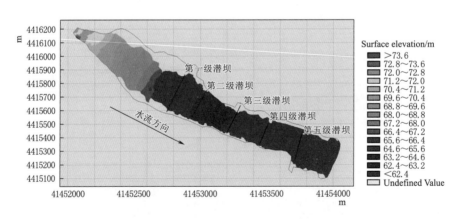

图 7.4 - 29　50 年一遇洪水无工程模型计算水位图（下游水位 68.10m）

主河槽集中过流的情况，且工程建设后第一级潜坝断面的流速减缓，减弱了对河床的冲刷，能达到限制河床进一步侵蚀的作用。

7.4.4.4　污染物去除效果预测

潜坝工程建设后形成表面流湿地，通过湿地的净化作用实现对污染物的去除。湿地污染物去除过程可运用不同的动力学模型来描述，其中一级动力学模型因其参数求解和计算

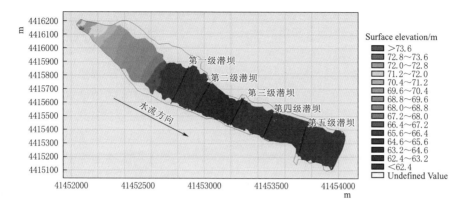

图 7.4-30　50 年一遇洪水有工程模型计算水位图（下游水位 68.10m）

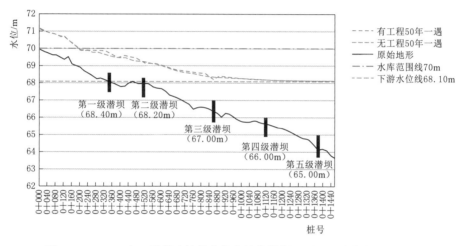

图 7.4-31　50 年一遇洪水计算水位主泓线纵断面图（下游水位 68.10m）

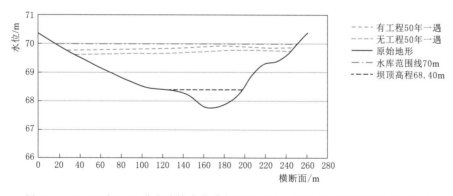

图 7.4-32　50 年一遇洪水计算水位横断面图（第一级潜坝，下游水位 68.10m）

过程都很简单，被认为是描述湿地污染物去除过程最合适的模型，多被用于污染物进水浓度较低的情景，可以较好地描述湿地中 TN、TP、COD 的分解过程。一级动力学模型可表示为

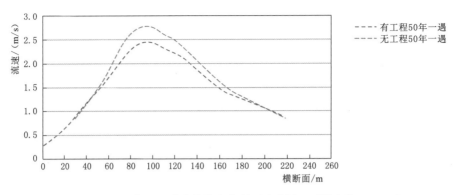

图 7.4-33　50 年一遇洪水计算水位断面流速图（下游水位 68.10m）

$$C_e = C_0 \exp(-k_A/q) \qquad (7.4-1)$$

式中：C_e 为出水污染物浓度，mg/L；C_0 为进水污染物浓度，mg/L；k_A 为面积反应速率常数，m/d；q 为水力负荷，m/d。

由付国楷等（2012）的研究可以得到，表流湿地中 COD、TN、TP 的面积反应速率常数 k_A 分别取 0.10m/d、0.10m/d、0.11m/d，表面流水力负荷取 0.1m/d。根据俭汤河实测污染物浓度，由一级动力学模型计算去除效果。计算结果见表 7.4-5。

表 7.4-5　　　　　　　　　　　污染物去除效果预测　　　　　　　　　　　单位：mg/L

项　　目		进水污染物浓度 C_0	出水污染物浓度 C_e
TN	最大值	8.00	2.94
	平均值	3.30	1.21
TP	最大值	0.27	0.09
	平均值	0.16	0.05
COD	最大值	38.00	13.98
	平均值	24.88	9.15

运用一级动力学模型计算结果可以看出，潜坝建成后污染物浓度大幅降低，但因入流水体未经任何净化处理，污染物浓度相对较大，部分水质指标无法达到地表Ⅲ类水标准。计算结果显示：对 TN、TP、COD 的平均削减程度约为 2.09mg/L、0.11mg/L、15.73mg/L。

第8章

河流治理施工过程中的生态保护措施

传统的治水、水利工程，多偏重于设计安全、材质坚固、经济实惠、施工管理便利，缺少配合环境调和必要所考虑的造型设计、自然材料的选择、绿化美化的运用，因此虽然达到了保护的目的，但是对环境、生态造成了不可预知的伤害。在考虑人与自然和谐相处的生态观念下，工程施工时应选用符合生态需求的材料及施工方法，例如具有孔隙的结构、利于植物自然生长的栽植、符合当地水生或两栖等生物生存的环境等，尽量避免使用硬质密闭材料，使工程结构外观及功能上都能符合生态与景观等的需求。通过分析施工过程涉及范围内的物种类型变化及伴随性生境状况变化过程，识别关键影响因素，制订合理、安全、生态和谐的施工方案。建立基于工程实施前后水环境质量、生物栖息地、河流生态景观量化对比评估体系，为河流生态系统性修复工程的后期维护及改善提供参考。早在 2000 年，《全国生态环境保护纲要》中就明确提出，要正确处理资源开发与环境保护的关系，坚持"在保护中开发，在开发中保护"的原则。

8.1 河流生态施工原则

生态施工是基于对物种保育、生物多样性及永续发展的认知而提出的一种新思维和新施工技术，其内涵包括扬弃因工程建设而阻绝生物迁徙、繁衍的不当措施，并提醒工程师在设计时除考量工程要求之外，亦兼顾生态系统的自然要求。生态施工应坚持以下原则：

(1) 尽量避免或减轻施工影响。

(2) 施工方法应能满足生物的习性。

(3) 要坚持先形成保护对象种的生息地的施工程序。

(4) 采用有利生物栖息生长的施工材料。

(5) 保育的考虑。

(6) 动物的移设。

8.2 河流生态施工方法

(1) 尽量避免或减轻施工影响的方法。应合理选择施工期，选在对生物损害最小的季节进行。避开鱼类的繁殖和洄游季节，如细鳞鱼等保护性鱼类产卵期多集中在 4 月中旬至 5 月末，故施工期应安排在枯水期。尽量避开雨季施工，防止土方随雨水流失进入河道，导致水体中悬浮物浓度增大而影响鱼类，可采取雨水截流和防雨侵蚀等措施，如布设排水沟、在堆土周围、设土工布围栏等。临时渣土应堆放于远离河道的一侧，避免土堆滑落进入河流。为补偿项目施工对鱼类资源量的影响，应在上下游适宜河段投放当地适生的鱼类的鱼苗。

动物在繁殖期神经较为敏感，这时应避免在动物巢穴附近施工，以免噪声、振动等对动物的繁殖造成不利影响。非施工区要对野生动物的干扰降至最低程度，严禁烟火、狩猎和垂钓等活动，禁止施工人员野外用火。

植物的移植一般选在植物的休眠期。为了减缓对陆生动植物的影响，应明确施工用地范围，禁止施工人员、车辆进入非施工占地区域。

为减少对周围生态环境的影响，应选用低能耗、低污染排放的运输车辆及机械。

防止污水随意排放、建筑剩余材料的随意堆放对生息地造成的污染。施工现场的排水，即使是雨水排放也要设置沉淀池，防止水域污浊化。垃圾也要有专门场地堆放。

对参与施工的所有人员，要召开会议充分说明河流治理修复的意义以及注意事项，并发放教育手册。施工期环境管理方法可参考表8.2-1。

表8.2-1   **施工期环境管理方法**

环 境 项 目	环 保 措 施
生态环境	①调整施工季节和时间； ②施工结束后，临时建筑拆除，进行场地平整； ③临时占地恢复； ④绿化、水土保持
水环境	①施工泥沙、建筑废弃物不得倾倒入河道； ②施工人员生活污水排入不得随意排放； ③基坑废水排入临时沉淀池
水土流失	①工程建设完成后，对占用土地进行场地平整，并覆土绿化； ②加强施工期环境管理，合理安排工期； ③设置防雨侵蚀措施
噪声污染	①避免在22：00至次日6：00施工； ②严格执行建筑施工场界环境噪声排放标准以防止施工人员受噪声侵害，靠近强音源的作业人员应佩戴耳塞，并限制工作时间； ③施工区与敏感点之间设置移动声屏障
空气污染	①施工期间定期洒水，以防起尘； ②工地物料全覆盖； ③设置施工围挡； ④物料运输车密封、运输道路及时清扫
建筑废弃物	①工人员生活垃圾集中收集后运至指定垃圾收集点； ②建筑垃圾存放在施工场地内固体废物临时存放点，并进行遮挡，外运至建筑垃圾填埋场处理； ③施工过程产生的弃土，用于临时占地区域的表土回覆，土地平整

（2）施工方法应能满足生物的习性。河流治理修复是以生物为对象，所以它不同于只使用无机材料的土木工程。原则上施工方法应能满足生物的习性。

因为以生物为对象的施工先例很少，对象的物种又各不相同，所以目前为止还没有公认的施工方法。极端来说，要针对每一种生物开发新的施工方法。最好的方法是搞试验工程，在正式施工之前先搞小规模的施工，进行效果检测。如果在试验工程中，对植物移植的成活率、动物在转移后的繁殖情况能得到确认，则算是基本成功。对于还存在的一些问题，需要在观测评价的基础上进行改良后，才能正式施工。

（3）要坚持先形成保护对象种的生息地的施工程序。要坚持先形成保护对象种的生息地，在确认其功能后，才能在原有的场地开工的原则。在施工期间，生息地面积的减少，相应的个体数也会一时地减少，有可能引起瓶颈效应，造成遗传多样性的减少。为了防止瓶颈效应，施工中应确保一定的生息地面积，以保证保护目标种的个体数在安全数量以上（要留有余地）。在设定施工程序时，应当不使保护目标种的个体数有明显的减少。

用物理方法减轻施工场地对生物生息地的影响。例如，设立临时护围，防止人与机械对生物的干扰；施工道路尽量采用架设式，减少破土面积等。施工过程中，应因地制宜，充分利用自然地形地貌进行土石方工程的合理设计和施工，避免乱挖乱填，充分利用挖方做填方，不得乱挖乱采，应按照已指定的合理地点进行取材。

在施工程序比较复杂时，光凭横线进度表来定方案还不行，还要有严格的网络进度表才行。尽管如此，在很多情况下还是不能消除生息地机能的时间差，这是以补偿为中心的治理修复手法的致命弱点。

（4）采用有利生物栖息生长的施工材料和结构。如单纯以"安全"为考虑，则土、砂、水泥、钢筋、复合材料、自然材料、新材料等工程材料可为主要使用材料。除工程材料外，若善于利用施工现场或附近现存的块石、木材等天然资材，并辅以有利生物栖息生长的人造资材（如加筋纤维、网格笼、复合覆绿植被等多样性的材料），则可增加自然美质景观，并有助于不同生态复位及栖地的增加。但应用材料的生态价值，并不在于其材料本身的特性，而在于因不同使用目的，如生物栖地重建维护等，将新材料、新技术灵活运用组合以达到生态保育的效果。此外，为了防止外来物种的侵入或干扰遗传，治理修复所用的材料，原则上应不从远处调配材料，而是在现场就地或就近解决。但是，在同一现场取材有时难以满足需求，需要认真计算需求数量，有计划地育苗或储存一部分表土。常见的生态工法可参考以下方式。

1）格笼挡土墙。它是将木块制成的条块排成井字形，内部填满块砾石，利用格笼内部块砾石的重量，抵抗土压作用力量的一种挡土墙。内部填充的块砾石透水性良好，坡面渗水涌水或滨水地区使用效果显著。建议每层高度3m以下，总高度不得超过6m。

2）砌石墙工。在坡面上切出宽0.5~1.0m的水平台阶，于离外缘0.1~0.2m处砌块石，斜率为1:（0.3~0.5），高度0.5~1.0m，背后填充混合肥料的砂土，并栽植苗木的工法。地表只铺贴草皮而有崩塌危险或岩石露出形成凹凸不平的地方，适用本法。

3）板状栅工。为防止崩塌土砂后坡面流失，利用木板栅工，通常设置在坡脚，耐久性良好的工法。

4）条带工。河川治理工程的一种横向工程，没有落差的固床工，它是以稳定现有河床，维持河床坡降（斜率）为主要目的。

5）河岸绿化。河川的河道、堤防等河岸列为都市环境治理或河川环境治理的一环而予以绿化，但应不违反河川管理规定。在堤防上禁止栽植树木，现在常用的做法是在堤防外侧填土，然后在上面种植景观树种或生态绿化树种。

6）格网工法。以钢丝复合材料编织成笼形，内装块石或不溶于水的材料等，作为边坡、挡墙或软基的安全防护；搭配植草、植栽，适用性较广、安全性较好。

7）环境护岸工法。在河川、湖沼、海岸等地，除治水外，为保育生态系统，提升景观、亲水性而设置的各种不同形状或形式的多目标护岸的总称。亲水护岸有时归类于此。以保育生态系统为目的的护岸如设置鱼礁作为保护鱼类的护岸或考虑为保育昆虫或两栖类的栖息地的护岸，为了提升护岸景观而采用格网工法、绿化栽植矮树藤蔓类植物、草皮等的绿化护岸。

8）亲水护岸工法。河川、湖沼、海岸等的护岸不只着眼于治水、利水机能，同时具有亲水性的休闲空间而设置阶梯状缓坡。

9）柳枝条工法。将萌芽力强的柳树类枝条切成30～100cm埋入土中，由其萌芽恢复植生的工法。

10）植栽工法。生态工法采用植株来保护河岸具有以下优点：植株不会过度阻碍水流或限制水流经过；密植草皮可以种植在所需特定区域，短时间内快速生长；草皮具有很长的生命期，较其他保护工法便宜，维护上亦相当简单。

（5）植被恢复的方法。工程施工过程中，扰动地表使原地貌遭到破坏，影响生态；地表受到机械、车辆碾压及人员的踩踏，将使土壤下渗和涵养水分的能力降低，影响植物生长；同时扰动破坏后的地表径流会加剧水土流失，对周边生态环境可能造成不良影响。

根据"谁开发、谁保护，谁破坏、谁恢复"的原则，依据《生产建设项目水土流失防治标准》（GB/T 50434—2018）确定项目区的防治目标，按照《生产建设项目水土保持技术标准》（GB 50433—2018），对施工过程中产生的不利影响进行防治措施布设。

施工结束后，施工临时生产设施将予以拆除，对施工临时占地区进行土地平整，表土回覆，并播撒草籽进行绿化。工程扰动后的裸露土地以及工程管理范围内未扰动的土地，应优先考虑植物措施进行防护。根据项目区降水、土壤、植物措施类型等自然条件的特点，一般情况下，湿润区的自然恢复期为2年，半湿润区为3年，干旱半干旱区为5年。

植被恢复是生态修复中最重要的工种，主要方法包括：卷取表土，留待埋土种子发芽；对不形成埋土种子的苗木进行培育、栽植；复原先锋种的栽植等。

（6）保育的考虑。当施工地区为生态保护区、特有或稀有生物的自然保护区或自然复育演替可能性高的地区时，应注意工程建筑物的负面效应，设计规划时尽量减低外物的导入及人为干扰。

在施工过程中，不在岸边随意挖取砂石料，保护好河滩生态，同时也保护防洪堤本身的稳定性。施工期间对施工人员进行环境保护教育，提高环境保护意识，严禁随意砍伐植被。

（7）动物的移设。在生态补偿修复中，常常要移设动物的个体和种群。要使动物移到他处，首先要评价对象物种的移动能力。动物的移动从移动空间来说，分为空中移动、陆地移动、水中移动三种。一般来说，空中移动比其他两种的移动能力要高。但是即使同样是空中移动动物，鸟类的飞行能力要比蜻蜓类高得多。对移动能力大的物种，一旦适合的生息地形成，便自行侵入，用不着人工移设。对于移动能力较低的物种，需要人工移设。动物的移设以卵块的形式在冬眠期为佳。例如，对蝾螈、红山蛙类，早春季节在浅水中产卵，一年之中只有这个季节移设的效率最高。动物移设时期，应在现场对对象物种的生活史进行充分调查的基础上确定。

8.3　河流生态施工实例

（1）考虑不同层级空间生物栖息地的竖向生态施工。施工中，植被物种单一、结构简单、河床硬质化、水陆交错带不透水铺装等都不同程度阻断了地表不同层级之间以及地表与地下水体、营养物质、能量等的交换。因此在河流生态系统修复施工中，要注意保持河流生态系统竖向连通性。以松花江哈尔滨城区段百里生态长廊规划为例，介绍考虑物种保护的竖向生态施工。

调查发现研究区内为两种典型边岸：一种为河流鬃岗地貌，河漫滩冲刷稳定后形成自然堤，常水位下高于河面，内中有燕子筑巢；河漫滩上地形多变，有沼泽湿地和疏林草甸，有野兔等小型动物；河岸浅水区有河蚌等贝类，以及鱼虾蟹类。另一种为淤积沙滩，坡度平缓，岸边浅水区河蚌等贝类丰富，因此鸟类数量较多。这两类边岸施工中应注意不破坏这些物种生境。根据规划区食物链的规律，为不同层级空间的生物营建栖息地，形成竖向连通的物种结构与能量结构。

（2）基于生态环境保全孔隙理论的生态施工。河流生态系统的保护和恢复与河岸的形式、构造以及使用的材料有很大的关系。用混凝土砌筑的连续硬化型河岸、护坡和河底对生态系统有较大的危害。考察发现，几乎所有的高级生物都是依赖于孔穴、洞窟、缝隙、屏蔽或空间隔离的区域而生息的。其根本原因在于生物对季节变化、昼夜转换以及外界环境条件的适应性。因此，高级生命体与孔隙条件的依赖关系是一个普遍的规律。多孔质形式的护岸和自然的河底能很好地保护和促进生态系统发展。

如前所述，河流治理的孔隙理论就是在河流治理中，使用适当质地和结构的材料人为地创造适合生物生存的空间环境，保证在河道治理中，不破坏生态系统的自然属性，并且进一步的创造条件，促进其发展，使河道成为保护或恢复其原始生态功能的空间。

图 8.3-1 和图 8.3-2 分别是护岸和水下建筑中的孔隙结构实例，看似杂乱无章，其实生物多样性功能被充分体现。

图 8.3-1　岸坡孔隙结构护岸实例

图 8.3-2　水下建筑中的孔隙结构示意图

　　传统的护岸工法，固然提供了极高的安全性，但常常破坏了原有河岸生态转换和作为生物栖息地的功能。因此，利用天然材料作为河岸保护的素材，结合工程、生物与生态的观念进行整体治理，才是现今适宜的护岸工法。护岸的构造型式、材料的选择，应根据水理特性，单用或兼用植物、木料、石材等天然资材，以保护河岸；并运用筐、笼及抛石等结构及材料，创造多样性的孔隙构造，来满足植生、昆虫、鸟类、鱼类等生存的水边环境。

第9章

河流治理效果的监测与评估

河流系统处于动态变化过程，在治理修复过程中，对河流系统的监测与评估是河流治理工作的一个重要步骤。为了使人与自然协调发展，恢复河流活跃、多样的生态结构，使人们有一个健康舒适的生活环境，实现经济、社会、生态环境持续发展的目标，河流治理应把河流生态环境的保持和恢复考虑在内。然而恢复和再创的系统会随时间的推移而迁移，所以要随时观察，看是在逐渐接近当初设定的目标，还是偏离目标，必要时要进行控制。本章的主要内容包括河流系统监测、河流生物栖息地状况改善以及河流治理修复后期评估。

9.1 河流系统监测

监测是以诊断系统状态所必要的项目为对象，主要包括水生态系统监测、生物指标监测、人为干扰监测等。由于生物物种数目很多，监测应以特别需要追踪的物种以及可以作为环境指标的物种为对象。施工后的监测应在施工刚结束及施工后 1 年、3 年、5 年、10年、20 年等时间分多次进行。在施工后初期，系统的状态会有急剧的变化，需要进行频繁的调查，随着时间的推移变化速度变缓，监测的频率也可以降低。

9.1.1 水生态系统监测

（1）水文、水动力指标监测。水文、水动力指标应包括流量、流速、水位、泥沙含量等指标。根据水量、流速、水深、泥沙、地下水水位等指标与水生态系统之间的响应关系，揭示河流水环境和水生态的水文影响机制，提取水生生物群落敏感的水文要素。

（2）水质理化指标监测。根据我国水环境现状特征，目前纳入水污染物排放总量控制指标主要有 COD、石油类、氨氮、氰化物、六价铬、汞、铅、镉和砷等，选测指标包括悬浮物、挥发酚、硝基苯类、BOD_5、TOC、阴离子表面活性剂、硫化物、总铬、铜、锌、总氮、总磷、氨氮等。

（3）底质监测。底质是水体的重要组成部分。底质是矿物、岩石、土壤的自然侵蚀产物，污水排出物沉积，生物活动及降解有机质等过程的产物，物理和化学反应产物，以及河床母质等随水流迁移而沉积在水体底部的堆积物质。通过底质检测不仅可以了解水系污染现状，还可以追溯水系的污染历史，研究污染物的沉积规律，污染物归宿及其变化规律。从底质中可检查出因浓度过低而在水中不易被检出的污染物，特别是能检测出因形态、价态及微生物转化而生成的某些新的污染物质，为发现、解释和研究某些特殊的污染现象提供科学依据。因此，底质对河流水生态系统的监测评价具有重要意义。

底质监测断面的设置原则应与水质监测断面相同，其位置应尽可能与水质监测断面相重合，以便于将沉积物的组成及其物理化学性质与水质监测情况进行比较。

（4）滩涂湿地水文指标监测。水是湿地最重要的生境因子，滩涂湿地水文指标监测是对生态恢复中的滩涂湿地的淹没面积、淹没水深、土壤含水量等随时间变化的过程进行监测，与恢复目标进行对比评估，必要情况下实施生态补水。

9.1.2 生物指标监测

（1）藻类监测。依据鱼类等水生生物的喜好以及对河流富营养化、酸碱度、重金属污染等环境因子灵敏度，选取浮游藻类、着生藻类、硅藻等作为指示藻类。

（2）底栖生物监测。

1）底栖动物。河流底栖动物具有较长的生活周期、较高的生物多样性、形体便于识别等优势，同时对生境具有特定的要求，以及在河流生态系统食物链中的特殊地位，该生物群落结构的变化能够很好地反映河段生境条件的变化，是目前河流水质状况常用的监测指标。

2）微型生物。微型生物结构简单，生命周期短，对污染反应敏感迅速，水体环境的突然变化能及时从原生动物群落的变化上反映出来。因而在监测评价水质的瞬时变化（如瞬时排污）和长期内的连续变化（长期效应）方面，微型生物作为监测生物具有不可替代的作用。

3）水生昆虫。水生昆虫的种类结构与动态能综合地反映水质状况与变化程度。通过水生昆虫的调查可以评价水体被污染的程度以及河流的生态健康。水生昆虫作为评估水体污染程度的指示生物，在国外广泛被用来监测和评价水质。

4）漫滩土壤动物。漫滩土壤动物在河流系统的结构和功能中具有重要作用，是水域和陆地生态系统物质和能量交流的关键纽带。因此，要全面反映生态系统的健康水平则有必要考虑漫滩土壤动物的生存状况。另外，漫滩土壤动物标本的采集相对简单，易于量化，可建立易于推行的标准化监测指标体系。因此，在大江大河生态健康监测和评价中，建立漫滩土壤动物监测指标体系是对传统底栖动物监测指标体系的有效补充。

（3）鱼类监测。鱼类对水生态环境的变化极为敏感，尤其是对繁殖条件要求严格，产卵环境是影响群落发展的重要因素。依据河流不同河段鱼类产卵环境变化特征与鱼类群落结构退化的现状，分析环境胁迫对鱼类群落结构的影响。

（4）植物监测。植物监测评估一般根据研究区域的不同而选择相应的优势种群，如在我国东北及西南地区一般选取乌拉苔草作为指示植物。乌拉苔草是沼泽湿地的一种重要植物，主要生长在季节性积水的沼泽草甸，具有极强的生态适应性，另外，乌拉苔草对于湿地生境变化尤其是水分变化极为敏感，乌拉苔草生长状况（生长季叶片长度、多度、叶绿素合成量）、分布面积可作为湿地生境质量及退化状况的评估依据。

（5）鸟类监测。鸟类在食物链中的营养级别较高，通过对鸟的种类、体型、数量的监测可以评估生物多样性及生物量的水平。更重要的是，通过收集和化验鸟类的羽毛、卵、粪便可以分析评估生境中重金属及其他有毒物污染的程度。

9.1.3　人为干扰监测

通过遥感等方式实时监测河道、河滩及周边被利用面积、利用方式，以评估开发利用行为对系统的胁迫作用，并提出相应的措施。另外，对潜在的污染源（如工厂企业排污、农田面源污染、噪声、废气、光污染等）进行监测，并与生物监测结合，评估人为干扰的强度以及河流系统的演替趋势。

9.2　河流生物栖息地状况评价

流域内大规模的人类开发建设，对自然生态环境造成了严重的破坏，导致适合于各类生物生息的自然原生环境大幅度减少，生物多样性降低，生物灭绝速度加快。栖息地是生物赖以生存、繁衍的空间和环境，关系着生物的食物链及能量流，是河流健康的根本。栖息地状况良好才能孕育良好的生态质量，保护栖息地可以同时保护栖息地内的所有物种及其基因，包括目前还不为人知的物种。栖息地调查和评估是为了收集生态基础资料，评估栖息地的现状，从而为保护和修复受损河流系统提供依据。

基于生境水平，假设栖息地多样性与生物多样性之间存在必然的关系，利用水流流态代表生境类型，通过水动力学模型求解水流流态，从而得到每种类型的栖息地面积或数量，进而评价栖息地的多样性并生成可供工程规划设计参考的生境分布图。通常采用 Shannon-Wiener 多样性指数评估栖息地的多样性，但由于 Shannon-Wiener 多样性指数值不是介于 0 和 1 之间，不符合人类的思维习惯，对栖息地的优劣难以做出明确判断，为此引入饱和度指数。

9.2.1　水流流态与生境类型

河流中的水体随着时空常呈现出不同的流态（flow regime），水流流态主要受地理、水文及河道形态等因素影响而形成；同时也明显受到河流水利工程及水体利用等人为操作影响，导致原有的自然特性发生不同程度的改变。水域的流态决定着栖息的水生物形态，多样化的水流流态造就了栖息地的多样性和物种的多样性。流态由流量、流速、坡降和河床底质结构等一系列因素共同决定。以下对水流流态的类型及特点做一概要和总结（见表 9.2-1）。

表 9.2-1　　　　　　　　　水流流态的类型及特点

类型	水深/cm	流速/(cm/s)	弗劳德数 Fr	特点及生境适宜性
深潭	>45	<20	0~0.095	特点是河床下切较深，水面坡度近乎零；水深超过45cm，流速则低于20cm/s；因水深遮蔽性好、流速慢，为鱼类提供了良好的栖息场所，当干旱季节时，更成为水生生物重要的避难所

续表

类型	水深 /cm	流速 /(cm/s)	弗劳德数 Fr	特点及生境适宜性
缓流	25～45	20～40	0.095～0.255	一般被视为浅滩与深潭的过渡缓冲带，河床及水面的坡度约等于整条河床坡度的平均值，水深介于25～45cm 间，流速在 20～40cm/s 间。对鱼类而言，适合产卵，可进行生殖活动
浅滩	<25	>40	0.255～1	特点是河床坡度陡、水浅且底质多为粗粒淤沙；水深低于 25cm，水面流速高于 40cm/s；溶氧量高，底栖生物密度高，是鱼类的食物供应区

上述分析表明，可以利用水流流态代表生境类型。不足的是，表 9.2-1 中对弗劳德数的分类比较粗略，水流流态还包括流动（run）、跌水（cascade）、滑流（glide）等类型，这些水流形态对应着一定的弗劳德数范围（Wadeson et al.，1998），因此对弗劳德数需要进行更详细的划分。国外一些学者通过对大量的河流野外调查数据进行统计分析发现，将弗劳德数按 0.05 的增量划分可以比较科学地区分各种类型的栖息地（Clifford et al.，2006；Kemp et al.，2000）。

9.2.2　栖息地多样性评价方法

生物栖息地质量的表述方式可以用适宜栖息地的数量表示，或者用适宜栖息地所占面积的百分数表示，也可以用适宜栖息地的存在或缺失表示（董哲仁，2013）。在此，对栖息地多样性的评价采用适宜栖息地的数量来表示，具体方法为以 Fr 为参数，计算出各类栖息地的总数，然后利用香农维纳多样性指数判断研究区内栖息地的多样性或奇异度，香农维纳多样性指数计算公式为

$$H' = -\sum_{i=1}^{s} (n_i/N) \ln(n_i/N) \qquad (9.2-1)$$

式中：i 为第 i 类栖息地；s 为栖息地类型总个数；n_i 为第 i 类栖息地的总个数；N 为研究区域所有类型栖息地的总个数。

H' 值随栖息地类型与均匀度增加而增加，当栖息地为均匀分布时，即 $n_i/N=1/s$，H' 有极大值；若只有一种物种时，即 $s=1$，$n_i/N=1$，H' 为 0，即无奇异度可言。H' 值的大小最能反映中等丰富度栖息地的变化情况。但是，香农维纳多样性指数值并不是介于0 和 1 之间，为此引入生境饱和度指数（saturation index）。饱和度指数是实际测定的多样性指数和最大可能的多样性指数之比，可以反映一个地区实际的多样性水平与理想状态的多样性水平的差距，饱和度指数计算公式为

$$S = H'/H'_{max} = H'/\ln s \qquad (9.2-2)$$

综上所述，河流生物生境量化研究的技术路线如图 9.2-1 所示。

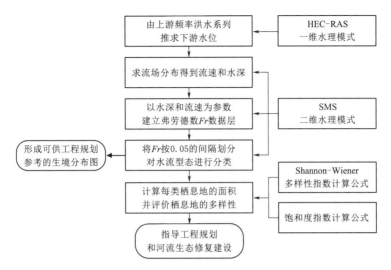

图 9.2-1　河流生物生境量化研究技术路线图

9.2.3　案例研究

利用地表水建模工具 SMS（surface - water modeling system，SMS）建立研究区域的水动力学模型，采用数值模拟方法模拟不同流量条件下研究区内流场的分布，计算出每个网格节点的水深和流速值，然后建立关于水深和流速的数据集——弗劳德数，将弗劳德数按 0.05 的间隔划分，利用弗劳德数的类别代表生境类型，在水动力学模型中可以得到关于弗劳德数的等值线分布图，即生境分布图。

SMS 是由美国陆军工程兵团河道试验站开发的数值模拟软件。SMS9.0 中整合了许多模块，包括一维河流模型、二维有限元和有限差分模型，可以模拟水流、水质、波浪和泥沙。其中用于河流工程的模块主要有二维有限元河流模型 RMA2、FESWMS - 2DH 和 HIVEL2D，水质输运模型 RMA4，泥沙输运模型 SED2D - WES 和一维河流模型 HEC - RAS。

RMA2、FESWMS - 2DH 和 HIVEL2D 这三个模块都是以雷诺形式的 N - S 方程为基础的沿水深平均平面二维数学模型，数值离散方法在空间域上采用加权余量的伽辽金有限元法离散，时域上采用差分离散，非线性代数方程采用牛顿-拉斐逊迭代法求解。RMA2 模型是河流工程中最常用到的模型，可以计算河流、水库、河口、海湾中的水位和流态。与 RMA2 模型相比较，FESWMS - 2DH 模型更擅长于计算复杂水力条件下的水流运动。模型中增加了一些计算水工建筑物的辅助方程，如堰坝结构、涵洞、有闸门的溢洪道等的计算，另外还耦合了沉积物输运方程。

一维河流模型 HEC - RAS 由美国陆军工程兵团水文工程中心开发，既可以单独使用，也可以和 SMS 一起使用。该模型的水动力学基础是沿断面积分平均的圣·维南方程组，包含三种一维水力学分析：①稳态流水面线计算；②非稳态流的模拟；③可动边界沉积物搬运计算。可用于丁坝、顺坝、桥孔、涵洞、闸控溢洪道、堰等水工构筑物的水力计算。在此，将利用 HEC-RAS 和 FESWMS-2DH 这 2 个模块求解。

以辽宁省浑河河段为例，该河段位于黄腊坨水文站至邢家窝铺水文站之间的实测大断面 H32～H33，长约 4km，河床质中值粒径 0.058～0.26mm，比降 0.21‰，造床流量 760～1342m³/s，平滩水深 3.5～5.83m，主槽河宽 123～258m，枯水河宽 54～194m，河道弯曲系数 1.4。该河段有堤防，防洪标准小于 10 年一遇。允许泄量，左岸为 2060m³/s，右岸为 2690m³/s。堤高 2.69～6.0m，堤距 775～1438m，堤顶宽 1.5～7m。

（1）资料预处理。需要的资料有实测的高程点和大横断面成果、黄腊坨水文站 33 年的水文资料。从地形资料中提取高程值，并配准背景图片的地理坐标。

（2）边界条件求解。利用 P-Ⅲ型频率曲线求出黄腊坨水文站 500 年一遇、300 年一遇、100 年一遇、50 年一遇、20 年一遇、10 年一遇、5 年一遇洪水系列的设计洪峰流量，并利用一维河流模式 HEC-RAS 求出下游水位，见表 9.2-2。

表 9.2-2 黄腊坨水文站设计洪水成果表

项目	频率 P						
	0.2%	0.33%	1%	2%	5%	10%	20%
$Q/(\text{m}^3/\text{s})$	8007	7189	5464	4422	3089	2126	1274
Z/m	17.34	17	16.3	15.8	15	14.1	13.5

注 C_v 值为 1.32，C_v/C_s 值为 2.459。

（3）流场计算。根据计算域内的地形、道路、堤防及对区内不同地域的关心程度，用加密和放宽网格的办法，将计算区域进行网格划分。出于计算时间和工作量大小的考虑，采用 200m 的网格，得到 189 个四边形单元。同时针对该区的用地类型，把计算网格分为主槽、左滩和右滩三种类型，其糙率分别为 0.03、0.075、0.12。

根据表 9.2-2，采用上游流量、下游水位的边界条件，模拟不同频率洪水的流场得到相应的流速和水深，然后采用数据计算器（data calculator）计算弗劳德数（Fr）并建立相应的数据层，Fr 的计算公式如下：

$$Fr = v/\sqrt{gh} \qquad (9.2-3)$$

式中：v 为流速；h 为水深。

将 Fr 以 0.05 的间隔划分，得到不同洪水频率下 Fr 的等值线分布图，如图 9.2-2 所示。将 Fr 数据导出为文本格式（*.txt），然后在 Excel 中进行处理（或者将流速和水深数据分别导出，计算 Fr）。计算栖息地的多样性指数，计算栖息地的饱和度指数，计算结果见表 9.2-3。

表 9.2-3 不同频率洪水下各类栖息地数量 n_i 和多样性计算结果

序号	$P=20\%$	$P=10\%$	$P=5\%$	$P=2\%$	$P=1\%$	$P=0.33\%$	$P=0.2\%$
1	73	51	30	29	28	123	91
2	**273**	**253**	156	119	110	119	126
3	89	132	**215**	**232**	**243**	**240**	**260**

续表

序号	$P=20\%$	$P=10\%$	$P=5\%$	$P=2\%$	$P=1\%$	$P=0.33\%$	$P=0.2\%$
4	42	59	93	113	136	150	152
5	22	32	38	47	54	87	89
6	19	16	27	24	28	37	37
7	8	12	10	16	23	28	30
8	2	7	12	15	14	15	18
9	1	1	12	11	6	6	6
10	2	3	4	6	6	6	6
11	3	3	4	1	2	5	5
12	2	2	1	2	3	3	2
13	2	1	1	2	1	2	1
14		1	1	2	1	1	
15		2	2	1	1	1	
s	13	15	15	15	15	15	13
N	538	575	606	620	656	823	823
H'	1.547	1.67	1.806	1.837	1.826	1.953	1.917
S	0.603	0.617	0.667	0.678	0.674	0.721	0.747

注　1. Fr 类型间隔为 0.05，即 0～0.05 为第 1 类，0.05～0.1 为第 2 类，以此类推。
　　2. 黑体字为某频率洪水下数量最多的栖息地类型。

（4）栖息地状况分析。根据表 9.2-3，对比不同洪水频率下各类栖息地的数量可以发现：类型 1 的数量先降后升再降，呈现一定的规律变化；类型 2 随着洪水频率的增大呈减少的趋势；类型 3、类型 4、类型 5 随着洪水频率的增大呈增加的趋势；类型 6 随着洪水频率的增大呈增加的趋势；类型 7 随着洪水频率的增大呈增加的趋势。其中，类型 2、类型 3、类型 4 的数量占优势，类型 9、类型 10、类型 12、类型 13、类型 14、类型 15 的数量比较少，如图 9.2-3 所示。

从图 9.2-3 可以看出，5～10 年一遇的洪水情况下，第 2 类栖息地占优势。该类的 Fr 范围是 0.05～0.1，介于深潭和缓流之间，适合避难和进行产卵等生殖活动；20～500 年一遇的洪水情况下，第 3 类栖息地占优势。该类的 Fr 范围是 0.1～0.15，处于缓流区，适合产卵和生殖活动。相对来讲，300 年一遇洪水的栖息地类型数量分布比较匀称，有适合生物生存的各种生境。

图 9.2-3 说明，随着洪水频率的加大，Shannon-Wiener 多样性指数 H' 和饱和度指数 S 逐渐增大，栖息地的多样性呈上升趋势，这说明一定频率洪水的发生对栖息地多样性的改善是有利的。因此，在人类防洪允许的范围内或者在枯水季节有规律地调节场次洪水可以改善河流生物的栖息地。另外，在调节余地不大的情况下可以加入一定的生态工程措施改变流场分布，从而创造有利的生境单元。

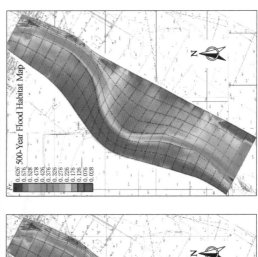

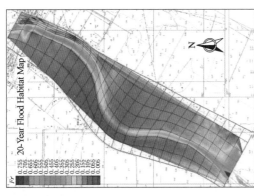

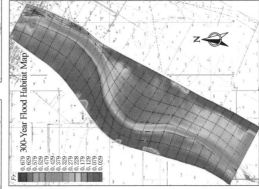

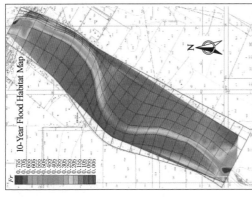

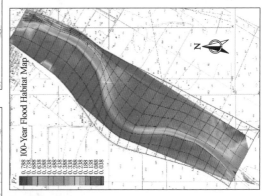

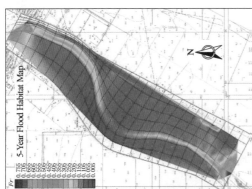

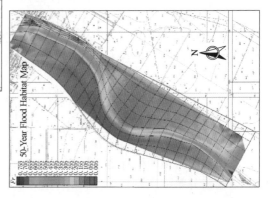

图 9.2 - 2 不同洪水频率的生境分布图

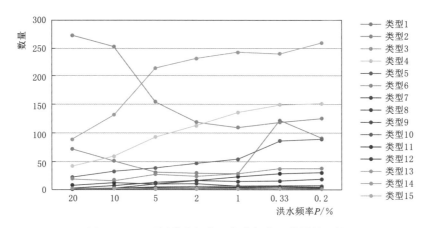

图 9.2-3　不同洪水频率下各类栖息地数量的比较

9.3　河流治理修复后评估

评估是为了判断治理是否有效，河流恢复的历时较长，每项河流治理工程的结束，并不意味着河流治理任务的完成，还需要加强后期的管理评价工作，并对其恢复状况进行综合监测评估。

9.3.1　评估原则

河流治理修复的后期评估是河流治理工作不可缺少的一部分，与前期评价工作相呼应，以往的河流治理修复工作对此不予重视。在河流治理修复后期评估工作中主要遵循以下几个原则：

（1）科学合理性。河流治理修复评估方法与指标应符合生态学原理、经济学原理、可持续发展原理，力求运用现代科学技术手段予以权衡和定量表达，使评价客观、科学、合理。

（2）整体系统性。河流治理修复是一项十分复杂的系统工程，单一的效益评价难免产生局限性。因此，应从整体性、系统性出发，统筹兼顾生态、经济、社会效益，尽可能使评价准确。

（3）目的一致性。按照符合人类对河流治理修复的水准与发展的要求，从生态、经济、社会三大效益出发，有目的、有重点地进行定量评价，与前期评价内容相一致，使评估明确清晰。

（4）动态普适性。河流系统是一个动态变化的系统，其状态将随时间不断发展变化。在进行河流治理修复评估时，应考虑到评估方法与指标的普适性，尽量反映系统发展的过程或趋势。

9.3.2　评估内容

根据以往的研究和实践经验，河流治理修复效果应从多个方面进行评估。首先，根据修复前既定的目标，分析治理修复产生的效应，从水环境质量、生物栖息地、景观生态等来评价修复效果是否达到目标要求。其次，对河流系统修复后的结构与功能进行双准则逻辑定量评价，与系统结构和功能修复前期评价对比，定量分析修复后的河流系统结构与功能是否有所改善。最后，采用系统服务价值评估方法来估算河流修复后的效益，主要包括生态环境效益、社会效益以及经济效益。图9.3-1给出了河流治理修复评估的技术路线。

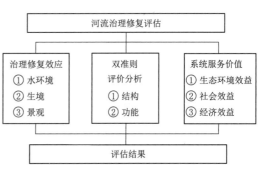

图9.3-1 河流治理修复评估技术路线图

以辽宁省西北部北票市凉水河为例，说明河流治理修复后评估的内容及结果。

凉水河治理修复工程，采用多种形式自然河流湿地+水平潜流人工湿地的复合型湿地修复系统方案，消除污水处理厂出水、市区上游来水、市区地表径流和市区下游来水中的面源污染物。修复前既定目标总共分为三个方面：水质达到地表水环境质量Ⅳ类标准、生物栖息地有鸟类前来休憩、河流景观满足周围居民的需求。工程于2012年5月开始施工，同年9月完工。根据治理修复目标，分别从水环境质量、生物栖息地和河流生态景观三个方面来进行后评估。

（1）水环境质量。工程实施以前凉水河监测断面水质综合指标为劣Ⅴ类。根据2012年大凌河水质月报，工程实施后，水质得到明显的净化，工程前后水质状况见表9.3-1。

表9.3-1　　　　　　　　研究区断面工程前后水质比较结果

时　间	pH	COD/(mg/L)	BOD$_5$/(mg/L)	NH$_3$-N/(mg/L)	TP/(mg/L)	DO/(mg/L)
2012年5月	8.1	32.9	5.1	13.4	1.5	—
2012年10月	8.2	5	0.5	0.217	—	7.4
GB 3838—2002中Ⅳ类水质标准	6～9	≤30	≤6	≤1.5	≤0.3	≥3

由表9.3-1可见，凉水河在工程建设后，COD从原来的32.9mg/L降低到5mg/L，BOD$_5$从原来的5.1mg/L降低到0.5mg/L，水质类别已经优于规定的Ⅳ类水标准，通过生态潜坝拦截与治理修复措施，增加生物多样性，有效提高对污染物的吸收、分解、净化能力和水源涵养能力，水体自净能力增强，河道水量得到保障，水生态系统功能增强，对保障下游白石水库水质大有成效。

综合运行时间和冬夏平均去除效率来看，凉水河人工湿地出水水质未来将达到设计标准，有效削减点源、面源污染负荷，改善入河（库）水质，使水质达到地表水环境质量Ⅳ类标准，降低入河（库）污染负荷，水环境得到很好的改善。

（2）生物栖息地。人工湿地中水生植物生长茂盛，为水生动物提供了天然的饵料场所和生存空间。凉水河人工湿地位于东亚候鸟迁徙路线，每年有大量的鹤类和天鹅驻足于此，为鸟类提供了觅食和休憩场所。图9.3-2为工程后的湿地生境景观，由此看出，凉水河生物栖息地尤其是鸟类的栖息地得到极大的改善，达到了预期修复目标。

（a）潜坝上游

（b）北票白石水库下游湿地

图 9.3-2　湿地生境景观

（3）河流生态景观。河流治理修复工程实施后，河道水质大大改善，河道基本水量得到保障，水体自净能力增强，为流域水生态环境提供了良好的水利条件，形成了优美的生态环境和景观绿化效果，为人们提供了一个水清景美的亲水休闲场所。

图 9.3-3 为营造的湿地湖荷花池景观以及凉亭、道路等周边建设亲水娱乐措施。从凉水河景观效果来看，凉水河空间景观多样，有芦花荡漾的河流湿地，有荷花涟漪的湿地湖，有涓涓流淌的水流，附近居民认同度增加，人气度上升，达到了预期修复目标。

（a）

（b）

图 9.3-3　休闲娱乐景观

凉水河人工湿地工程是凉水河 10km 生态长廊的中心枢纽，衔接凉水河综合治理两期工程，保障了河道的基本生态流量，为水生植物的生长提供了良好的水力条件，形成了 1 万 m^2 的芦苇景观，人工湿地出水汇入 1000 多 m^2 的荷花池。越来越多的北票市人民闲暇时选择在凉水河岸边散步。

综上，经过后期的监测与调查，凉水河人工湿地工程修复目标均已基本达到，水环境得到很好的改善，为生物提供更好的栖息地，形成了良好的生态环境与优美的景观，产生了较高的社会效益。

9.3.3　结构与功能后期评价

Hobbs 和 Mooney（1993）的研究指出，退化、受损的生态系统恢复的可能发展方向包括：退化前状态、持续退化、保持原状、恢复到一定状态后退化、恢复到介入退化与人类可

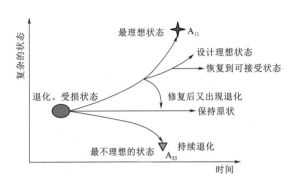

图 9.3-4　退化受损河流系统治理恢复的
可能发展方向

接受状态之间的替代状态或恢复到理想状态，如图 9.3-4 所示。将河流系统恢复到原始状态几乎是不可能的。也有人认为，退化、受损系统并不总是沿着一个方向恢复，也可能是在几个方向之间进行转换并达到复合稳定状态。因此，要想评估河流修复的效果，需要对河流系统修复前后的状态进行定量的评价与比较，确定修复过程中河流的发展方向是否达到预期的理想状态。

运用本书第 4 章 4.4 节建立的河流系统结构与功能双准则综合评价方法，可以对河流治理修复后的效果进行定量评价，以对比分析工程前后河流系统状态的变化，以凉水河工程为例，看是否能够到达预期的分区 A_{12} 或 A_{13} 的状态。

治理修复前凉水河结构与功能状态处于分区 A_{32}（结构缺损、功能中等水平，系统处于不健康状态），河流系统的结构缺损、功能中等一般水平。治理后，根据水质、生境以及景观的改善，得到河流系统结构与功能的联系度，即

$$\mu_S = 0.205i_1 + 0.66i_2 + 0.077i_3 + 0.058j \tag{9.3-1}$$

$$\mu_F = 0.074 + 0.186i_1 + 0.521i_2 + 0.174i_3 + 0.044j \tag{9.3-2}$$

根据均分原则，令 $i_1 = 0.5$，$i_2 = 0$，$i_3 = -0.5$，$j = -1$，得到 $\mu_S = 0.005$ 和 $\mu_F = 0.036$，可用矩阵单元中的 A_{13} 表示，即凉水河处于中等健康水平，结构与功能均为一般水平。

与之前的状态相比，凉水河系统的结构与功能均产生了明显提升，主要是由于经过复合型湿地修复系统对凉水河污染负荷的消减，凉水河水环境结构的压力降到了系统的承载力之下，同时人类活动对水生物栖息地的干扰也得到消除。而凉水河功能的改善主要体现在河流景观功能的改善，凉水河治理修复工程规划设计了 10km 的景观长廊，景观空间异质性增强，吸引群众前来休闲娱乐，提高了居民对凉水河景观的满意度。河流景观的改善对市民来讲是最容易感受到的变化，很容易提升对凉水河治理修复工程的认同度。

从凉水河结构与功能后期评价来看，基本达到了预期的分区 A_{13} 的目标，且其结构与功能尚有进一步提高的潜力，恢复到一个可以接受的状态（见图 9.3-5）。未来随着湿地系统的运行，加强后期检测与管理，凉水河的结构与功能能够进一步改善，但同时根据凉水河退化原因的分析，积极改变凉水河产业结构与用水结构能够进一步提升凉水河系统结构与功能状态，恢复到一个更为理想的状态比如分区 A_{12}（结构一般、功能完整，系统处于良

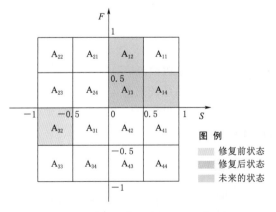

图 9.3-5　凉水河系统结构与功能修复图示

好的状态）或 A_{14}（结构完整、功能中等的水平，系统状态良好）。

9.3.4　治理修复效益

湿地系统不仅能够提供大量的市场商品、资源产品（动植物资源、水资源），而且在水文调节、保护生物、污染净化、为人类提供休憩娱乐空间以及科研基地等方面提供服务。

9.3.4.1　效益评价指标体系

河流湿地的效益主要来源于湿地内部的土壤、水、营养盐、湿地生物之间的相互作用。在此侧重于治理修复工程中系统的服务，即由治理修复而增加显示出来的服务功能效益，选取生态环境、经济及社会效益三大方面九项指标来评价：气候调节、水文调节、净化水质、生物栖息地、水土保持、湿地动植物产品、供水、休闲旅游以及科研文化，概括见表 9.3-2。

表 9.3-2　　　　　　　　　湿地效益评价指标与效益估算方法

效　益	服务指标	服　务　功　能	方法参考引用
生态环境效益	气候调节	固定大气中的 CO_2，释放 O_2	碳税法、成果参照
	水文调节	调蓄洪水和补充地下水	影子工程法
	净化水质	污染物处理和控制	影子工程法
	生物栖息地	为种群提供栖息场所	成果参照
	水土保持	减少的土壤侵蚀量和保持营养盐量	替代费用法
经济效益	湿地动植物产品	芦苇、牧草和鱼类生产	市场价值法
	供水	农业灌溉或其他用水	市场价值法
社会效益	休闲旅游	为人类提供观赏、娱乐和旅游的场所	费用支出法
	科研文化	实习、科普、环保宣传	费用支出法

9.3.4.2　效益估算方法

目前常用的效益评估方法主要有碳税法（孔东升和张灏，2015）、替代费用法、影子工程法（Jiang et al.，2007；辛琨和肖笃宁，2002）、市场价值法（Ekin et al.，2006）以及费用支出法（辛琨和肖笃宁，2002；谢高地等，2003）等。

（1）碳税法（carbon tax law）。碳税法是一种由多国制定、旨在削减温室气体排放的税收制度，就是对 CO_2 排放进行收费来确定损失价值的方法（谢正宇等，2011）。计算公式为

$$V_c = \sum W_i A \qquad (9.3-3)$$

式中：V_c 为固碳价值量；W_i 为固碳量；A 为碳税率，采用国际上通用的碳税率 150 美元/t。

谢正宇计算艾比湖湿地自然保护区吸收 CO_2 的功能价值为 19.94 亿元/a。孔东升等计算黑河湿地自然保护区固碳总价值为 7.41 亿元/a。

（2）替代费用法（alternative cost method）。是用于对功能性的非使用价值进行定价的方法，是一种间接估算系统服务经济效益的手段。主要有缺水损失法（损害函数法）、恢复代价法（再生产费用及重置成本法，如以修建引水或蓄水工程的代价表示）。

（3）影子工程法（shadow project approach）。影子工程法是生态系统提供的功能服务可以借助人为建造的工程费来代替。影子工程法是替代法中的一种。例如，对于有调蓄洪水能力的湿地，则可利用建造一个等容量水库的投入价钱来代替湿地调蓄洪水的功能价值。假定建设一个同样调节洪水库容的水库，取水库蓄水成本 0.67 元/m³（崔丽娟，2002），则

$$调蓄洪水价值＝调蓄洪水量×单位库容成本 \tag{9.3-4}$$

（4）市场价值法（market valuation method）。市场价值法是运用货币价格，直接对有市场价格的系统功能与产品进行货币价值评估，同时考虑系统的产出，扣除投入成本，最终得到的以价格形式体现的生产效益。

计算公式为

$$V_1 = \sum A_i \cdot Y_i \cdot P_i - \sum W_i \tag{9.3-5}$$

式中：V_1 为产品效益；A_i 为第 i 类物质的收获面积；Y_i 为第 i 类物质的单产；P_i 为第 i 类物质的市场单价；W_i 为第 i 类物质的投入成本。

例如，辛琨计算的盘锦湿地物质产品的价值为 7.26 亿元/a。

（5）费用支出法（expense method）。费用支出法是基于消费者的角度来评价服务的价值，主要是以人们对某种服务的支出费用来衡量其经济价值。例如，根据一些旅游景点的门票、交通费、餐饮住宿费、摄影费、购买纪念品和土特产费用等花费，作为旅游地区的经济价值。谢高地等（2003）研究表明，中国湿地生态系统单位面积休闲旅游娱乐价值为 4910.9 元/(hm²·a)。辛琨利用旅行费用支出法对盘锦湿地系统休闲娱乐价值估算为 2775 万元/a。

9.3.4.3 案例研究

以凉水河治理修复工程为例，分析其湿地治理修复后的效益。河流治理实施以后，凉水河湿地的环境发生了很大的改变，取得了较大的综合效益。在此，应用市场价值法、影子工程法、替代费用法和费用支出法等估算因治理修复而增加的系统效益。表 9.3-3 给出了凉水河湿地系统的效益计算结果。

表 9.3-3　　　　　　　凉水河治理修复后效益增加值估算结果

效　益	服务指标	效益增加值/(元/a)	所占比例/%
生态环境效益	气候调节	2100624	40.65
	水文调节	1289909	24.96
	净化水质	95819	1.85
	生物栖息地	96577	1.87
	水土保持	1040195	20.13
	小计	4623124	89.5
经济效益	湿地动植物产品	192950	3.73
	供水	80652	1.56
	小计	273602	5.3

效　　益	服务指标	效益增加值/(元/a)	所占比例/%
社会效益	休闲旅游	251635	4.87
	科研文化	19574	0.38
	小计	271209	5.2
总　　计		5167935	100

凉水河湿地经治理修复后所增加的综合效益约为 516.79 万元/a。其中生态环境效益、社会效益和经济效益分别为 426.31 万元/a、27.36 万元/a 和 27.12 万元/a，所占比例分别为 89.5%、5.2% 和 5.3%。生态环境效益中气候调节、水文调节以及水土保持效益较高，分别为 40.65%、24.96% 以及 20.13%。由此可见，尽管凉水河治理修复工程的经济效益和社会效益不是很显著，但是生态环境效益巨大，特别是在气候调节、水文调节及水土保持等方面，其间接影响不可估量。对于凉水河流域来讲，在投资成功后，将给凉水河流域带来持续的效益。

基 础 文 献

许士国，2005. 环境水利学 [M]. 1版. 北京：中央广播电视大学出版社.

许士国，高永敏，刘盈斐，2006. 现代河道规划设计与治理：建设人与自然和谐相处的水边环境 [M].
北京：中国水利水电出版社.

许士国，2014. 环境水利学 [M]. 2版. 北京：中央广播电视大学出版社.

李文义，2007. 河流水资源结构分解与洪水资源利用研究 [D]. 大连：大连理工大学.

刘盈斐，2007. 多孔隙生态护岸的实验分析与设计研究 [D]. 大连：大连理工大学.

刘建卫，2007. 平原地区河流洪水资源利用研究 [D]. 大连：大连理工大学.

李文生，2008. 流域水资源承载力及水循环评价研究 [D]. 大连：大连理工大学.

石瑞花，2008. 河流功能区划与河道治理模式研究 [D]. 大连：大连理工大学.

王富强，2008. 中长期水文预报及其在平原洪水资源利用中的应用研究 [D]. 大连：大连理工大学.

许文杰，2009. 城市湖泊综合需水分析及生态系统健康评价研究 [D]. 大连：大连理工大学.

冯峰，2009. 河流洪水资源利用效益识别与定量评估研究 [D]. 大连：大连理工大学.

赵倩，2009. 基于流域功能区划的河流综合治理研究 [D]. 大连：大连理工大学.

丁勇，2010. 河流洪水风险分析及省级洪水风险图研究 [D]. 大连：大连理工大学.

姜彪，2010. 基于洪水数值模拟的堤防安全评价与对策研究 [D]. 大连：大连理工大学.

强盼盼，2011. 河流廊道规划理论与应用研究 [D]. 大连：大连理工大学.

马涛，2012. 湿地生态环境耗水规律及水资源利用效用评价 [D]. 大连：大连理工大学.

吕素冰，2012. 水资源利用的效益分析及结构演化研究 [D]. 大连：大连理工大学.

练建军，2012. 人工湿地基质植物除钼机理与效能研究 [D]. 大连：大连理工大学.

赵倩，2013. 基于生态恢复的河流湿地建设与评价研究 [D]. 大连：大连理工大学.

朱林，2013. 寒冷地区水平潜流人工湿地的优化设计 [D]. 大连：大连理工大学.

刘玉玉，2015. 河流系统结构与功能耦合修复研究 [D]. 大连：大连理工大学.

苏广宇，2016. 碧流河水库滨库带水质保障技术研究 [D]. 大连：大连理工大学.

王海阳，2017. 人工湿地对大连复州河的净化效果研究 [D]. 大连：大连理工大学.

王瑞奇，2018. 八家河入库段水质净化生态工程技术研究 [D]. 大连：大连理工大学.

朱晨莹，2019. 水库入流消落区环境特征及水质净化技术研究 [D]. 大连：大连理工大学.

许士国，高永敏，刘盈斐，2003. 现代城市河道治理模式探讨 [C]//中国水利学会城市水利专业委员
会. 2003年全国城市水利学术研讨会论文集.

高永敏，许士国，2004. 大连市生态型河道建设 [J]. 中国水利，(14)：53-55，5.

许士国，刘建卫，陈立羽，2005. 通河湖库在洪水资源化中的补偿作用分析 [J]. 水利学报，36 (11)：
90-95.

许士国，李文义，周庆瑜，2005. 河流水资源结构分析研究 [J]. 大连理工大学学报 (6)：877-882.

于常武，许士国，2005. 用科学发展观指导我国水资源开发利用 [J]. 水利科技与经济 (10)：615-616.

许士国，孔猛，马传才，2006. 利用月亮泡水库实现嫩江洪水资源化的可能性分析 [J]. 水电能源科学
(6)：1-5，113.

刘建卫，许士国，张柏良，2006. 洪水资源利用系统风险分析方法与应用 [J]. 水电能源科学 (4)：12-
15，22，97-98.

李文生，许士国，2006. 太子河河道生态环境需水量研究 [J]. 大连理工大学学报 (1)：116-120.

李文义，许士国，王兴菊，2006. 河流水量组成分析与计算方法研究 [J]. 山东大学学报（工学版）（2）：71 - 74，85.

许士国，2007. 重视河流动能 确保河流健康 [N]. 中国水利报，2007 - 10 - 25 (3).

刘盈斐，许士国，2007. 大沙河护岸生态效果的数值模拟 [J]. 水利水电科技进展（4）：23 - 26.

冯峰，许士国，周志琦，2007. 基于耗散结构理论的黄河健康生命内涵分析 [J]. 人民黄河（7）：5 - 6，24，79.

许士国，王富强，李红霞，等，2007. 洮儿河镇西站径流长期预报研究 [J]. 水文（5）：86 - 89.

刘建卫，许士国，张柏良，2007. 区域洪水资源开发利用研究 [J]. 水利学报（4）：492 - 497.

刘建卫，许士国，张世博，2007. 白城市河流洪水资源优化配置研究 [J]. 水电能源科学（6）：7 - 10.

周林飞，许士国，李青山，等，2007. 扎龙湿地生态环境需水量安全阈值的研究 [J]. 水利学报（7）：845 - 851.

李文生，许士国，2007. 太子河流域水资源可持续利用评价及对策 [J]. 南水北调与水利科技（3）：51 - 53，63.

孔猛，许士国，2007. 月亮泡水库利用低水头泵站引蓄嫩江洪水可行性分析 [J]. 南水北调与水利科技（1）：87 - 90，98.

许士国，贾艾晨，2008. "城市水利工程"专业方向建设研究与探索 [C]//中国水利学会城市水利专业委员会. 2008 年全国城市水利学术研讨会暨工作年会资料论文集.

许士国，李文义，2008. 松嫩平原洪水资源利用引蓄水方式研究 [J]. 中国科学（E辑：技术科学）（5）：687 - 697.

许士国，石瑞花，黄保国，等，2008. 平原河道生态护坡工程评价和方案决策方法 [J]. 水利学报 39（3）：3 - 89.

石瑞花，许士国，2008. 河流生物栖息地调查及评估技术研究进展 [J]. 应用生态学报（9）：2081 - 2086.

王富强，许士国，2008. 长江流域洪水的可公度性及其预测研究 [J]. 长江科学院院报 25（6）：23 - 27.

冯峰，许士国，刘建卫，等，2008. 基于边际等值的区域洪水资源最优利用量决策研究 [J]. 水利学报（9）：1060 - 1065.

许士国，李文义，2008. 河流水资源结构分解及其应用研究 [J]. 大连理工大学学报（5）：726 - 732.

许士国，石瑞花，赵倩，2009. 河流功能区划研究 [J]. 中国科学（E辑：技术科学）（9）：1521 - 1528.

石瑞花，许士国，2009. 生态护坡方案优选的模糊多准则群决策 [J]. 辽宁工程技术大学学报（自然科学版）（2）：310 - 313.

刘建卫，许士国，王雪妮，2009. 嫩江下游干支流洪水资源调配研究 [J]. 水利发展研究，9（6）：24 - 27，31.

石瑞花，许士国，李旭光，2010. 基于 Fr 数分布域的河流生物栖息地量化研究 [J]. 水力发电学报（1）：142 - 146，125.

冯峰，许士国，刘建卫，等，2010. 洪水资源利用综合效益动态连续模糊评价案例研究 [J]. 中国科学（E辑：技术科学），40（5）：475 - 485.

练建军，许士国，于常武，等，2010. 重金属钼的迁移特性及人工湿地处理研究 [J]. 环境保护科学，36（6）：7 - 10.

许士国，丁勇，康军林，等，2010. 变化条件下河堤防洪能力复核分析研究 [J]. 水电能源科学，28（4）：43 - 45，85.

石瑞花，许士国，2010. 河流功能综合评估方法及其应用 [J]. 大连理工大学学报，50（1）：131 - 136.

许士国，赵倩，2010. 人工湿地的适应性规划设计 [J]. 东北水利水电，28（1）：49 - 50，67，72.

强盼盼，许士国，郭卿学，等，2010. 城市河流湿地水文情势与生态演替响应关系研究 [C]//中国水利学会城市水利专业委员会. 2010 年全国城市水利学术研讨会论文集.

练建军，许士国，韩成伟，2011. 芦苇和香蒲对重金属钼的吸收特性研究［J］. 环境科学，32（11）：3335-3340.

练建军，许士国，2011. 低温下人工湿地去污效率及强化措施研究进展［J］. 水电能源科学，29（8）：25-28，213.

吕素冰，许士国，陈守煜，2011. 水资源效益综合评价的可变模糊决策理论及应用［J］. 大连理工大学学报，51（2）：269-273.

冯峰，许士国，刘建卫，等，2011. 区域洪水资源的供水补偿作用及优化配置研究［J］. 水力发电学报，30（1）：31-38.

许士国，韩成伟，2012. 改进主成分分析法在南淝河水质评价中的应用［J］. 水电能源科学，30（10）：33-36.

姜欣，许士国，练建军，等，2013. 北方河流动态水环境容量分析与计算［J］. 生态与农村环境学报，29（4）：409-414.

姜欣，李艳君，2013. 老虎山河湿地建设技术与工程实践［J］. 水土保持应用技术（2）：9-11.

李艳君，许翼，2013. 第二牤牛河旁侧湿地工程技术与实践［J］. 水土保持应用技术（1）：15-16.

李艳君，赵倩，2013. 朝阳市顾洞河河口湿地生态修复技术与实践［J］. 水土保持应用技术（4）：42-43.

李艳君，康萍萍，2013. 河流悬浮物治理的降速促沉技术研究［J］. 水土保持应用技术（2）:17-18.

朱林，刘建卫，孙宏伟，等，2013. 寒冷地区污水深度处理的人工湿地设计［J］. 水电能源科学，12：195-197，232.

金玲，许士国，于德全，2014. 中小河流洪水风险分析中的洪水演进计算研究［J］. 水电能源科学，32（10）：48-51，176.

蒲红杰，许士国，苏广宇，2016. 滨库带多级表面流湿地水污染控制［J］. 东北水利水电，34（9）：25-27.

贾艾晨，王海阳，许士国，2017. 复合人工湿地对大连地区污染河水的净化效果［J］. 水电能源科学，35（12）：26-29.

富砚昭，韩成伟，许士国，2019. 近岸海域赤潮发生机制及其控制途径研究进展［J］. 海洋环境科学，38（1）：146-152.

刁文博，许士国，于越男，2019. 减阻水面蒸发探讨［C］//河海大学，生态环境部长江流域生态环境监督管理局.（第七届）中国水生态大会论文集.

秦国帅，许士国，李文生，2018. 斜交桥梁对山区河流行洪影响分析［J］. 水利与建筑工程学报，16（4）：6-10，30.

秦国帅，刘建卫，许士国，2019. 太子河流域降水及旱涝时空演变特征分析［J］. 中国农村水利水电（8）：76-82.

秦国帅，刘建卫，许士国，等，2020. 洪水事件对碧流河水库水质影响［J］. 南水北调与水利科技，18（1）：110-117，143.

李旭光，石瑞花，2020. 河流生态流量强监管技术研究［J］. 水利发展研究，230（8）：18-21.

刘瑀，许士国，汪天祥，等，2020. 基于多源数据融合的碧流河水库库区地形更新方法及应用［J］. 水电能源科学，38（5）：26-30.

许士国，苏广宇，谢楚依，等，2022. 水库入流消落区生态改善的潜坝技术及效应［J］. 水资源保护，38（5）：26-31.

苏广宇，许士国，李懿健，等，2022. 水库河口消落区水文条件改造及环境效应［J］. 水生生物学报，46（10）：1527-1534.

苏广宇，许士国，蒲红杰，等，2022. 水库消落区湿地化改造技术及植被改善效应［J］. 水利与建筑工程学报，20（1）68-72，84.

SHI R H, XU S G, LI X G, 2009. Assessment and prioritization of eco – revetment projects in urban rivers [J]. River Research and Application, 25 (8): 946 – 961.

LIAN J J, XU S G, YU C W, et al. , 2012. Removal of Mo (VI) from aqueous solutions using sulfuric acid – modified cinder: kinetic and thermodynamic studies [J]. Toxicological & Environmental Chemistry Reviews, 94 (3): 500 – 511.

LV S B, XU S G, FENG F, 2012. Floodwater utilization values of wetland services – A case study in Northeastern China [J]. Natural Hazards and Earth System Sciences, 12, 341 – 349.

JIA A C, GUO S, XU S G, et al. , 2012. Study of ecological restoration technique for dam's downstream river [J]. Advanced Materials Research, 518 – 523: 5143 – 5148.

LIAN J J, XU S G, ZHANG Y M, et al. , 2013. Molybdenum (VI) removal by using constructed wetlands with different filter media and plants [J]. Water Science & Technology, 67 (8): 1859 – 1866.

LIAN J J, XU S G, CHANG N B, et al. , 2013. Removal of Molybdenum (VI) from mine tailing effluents with the aid of loessial soil and slag waste [J]. Environmental Engineering Science, 30 (5): 213 – 220.

XU S G, LIU Y Y, QIANG P P, 2014. River functional evaluation and regionalization of the Songhua River in Harbin, China [J]. Environmental Earth Sciences, 71 (8): 3571 – 3580.

XU S G, LIU Y Y, 2014. Assessment for river health based on variable fuzzy set theory [J]. Water Resources, 41 (2): 218 – 224.

JIANG X, XU S G, LIU Y Y, et al. , 2015. River ecosystem assessment and application in ecological restorations: a mathematical approach based on evaluating its structure and function [J]. Ecological Engineering, 76: 151 – 157.

XU S G, WANG T X, HU S D, 2015. Dynamic assessment of water quality based on a variable fuzzy pattern recognition model [J]. International Journal of Environmental Research and Public Health, 12 (2): 2230 – 2248.

WANG T X, XU S G, 2015. Dynamic successive assessment method of water environment carrying capacity and its application [J]. Ecological Indicators, 52: 134 – 146.

JIANG X, LIU Y Y, XU S G, et al. , 2018. A gateway to successful river restorations: A pre-assessment framework on the river ecosystem in Northeast China [J]. Sustainability, 10 (4): 1029.

QIN G S, LIU J W, XU S G, et al. , 2020. Water quality assessment and pollution source apportionment in a highly regulated river of Northeast China [J]. Environmental Monitoring and Assessment, 192 (7): 446.

YU H J, XU S G, WANG T X, et al. , 2021. Flood impact on the transport, transition, and accumulation of phosphorus in a reservoir: A case study of the Biliuhe Reservoir of Northeast China [J]. Environmental Pollution, 268: 115725.

FU Y F, LIU Y Y, XU S G, et al. , 2022. Assessment of a multifunctional river using fuzzy comprehensive evaluation model in Xiaoqing River, Eastern China [J]. International Journal of Environmental Research and Public Health, 19: 12264.

LIU Y Y, GAO Y X, FU Y F, et al. , 2023. A framework of ecological sensitivity assessment for the groundwater system in the Mi River basin, Eastern China [J]. Environmental Earth Sciences, 82: 334.

参　考　文　献

柏义生，于鲁冀，范鹏宇，等，2018. 两种生态净化技术对微污染水体改善效果对比 [J]. 环境工程，36（6）：78-81.

卜发平，罗固源，许晓毅，等，2010. 美人蕉和菖蒲生态浮床净化微污染源水的比较 [J]. 中国给水排水，26（3）：14-17.

曹波，陈文龙，魏思奇，2019. 岸线动态变化立体监测及管理信息系统研究 [J]. 长江科学院院报，36（10）：28-33.

陈昂，温静雅，王鹏远，等，2018. 构建河流生态流量监测系统的思考 [J]. 中国水利（1）：7-10，17.

陈丙法，黄蔚，陈开宁，等，2018. 河道生态护岸的研究进展 [J]. 环境工程，36（3）：74-77，168.

陈彩成，李青青，王旌，等，2016. 滩涂石油污染高级氧化修复技术 [J]. 环境工程学报，10（5）：2700-2706.

陈明利，吴晓芙，胡曰利，2006. 人工湿地去污机理研究进 [J]. 中南林学院学报，26（3）：123-127.

陈沈良，张国安，谷国传，2004. 黄河三角洲海岸强侵蚀机理及治理对策 [J]. 水利学报（7）：1-6，13.

程义吉，何富荣，2006. 黄河三角洲海岸侵蚀与防护技术 [C] //中国水利学会，中国水利学会滩涂湿地保护与利用专业委员会. 中国水利学会 2006 学术年会论文集（滩涂利用与生态保护）：229-233.

崔保山，蔡燕子，谢湉，等，2016. 湿地水文连通的生态效应研究进展及发展趋势 [J]. 北京师范大学学报，52（6）：738-746.

崔丽娟，2002. 扎龙湿地价值货币化评价 [J]. 自然资源学报，17（4）：451-456.

崔树彬，刘俊勇，陈军，2005. 论河流生物-生态修复技术的内涵、外延及其应用 [J]. 中国水利（21）：16-19.

戴谨微，陈盛，曾歆花，等，2018. 复合型生态浮床净化污水厂尾水的效能研究 [J]. 中国给水排水，34（3）：77-81.

董孟婷，唐明方，李思远，等，2016. 调水工程输水管道建设对地表植被格局的影响——以南水北调河北省易县段为例 [J]. 生态学报，36（20）：6656-6663.

董哲仁，2003. 生态水工学的理论框架 [J]. 水利学报（1）：1-6.

董哲仁，2008. 河流生态系统结构功能模型研究 [J]. 水生态学杂志，1（1）：1-7.

董哲仁，2013. 河流生态修复 [M]. 北京：中国水利水电出版社.

窦明，靳梦，张彦，等，2015. 基于城市水功能需求的水系连通指标阈值研究 [J]. 水利学报，46（9）：1089-1096.

樊晓茹，何洁，刘欢，等，2019. 翅碱蓬-沙蚕对土壤中 Pb 的生物可利用性影响研究 [J]. 环境污染与防治，41（4）：426-429，489.

范宝山，马军，2017. 河流水沙冰水运动理论及应用 [M]. 北京：中国水利水电出版社.

付国楷，王敏，张智，等，2012. 人工湿地用于污水深度处理的反应动力学 [J]. 土木建筑与环境工程，34（4）：111-117.

韩志聪，樊彦国，李祥昌，2016. 基于 QGIS 的黄河三角洲岸线演变预测系统设计与实现 [J]. 测绘与空间地理信息，39（6）：102-104.

何洁，陈旭，王晓庆，等，2012. 翅碱蓬对滩涂湿地沉积物中重金属 Cu、Pb 的累积吸收 [J]. 大连海洋大学学报，27（6）：539-545.

何用，李义天，吴道喜，等，2006. 水沙过程与河流健康［J］. 水利学报（11）：1354－1359，1366.

河川治理中心，2004. 护岸设计［M］. 刘云俊，译. 北京：中国建筑工业出版社.

贺峰，吴振斌，陶菁，等，2005. 复合垂直流人工湿地污水处理系统硝化与反硝化作用［J］. 环境科学，26（1）：47－50.

胡宏祥，朱小红，黄界颍，等，2010. 关于沟渠生态拦截氮磷的研究［J］. 水土保持学报，24（2）：141－145.

胡胜华，张婷，周巧红，等，2010. 武汉三角湖复合垂直流人工湿地对重金属元素的去除研究［J］. 生态环境学报，19（10）：2468－2473.

黄河水利委员会黄河志总室，1998. 黄河流域综述［M］. 郑州：河南人民出版社.

黄真理，2001. 阿斯旺高坝的生态环境问题［J］. 长江流域资源与环境（1）：82－88.

蒋玲燕，殷峻，闻岳，2006. 修复受污染水体的潜流人工湿地微生物多样性研究［J］. 环境污染与防治，28（5）：734－737.

靳振江，刘杰，肖瑜，2011. 处理重金属废水人工湿地中微生物群落结构和酶活性变化［J］. 环境科学，32（4）：1202－1209.

孔东升，张灏，2015. 张掖黑河湿地自然保护区生态服务功能价值评估［J］. 生态学报，35（4）：1－16.

李宝林，袁烨城，高锡章，等，2014. 国家重点生态功能区生态环境保护面临的主要问题与对策［J］. 环境保护，42（12）：15－18.

李环，郑国臣，张剑桥，等，2013. 河流生态调查技术研究进展［J］. 东北水利水电，31（1）：33－36.

李林英，苏天杨，姚延梼，2010. 不同缓冲带植物在河岸缓冲带中所起的不同作用研究［J］. 天津农业科学，16（6）：69－72.

李文奇，曾平，孙东亚，2009. 人工湿地处理污水技术［M］. 北京：中国水利水电出版社.

李原园，郦建强，李宗礼，等，2011. 河湖水系连通研究的若干问题与挑战［J］. 资源科学，33（3）：386－391.

李原园，赵钟楠，王鼎，2019. 河流生态修复——规划和管理的战略方法［M］. 北京：中国水利水电出版社.

李兆华，卢进登，马清欣，等，2007. 湖泊水上农业实验研究［J］. 中国农业资源与区划，27（6）：34－37.

联合国粮食及农业组织，2011. 鱼道：生物学依据、设计标准及监测［M］. 北京：中国农业出版社.

梁威，吴苏青，吴振斌，2010. 分子技术在湿地微生物群落解析中的应用［J］. 生态环境学报，19（4）：974－978.

廖建雄，曾丹娟，姚月锋，等，2019. 浮床植物多样性及组合影响生活污水的净化效果［J］. 广西植物，39（1）：117－125.

刘国纬，2017. 江河治理的地学基础［M］. 北京：科学出版社.

刘加文，2018. 大力开展草原生态修复［J］. 草地学报，26（5）：1052－1055.

刘黎明，邱卫民，许文年，等，2007. 传统护坡与生态护坡比较与分析［J］. 三峡大学学报（自然科学版），29（6）：528－532.

刘新庚，陈微微，2016. 社会组织在生态文明建设中的功能创新探索——以"绿色湖南建设"为例［J］. 创新与创业教育，7（2）：1－5.

卢晓宁，邓伟，张树清，2007. 洪水脉冲理论及其应用［J］. 生态学杂志，26（2）：269－277.

栾晓丽，王晓，赵钰，等，2009. 复合垂直流与潜流人工湿地沿程脱氮除磷对比研究［J］. 环境污染与防治，31（11）：29－29，34.

罗利民，田伟军，翟金波，2004. 生态交错带理论在生态护岸构建中的应用［J］. 自然生态保护（11）：26－30.

马世骏，王如松，1984. 社会-经济-自然复合生态系统［J］. 生态学报，4（1）：1－9.

茅孝仁，周金波，2011. 几种生态浮床常用水生植物的水质净化能力研究［J］. 浙江农业科学

（1）：157 – 159.

牛俊翔，蒋玫，李磊，等，2014. 修复方式对滩涂贝类养殖底质 TN、TP 及 TOC 影响的室内模拟实验
　　［J］. 环境科学学报，34（6）：1510 – 1516.

祁昌军，曹晓红，温静雅，等，2017. 我国鱼道建设的实践与问题研究［J］. 环境保护（6）：47 – 51.

钱彤，2015. 枯水流量的主河槽生态治理技术研究与实践［J］. 水利建设与管理，35（5）：37 – 39，43.

沈阳农业大学，2014. 一种 W 型石笼生态潜坝：中国，201420247781. X［P］.

沈阳顺源德工程咨询有限公司，2014. 一种 V 型石笼生态潜坝：中国，201420246943.8［P］.

宋祥甫，应火冬，朱敏，等，1998. 自然水域无土栽培水稻研究［J］. 中国农业科学，14（4）：8 – 13.

唐娜，张强，黄玉明，2009. 潜流人工湿地中有机物的去除［J］. 西南师范大学学报（自然科学版），34
　　（3）：71 – 74.

唐修琪，2018. 关于全面推进河长制过程中公众参与问题的思考［J］. 青年时代（15）：134 – 135.

田上，沙之敏，岳玉波，等，2016. 不同类型沟渠对农田氮磷流失的拦截效果［J］. 江苏农业科学，44
　　（4）：361 – 365.

田勇，孙一，李勇，等，2019. 新时期黄河下游滩区治理方向研究［J］. 人民黄河，41（3）：16 –
　　20，35.

王福红，赵锐锋，张丽华，等，2017. 黑河中游土地利用转型过程及其对区域生态质量的影响［J］. 应
　　用生态学报，28（12）：4057 – 4066.

王敏，黄宇驰，吴建强，2010. 植被缓冲带径流渗流水量分配及氮磷污染物去除定量化研究［J］. 环境
　　科学，31（11）：2607 – 2612.

王庆海，肖波，却晓娥，等，2012. 退化环境植物修复的理论与技术实践［M］. 北京：科学出版社.

王权，李阳兵，黄娟，等，2019. 喀斯特槽谷区土地利用转型过程对生态系统服务价值的影响［J］. 水
　　土保持研究，26（3）：192 – 198.

王世和，2007. 人工湿地污水处理理论与技术［M］. 北京：科学出版社.

王薇，李传奇，2003. 城市河流景观设计之探析［J］. 水利学报（8）：117 – 121.

王伟中，2008. 城市河流生态修复手册［M］. 北京：社会科学文献出版社.

王秀荣，王广召，罗鑫，等，2016. 连通工程对富营养化湖泊沉积物中污染物的影响［J］. 水生生物学
　　报，40（1）：139 – 146.

王妍，左其亭，史树洁，2018. 河湖水系连通的和谐问题及研究途径［J］. 人民黄河，40（5）：49 –
　　53，57.

吴阿娜，杨凯，车越，2005. 河流健康状况的表征及其评价［J］. 水科学进展，16（4）:602 – 608.

吴彩芸，夏宜平，张宏伟，等，2009. 杭州西湖茅家埠景区植物物种多样性及其保护［J］. 黑龙江农业
　　科学（1）：96 – 98.

夏军，高扬，左其亭，等，2012. 河湖水系连通特征及其利弊［J］. 地理科学进展，31（1）：26 – 31.

谢高地，鲁春霞，冷允发，等，2003. 青藏高原生态资产的价值评估［J］. 自然资源学报，1
　　（20）：189 – 196.

谢高地，张彩霞，张雷明，等，2015. 基于单位面积价值当量因子的生态系统服务价值化方法改进［J］.
　　自然资源学报，30（8）：1243 – 1254.

谢龙，汪德爟，戴昱，2009. 水平潜流人工湿地有机物去除模型研究［J］. 中国环境科学，29
　　（5）：502 – 505.

谢正宇，李文华，谢正君，等，2011. 艾比湖湿地自然保护区生态系统服务功能价值评估［J］. 干旱区
　　地理，34（3）：532 – 540.

辛琨，肖笃宁，2002. 盘锦地区湿地生态服务功能价值估算［J］. 生态学报，22（8）:1345 – 1349.

徐江，王兆印，2004. 阶梯-深潭的形成及作用机理［J］. 水利学报（10）：1 – 11.

徐洁，谢高地，肖玉，等，2019. 国家重点生态功能区生态环境质量变化动态分析［J］. 生态学报，39

（9）：3039－3050.

薛芳，张子峰，张纯洲，2003. 浅析黄河三角洲海岸侵蚀现状与生态保护对策［J］. 山东环境，（6）：39.

杨长明，马锐，山城幸，等，2010. 组合人工湿地对城镇污水处理厂尾水中有机物的去除特征研究［J］. 环境科学学报，30（9）：1804－1810.

姚鑫，杨桂山，万荣荣，等，2014. 水位变化对河流、湖泊湿地植被的影响［J］. 湖泊科学，26（6）：813－821.

尹军，崔玉波，2006. 人工湿地污水处理技术［M］. 北京：化学工业出版社.

岳俊涛，甘治国，廖卫红，等，2016. 梯级开发对河流水文情势及生态系统的影响研究综述［J］. 中国农村水利水电（10）：31－34，39.

岳珍珍，黄伟，王玉蓉，2017. 生态潜坝对河流有机物质滞留影响实验研究［J］. 中国农村水利水电（12）：127－130.

张广分，2013. 潮白河上游河岸植被缓冲带对氮、磷去除效果研究［J］. 中国农学通报，29（8）：189－194.

张家炜，2016. 工业污染产生的经济社会原因分析及治理对策研究［J］. 环境科学与管理，41（1）：44－46.

张建永，廖文根，史晓新，等，2015. 全国重要江河湖泊水功能区限制排污总量控制方案［J］. 水资源保护，31（6）：76－80.

张金良，刘继祥，李超群，等，2018. 黄河下游滩区治理与生态再造模式发展——“黄河下游滩区生态再造与治理研究”之四［J］. 人民黄河，40（10）：1－5，24.

张杨，马泽忠，陈丹，2019. 基于生态格局视角的三峡库区土地生态系统服务价值［J］. 水土保持研究，26（5）：321－327.

赵克勤，1989. 集对与集对分析——一个新的概念和一种新的系统分析方法［C］//全国系统理论与区域规划学术研讨会：87－91.

赵卫，刘冬，邹长新，等，2019. 国家重点生态功能区转移支付现状、问题及建议［J］. 环境保护，47（18）：52－55.

赵学敏，虢清伟，周广杰，等，2010. 改良型生物稳定塘对滇池流域受污染河流净化效果［J］. 湖泊科学，22（1）：35－43.

钟华平，刘恒，耿雷华，等，2006. 河道内生态需水估算方法及其评述［J］. 水科学进展，17（3）：430－434.

仲军，徐天文，王斌，等，2018. 连云港市丘陵山区生态清洁小流域治理模式浅析——以赣榆区龟山生态清洁小流域综合治理为例［J］. 中国水利（6）：43－44.

周年兴，俞孔坚，黄震方，2006. 绿道及其研究进展［J］. 生态学报，26（9）：3108－3116.

周元清，李秀珍，李淑英，2011. 不同类型人工湿地微生物群落的研究进展［J］. 生态学杂志，30（6）：1251－1257.

周云凯，白秀玲，宁立新，2017. 鄱阳湖湿地苔草（Carex）景观变化及其水文响应［J］. 湖泊科学，29（4）：870－879.

朱强，俞孔坚，李迪华，2005. 景观规划中的生态廊道宽度［J］. 生态学报，25（9）：2406－2412.

ABRAHAMS A D，LI G，ATKINSON J F，1995. Step－pool streams：Adjustment to maximum flow resistance［J］. Water Resources Research，31（11）：2593－2602.

ADARSA J，SABYASACHIi M，ARKOPROVO B，2017. Appraisal of long－term shoreline oscillations from a part of coastal zones of Sundarban delta，Eastern India：a study based on geospatial technology［J］. Spatial Information Research，25（5）：713－723.

ANDERSON D H，2014. Interim hydrologic responses to Phase I of the Kissimmee River Restoration Project, Florida [J]. Restoration Ecology, 22 (3): 353 - 366.

ATAOL M, KALE M M, TEKKANAT L S, 2019. Assessment of the changes in shoreline using digital shoreline analysis system: A case study of Kzlrmak Delta in northern Turkey from 1951 to 2017 [J]. Environmental Earth Sciences, 78 (19): 579.

BABATUNDE A O, ZHAO Y Q, O'NEILL M, et al., 2008. Constructed wetlands for environmental pollution control: A review of developments, research and practice in Ireland [J]. Environmental International, 34 (1): 116 - 126.

BAGHERI M, IBRAHIM Z Z, MANSOR S B, et al., 2019. Shoreline change analysis and erosion prediction using historical data of Kuala Terengganu, Malaysia [J]. Environmental Earth Sciences, 78 (15): 477.

BRACKEN L J, WAINWRIGHT J, ALI G A, et al., 2013. Concepts of hydrological connectivity: Research approaches, pathways and future agendas [J]. Earth - Science Reviews, 119: 17 - 34.

BROTTO D S, ARAUJO F G, 2001. Habitat selection by fish in an artificial reef in Ilha Grande Bay, Brazil [J]. Brazil Architure of Biology and technology, 44 (3): 319 - 324.

CLIFFORD N J, HARMAR O P, HARVEY G, 2006. Physical habitat, eco - hydraulics and river design: a review and re - evaluation of some popular concepts and methods [J]. Aquatic Conservation - Marine and Freshwater Ecosystems, 16 (4): 389 - 408.

COUTO T, ZUANON J, OLDEN J D, et al., 2018. Longitudinal variability in lateral hydrologic connectivity shapes fish occurrence in temporary floodplain ponds [J]. Canadian Journal of Fisheries and Aquatic Sciences, 75 (2): 319 - 328.

DFID of the UK, 2003. Handbook for the assessment of catchment water demand and use [M]. Oxon: HR Wallingford.

DRIZO A, FROST C A, GRACE J, et al., 2000. Phosphate and ammonium distribution in a pilot - scale constructed wetland with horizontal subsurface flow using shale as a substrate [J]. Water Research, 34 (9): 2483 - 2490.

DT - ING M R, 1997. Hydraulics of steep mountain streams [J]. International Journal of Sediment Research (3): 99 - 108.

DUBOS R, 1970. Man and his ecosystems: the aim of achieving a dynamic balance with the environment, satisfying physical, economic, social and spiritual needs [M]. Paris: UNESCO.

FAUSCH K D, LYONS J D, ANGERMERIER P L, et al., 1990. Fish communities as indicators of environmental degradation [J]. American Fisheries Society Symposium, 8: 123 - 144.

FORMAN R T T, 1995. Land mosaics: the ecology of landscape and regions [M]. Cambridge: Cambridge University Press.

GALVAO A, MATOS J, 2012. Response of horizontal sub - surface flow constructed wetlands to sudden organic load changes [J]. Ecological Engineering, 49: 123 - 129.

HOBBS R J, MOONEY H A, 1993. Restoration ecology and invasions [J]. Nature Conservation, 3: 127 - 133.

HANNA O P, MAGDLENA G, EWA W, 2007. Application, design and operation of constructed wetland systems: case studies of systems in the Gdańsk region, Poland [J]. Ecohydrology & Hydrobiology, 7 (3 - 4): 303 - 309.

JIAN Z, XIA H, LIU C, et al., 2005. Nitrogen removal enhanced by intermittent operation in a subsurface wastewater infiltration system [J]. Ecological Engineering, 25 (4): 419 - 428.

JIANG M, LU X G, XU L S, et al., 2007. Flood mitigation benefit of wetland soil - A case study in Momoge National Reserve in China [J]. Ecological Engineering, 61 (2 - 3): 217 - 223.

KATHERINE L A, FLETCHER T D, SUN G Z, 2011. Removal processes for arsenic in constructed wetlands [J]. Chemosphere, 84 (8): 1032 – 1043.

KARR J R, 1981. Assessment of biotic integrity using fish communities [J]. Fisheries, 6 (6): 21 – 27.

KEMP J L, HARPER D M, CROSA G A, 2000. The habitat – scale ecohydraulics of rivers [J]. Ecological Engineering, 16 (1): 17 – 29.

LADSON A R, GRAYSON R B, JAWECKI B, 2006. Effect of sampling density on the measurement of stream condition indicators in two lowland Australian streams [J]. River Research and Applications, 22 (8): 853 – 869.

LADSON A R, WHITE L J, 1999. An index of stream condition: reference manual [M]. Second Edition. Melbourne: Department of Natural Resources and Environment (Victoria).

LAN C H, CHEN C C, HSUI C Y, 2004. An approach to design spatial configuration of artificial reef ecosystem [J]. Ecological Engineering, 22 (4 – 5): 217 – 226.

LIM P E, TAY M G, MAK K Y, et al., 2003. The effect of heavy metals on nitrogen and oxygen demand removal in constructed wetlands [J]. Science of the Total Environment, 301 (1 – 3): 13 – 21.

MERLIN G, PAJEAN J L, LISSOLO T, 2002. Performances of constructed wetlands for municipal wastewater treatment in rural mountainous area [J]. Hydrobiologia, 469 (1): 87 – 98.

ROSPORT M, 1997. Hydraulics of steep mountain streams [J]. International Journal of Sediment Research, 12 (3): 99 – 108.

RICCI G F, JEONG J, GIROLAMO A D, et al., 2020. Effectiveness and feasibility of different management practices to reduce soil erosion in an agricultural watershed [J]. Land Use Policy, 90: 104306.

SAEED T, SUN G Z, 2012. A review on nitrogen and organics removal mechanisms in subsurface flow constructed wetlands: Dependency on environmental parameters, operating conditions and supporting media [J]. Journal of Environmental Management, 112: 429 – 448.

SAKADEVAN K, BAVOR H J, 1998. Phosphate adsorption characteristics of soils, slags and zeolite to be used as substrates in constructed wetland systems [J]. Water Research, 32 (2): 393 – 399.

SHORE M, MURPHY P, JORDAN P, et al., 2013. Evaluation of a surface hydrological connectivity index in agricultural catchments [J]. Environmental Modelling and Software, 47: 7 – 15.

SMALLWOOD K S, WILCOX B, LEIDY R, 1998. Indicators assessment for habitat conservation plan of Yolo County, California, USA [J]. Environmental Management, 22 (6): 947 – 958.

STOKES D E, 1997. Pasteur's Quadrant – basic science and technological innovation [M]. Washington D C: Brookings Institution Press.

TENNANT D L, 1976. Instream flow regimens for fish, wildlife, recreation and related environmental resources [J]. Fisheries, 1 (4): 6 – 10.

VANNOTE R L, MINSHALL G W, CUMMINS K W, 1980. The river continuum concept [J]. Canadian Journal of Fisheries and Aquatic Sciences, 37 (1): 130 – 137.

VYMAZAL J, KROPFELOVA L, 2010. Wastewater treatment in constructed wetlands with horizontal sub – surface flow [M]. Germany: Springer.

WADESON R A, ROWNTREE K M, 1998. Application of the hydraulic biotope concept to the classification of instream habitats [J]. Aquatic Ecosystem Health and Management, 1 (2): 143 – 157.

WEI Z, JI G D, 2012. Constructed wetlands, 1991 – 2011: A review of research development, current trends, and future directions [J]. Science of the Total Environment, 441: 19 – 27.

WEIGHT A, 2004. Artificial reef in Newquay, UK [J]. Municipal Engineer, 157 (2): 87 – 95.

WRIGHT – WALTERS M, VOLZ C, TALBOTT E, et al., 2011. An updated weight of evidence approach to the aquatic hazard assessment of Bisphenol and the derivation a new predicted no effect concentration (Pnec) using a non – parametric methodology [J]. Science of the Total Environment，409：676 – 685.

XU D F，XU J M，WU J J，et al. ，2006. Studies on the phosphorus sorption capacity of substrates used in constructed wetland systems [J]. Chemosphere，63（2）：344 – 352.

ZHANG D Q，GERSBERG R M，TAN S K，2009. Constructed wetlands in China [J]. Ecological Engineering，35（10）：1367 – 1378.

ZHENG M，HUANG Z，JI H D，et al. ，2020. Simultaneous control of soil erosion and arsenic leaching at disturbed land using polyacrylamide modified magnetite nanoparticles [J]. Science of the Total Environment，702：134997.

中 英 文 索 引